John McKay

Bounty

BOUNTY

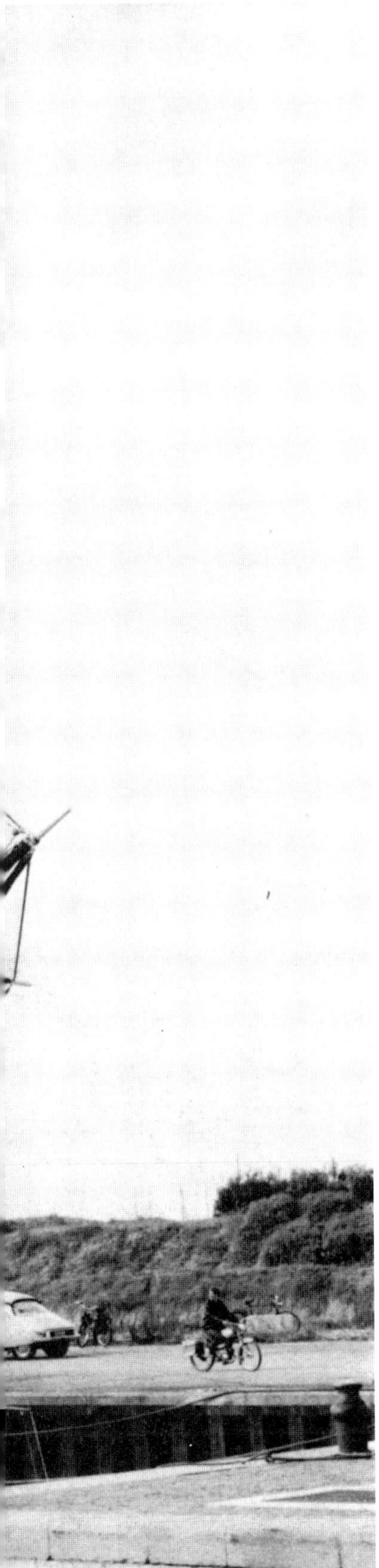

John McKay

Bounty

MODELLBAU
Delius Klasing Verlag

Titel der englischen Originalausgabe:
The Armed Transport Bounty
(Anatomy of the Ship)

Erschienen bei Conway Maritime Press Limited, 101 Fleet Street,
London EC4Y 1DE, 1989

Frontispiz
1. Die Replik der BOUNTY in Originalgröße, gebaut 1962 für den Film „Die Meuterei auf der BOUNTY", die hier 1962 im Hafen von Calais liegt.
Foto: John Mannering

Die Deutsche Bibliothek – CIP-Einheitsaufnahme
Bounty / John McKay. – Bielefeld: Delius Klasing, 1994
(DK-Modellbau)
Einheitssacht.: The armed transport Bounty <dt.>
ISBN 3-7688-0865-3
NE: MacKay, John; EST

Mein aufrichtiger Dank gilt den folgenden Personen und Institutionen für ihre Hilfe bei diesem Projekt:

- Arthur Christian (HMS Bounty Society International),
- Ron Coleman (Queensland Museum),
- A. G. Credland (Hull Town Docks Museum),
- Environment Canada-Parks and Fort Langley National Historic Park,
- John Harland,
- Leonard McCann (Vancouver Maritime Museum),
- E. J. Russell (The Hull Trinity House)
- und meiner Frau Ellen.

ISBN 3-7688-0865-3

Die Rechte für die deutsche Ausgabe liegen beim
Verlag Delius, Klasing & Co., Bielefeld
Deutsche Übersetzung: Gottfried Haase, Unterhaching
Gestaltung: Jonathan Doney
Schutzumschlaggestaltung: Ekkehard Schonart
Gesamtherstellung: Kunst- und Werbedruck, Bad Oeynhausen
Printed in Germany 1994

Inhalt

Einleitung

GESCHICHTE DES SCHIFFES

Im Jahre 1775 beschloß das ständige Komitee der westindischen Pflanzer und Kaufleute in der Hoffnung auf wirtschaftliche Vorteile, in den westindischen Kolonien Brotfrucht- und Mangostanenbäume als billige Nahrungsquellen für die Plantagensklaven einzuführen. Eine Prämie wurde für denjenigen ausgesetzt, dem es gelänge, Brotfruchtbäume erfolgreich von Ost- nach Westindien zu transportieren, und 1777 wurde zur Förderung des Interesses an dem Vorhaben ein Fond gegründet. Trotz dieser Initiativen vergingen zehn Jahre bis zu weiteren Unternehmungen. Im Mai 1787 wandte sich einer der Hauptstaatssekretäre, Lord Sydney, mit einem Brief an die Admiralität, in dem er das Interesse Seiner Majestät an diesem Vorhaben ausdrückte. Offensichtlich kamen private Unternehmungen nicht zustande, und so traten die Regierung und die Royal Navy in Erscheinung.

Bei der Royal Navy war es zu jener Zeit üblich, Schiffe für besondere Vorhaben zu kaufen oder zu chartern; deshalb ordnete die Admiralität am 9. Mai 1787 die sofortige Beschaffung eines geeigneten Schiffes durch das Marineamt an. Die Größe sollte nicht über 250 Tonnen betragen. Fünf Schiffe und ein Nachzügler, die Harriot, wurden vom Marineamt ausgewählt:

Lynx, 300 Tonnen, Mr Campbell, Liegeplatz Greenland Dock, £ 2200;

Shepherdess, 270 Tonnen, Messrs Wellbank, Sharp and Brown, Liegeplatz Pickle Herring Chain, £ 2050;

Bethia, 230 Tonnen, Messrs Wellbank, Sharp and Brown, Liegeplatz Old Wapping Stairs, £ 2600;

William Pitt, 240 Tonnen, Mr Dawson, Liegeplatz King Edward Stairs, £ 1200;

ein neues Schiff, 240 oder 250 Tonnen, Mr Elches, in Newcastle, £ 9 10 s 0 d pro Tonne.

Das Marineamt berichtete der Admiralität über seine Absicht, die Bethia zu erwerben. Die Admiralität berief Sir Joseph Banks, einen hervorragenden Botaniker, der mit Captain Cook gesegelt war, sie zu inspizieren und die Ausrüstung zu überwachen. An die Offiziere der Werft in Deptford gab das Amt Anweisung zur Inspektion. Am 23. Mai reichte man die Abmessungen und den geschätzten Wert des Schiffes ein:

Kiellänge für Tonnage	69 ft	$11^{3}/_{8}$ in
Größte Breite	24 ft	4 in
Tiefe im Laderaum	11 ft	4 in
Traglast in Tonnen		$220^{26}/_{94}$
Länge auf dem Unterdeck	85 ft	$1^{1}/_{2}$ in
Decksbalken, 12 in der Anzahl, rechtwinkelig	1 ft	0 in
Höhe zwischen den Decks im Vorschiff	6 ft	3 in
mittschiffs	5 ft	7 in
achtern	7 ft	0 in
Oberdeck	91 ft	0 in
dto. längsschiffs in gleicher Ebene, Tiefe der Kuhl	0 ft	$4^{1}/_{2}$ in
Großluke längsschiffs	9 ft	1 in
Großluke querschiffs	6 ft	1 in
Große Kajüte	11 ft	0 in
Zwischendeck	12 ft	0 in

1 Fuß (ft)=0,305 m; 1 Inch (in)=2,54 cm

	£	s	d
Wert von Rumpf, Masten und Rahen	1718	0	0
Ankern	64	15	0
Dazu $2^{1}/_{2}$ % Provision auf £ 1782 15s 0d	37	17	0
Gesamt	1820	12	8

Die Bethia wurde am 26. Mai gekauft, und ihr Preis muß nach oben hin berichtigt worden sein, denn nach den Admiralitätsunterlagen betrug er £ 1950. Bemerkenswert ist in diesem Zusammenhang der Vergleich der Kaufsumme mit den geforderten £ 2600. Abgesehen von dem vorstehend Berichteten ist wenig über die Bethia bekannt. Schiffe ihres Typs und ihrer Größe waren zu jener Zeit weit verbreitet (Britannien hatte die größte Handelsflotte), deshalb wurden Einzelheiten nicht aufgezeichnet. Wir wissen jedoch, daß sie auf dem Fluß Hull im Trockendock Nr. 2 gebaut wurde, und ihr Kiel könnte möglicherweise 1783 aufgelegt worden sein. Sie war ein Handelsschiff mit verhältnismäßig flachem Boden, „geräumig im Quartier und Laderaum". Dieser flache Boden war für die Planung des Bounty-Unternehmens ein wichtiges Merkmal. Nicht allein die Größe des Laderaumes war ein kritischer Punkt (die Bounty, wurde für 18 Monate ausgerüstet), besonders war auch die Tatsache von großer Bedeutung, daß ein Schiff mit flachem Boden weniger leicht kippte, wenn es auf einem der vielen Riffe in der Südsee auf Grund lief. Tatsächlich geschah dies mit der Bounty wie Bligh aufzeichnete: „Sie lief so sanft auf, daß wir es gar nicht bemerkten." Bligh schreibt weiter, daß sie „ein ausgezeichnetes Seeschiff" war. Am 26. Mai 1787 wurde die Bethia von Wapping Old Stairs in die Werft nach Deptford verholt; dort wurde mit der Ausrüstung für die beabsichtigte Reise in die Südsee begonnen. Sir Joseph Banks traf am 8. Juni ein. Ebenfalls am 8. Juni wies die Admiralität das Marineamt an, die Bethia in die Schiffsliste der Royal Navy als „HM Bewaffnetes Schiff Bounty" einzutragen. Hier ergibt sich ein bemerkenswerter Punkt: Obwohl ein vollgetakeltes Schiff, war die Bounty nicht groß genug, um als Kommandanten einen Post Captain zu bekommen. Nach Größe und Besatzung war nur ein Lieutenant (der als Schiffskommandant ebenfalls als Captain bezeichnet wurde) vorgesehen, und die Bounty wurde als ein „Bewaffnetes Schiff" eingestuft. Bligh wurde am 16. August auf die Bounty kommandiert und war ab diesem Tag an ihrer Ausrüstung beteiligt. Am 3. September wurde das Schiff aus dem Dock längsseits einer Hulk gebracht. Dort wurden ihre Masten herausgenommen und gekürzt. Bligh schreibt allerdings dazu: „Die Zimmerleute und Tischler blieben an Bord, da sie ein großes Stück Arbeit zu erledigen hatten." Bis zum 9. Oktober war die Bounty in Long Reach zur Vervollständigung des Proviants, und am 15. erhielt Bligh den Befehl, sich nach Spithead zu begeben. Bedingt durch schlechtes Wetter traf man dort erst am 4. November ein. Lord Hood, der kommandierende Offizier in Spithead, gab Bligh die endgültigen Befehle am 24. November. Wiederum wegen schlechten Wetters konnte die Bounty erst am 23. Dezember absegeln. Sie tat es „mit einem günstigen Wind". Am 4. Januar 1788 kam die Bounty in Teneriffa (Kanarische

Inseln) an und segelte nach sechs Tagen Proviantaufnahme Richtung Kap Hoorn weiter. 30 Tage lang versuchte Bligh vergeblich, das Kap Hoorn zu umsegeln und er war gezwungen, seinen Kurs zu ändern. Am 22. April segelte er in Richtung Kap der Guten Hoffnung ab. In der False-Bay (Südafrika) ging die BOUNTY am 24. Mai vor Anker und stach am 29. Juni wieder in See. Am 20. August lief sie zu einem Aufenthalt von 15 Tagen in der Adventure-Bay (Van-Diemen's-Land) ein. Am 4. September verließ die BOUNTY Van-Diemen's-Land und sichtete die Insel Matea am 25. Oktober. Am folgenden Tag erreichte sie Tahiti. Ihre Überfahrt von Spithead nach Tahiti hatte etwas mehr als zehn Monate gedauert.

Am 4. April 1789 segelte die BOUNTY von Tahiti nach einem mehr als fünf Monate dauernden Aufenthalt ab. Vom 5. bis zum 27. April machte sie auf dem Weg westwärts zur Endeavour-Straße auf einigen kleinen Inseln Station. Am Morgen des 28. April, während das Schiff vor Torfua lag, meuterte ein Teil der Mannschaft unter der Führung von Fletcher Christian. Die Meuterer übernahmen das Schiff und setzten Bligh und 18 loyale Besatzungsmitglieder in der 23-Fuß-Launch aus.

Ab diesem Zeitpunkt fehlt uns Blighs minutiöses Logbuch, und wir können die Geschichte der BOUNTY nicht mehr genau weiterverfolgen. Wir wissen aber, daß Christian zuerst zur Insel Tubai segelte, wo er von Eingeborenen vertrieben wurde. Danach ging er nach Tahiti zurück. Nochmals versuchte er sich Tubai zu nähern und wurde zum zweiten Mal vertrieben. Wieder kehrte die BOUNTY nach Tahiti zurück. Mit einem Teil der Meuterer und Tahitianern als Verstärkung fand Christian schließlich auf den Pitcairn-Inseln Zuflucht. Dort ankerte die BOUNTY in der später nach ihr benannten Bucht. Anfang 1790 wurde das Schiff auf Grund gesetzt, abgetakelt und bis zur Wasserlinie verbrannt. Ihre Überreste liegen immer noch auf dem Grund der BOUNTY-Bucht.

ZUSAMMENFASSUNG DES WERDEGANGES

1783: Wahrscheinlich das Jahr der Kiellegung der BETHIA
5. Mai 1787: Lord Sydney unterrichtet die Admiralität in einem Brief über den Wunsch Seiner Majestät, die Interessen der westindischen Pflanzer und Kaufleute zu fördern
9. Mai 1787: Die Admiralität erhält Lord Sydneys Brief und weist das Marineamt an, ein passendes Schiff für das Südseeunternehmen zu beschaffen
10. Mai 1787: Das Marineamt schreibt das Schiff aus
16. Mai 1787: Das Marineamt erwägt die Beschaffung eines von fünf Schiffen zuzüglich eines Nachzüglers
17. Mai 1787: Das Marineamt berichtet der Admiralität über die Absicht, die BETHIA zu kaufen
21. Mai 1787: Die Admiralität informiert das Marineamt, daß Sir Joseph Banks die BETHIA begutachten wird
23. Mai 1787: Die Werft in Deptford reicht ihren Bericht über die BETHIA beim Marineamt ein
26. Mai 1787: Die BETHIA wird gekauft und nach Deptford gebracht
31. Mai 1787: Die Admiralität gibt dem Marineamt Instruktionen über die Ausrüstung der BETHIA
6. Juni 1787: Deptford berichtet an das Marineamt betreffend Kanonen, Masten und Rahen
8. Juni 1787: Sir Joseph Banks besucht die BETHIA. Die Admiralität weist das Marineamt an, die BOUNTY in die Schiffsliste aufzunehmen. Das Marineamt listet die Änderungen an Masten und Rahen der BOUNTY auf
20. Juni 1787: Die Offiziere in Deptford teilen dem Marineamt die für die BOUNTY benötigten Boote mit
25. Juni 1787: Deptford schickt Pläne über die vorgeschlagenen Änderungen an der BOUNTY an das Marineamt
6. Juli 1787: Das Marineamt schickt die geänderten Pläne an die Werft in Deptford zurück
14. August 1787: BOUNTY ausgedockt
16. August 1787: Die Admiralität ernennt Lieutenant William Bligh zum Kommandanten der BOUNTY und weist das Marineamt an, sie mit einer Kopfzahl von 45 Seeleuten zu bemannen und mit Vorräten für 12 Monate auszustatten (Bligh gibt an, daß sie „ausgestattet und verpflegt für 18 Monate" wurde)
30. August 1787: Die Admiralität ordnet beim Marineamt an, die Masten und Rahen der BOUNTY nach den Wünschen von Bligh zu kürzen
3. September 1787: BOUNTY wird längsseits an die Mastenhulk gebracht
4. September 1787: Masten ausgebaut und gekürzt
9. Oktober 1787: BOUNTY nach Long Reach verholt
15. Oktober 1787: Nach Spithead beordert
4. November 1787: Ankunft in Spithead
24. November 1787: Lord Hood gibt den Befehl zum Auslaufen der BOUNTY
23. Dezember 1787: BOUNTY segelt von Spithead ab
24. Dezember 1787–3. Januar 1788: Überfahrt nach Teneriffa
4. Januar 1788–10. Januar 1788: Proviantaufnahme in Teneriffa
11. Januar 1788–22. März 1788: Überfahrt zum Kap Hoorn
23. März 1788–21. April 1788: Die BOUNTY versucht vergeblich, das Kap Hoorn zu umsegeln
22. April 1788–23. Mai 1788: Überfahrt zum Kap der Guten Hoffnung
24. Mai 1788–28. Juni 1788: Proviantaufnahme und Reparatur in der False-Bucht
29. Juni 1788–19. August 1788: Überfahrt nach der Adventure-Bucht
20. August 1788–3. September 1788: Proviantaufnahme in der Adventure-Bucht
4. September 1788–25. Oktober 1788: Überfahrt nach Tahiti
26. Oktober 1788: BOUNTY ankert in der Matavai-Bucht, Tahiti
27. Oktober 1788–3. April 1789: In Tahiti
4. April 1789: BOUNTY verläßt Tahiti
5. April 1789–27. April 1789: BOUNTY segelt westwärts Richtung Endeavour-Straße
28. April 1789: Fletcher Christian führt eine erfolgreiche Meuterei gegen Bligh an und übernimmt das Kommando der BOUNTY
Mai–September 1789: Christian sucht als Kommandant der BOUNTY eine Zufluchtsstätte in der Südsee
23. Januar 1790: BOUNTY läuft bei den Pitcairn-Inseln auf Grund; sie wird abgetakelt und verbrannt.

RUMPFKONSTRUKTION

Die Pläne des Rumpfes der BOUNTY in diesem Buch basieren auf zwei Sätzen zeitgenössischer Pläne; der erste wurde zur Darstellung der BETHIA für die Admiralität gefertigt. Der zweite, auf dem ersten aufbauend, sollte die vorgeschlagenen Änderungen zeigen. Der erste Plan ist vom 25. Juni 1787 datiert und zeigt die BETHIA, wie sie gekauft wurde; der zweite, datiert vom 19. November 1787, enthält die von der Admiralität gewünschten Umbauten und wurde in der Werft von

Deptford verwendet. Beide Plansätze zeigen eine Außenbordansicht, Wasserlinienriß (halbe Breite) und Spantenriß auf dem ersten Blatt. Auf dem zweiten Blatt sind Oberdeck, Unterdeck und Laderaum abgebildet. Da vom Aufbau her keine Änderungen vorgenommen wurden, sind die Linien- und Spantenrisse von beiden Plansätzen identisch. Die Pläne wurden im Maßstab 1/4 Inch zu 1 Fuß (1:48) gezeichnet. Da das Papier sich entweder ausdehnen oder schrumpfen kann, ist es ein glücklicher Umstand, daß der Zeichner einen Maßstab eingezeichnet hat. Beide Pläne enthalten Angaben über die Abmessungen und Tonnage, und hierbei ergeben sich einige Widersprüche. Die Angaben vom 25. Juni lauten:

Länge des Decksbereiches	85 ft	1 1/2 in
Dto. des Kieles für Tonnage	69 ft	11 3/8 in
Größte Breite	24 ft	4 in
Traglast in Tonnen		220 26/94

Die Angaben vom 19. November:

Länge des Decksbereiches	84 ft	6 in
Dto. des Kieles für Tonnage	69 ft	9 in
Größte Breite	24 ft	10 in
Tiefe im Laderaum	11 ft	4 in
Traglast in Tonnen		228 26/94

Die Unterschiede zwischen den Angaben sind leicht zu erklären: Unmittelbar vor der Beschaffung der BETHIA vermaßen sie die Offiziere der Werft in Deptford und ermittelten die ersten Angaben. Die letzteren wurden nach dem Eindocken und einer eingehenderen Untersuchung abgenommen. Daß die Abmessungen vom 19. November genauer sind, kann als ziemlich sicher angenommen werden. Tatsächlich betrug bei der BOUNTY die Länge auf dem Unterdeck (zwischen den Loten) 84 Fuß 6 Inches. Ihre Tonnage wurde mit der folgenden Formel berechnet:

$$\frac{\text{Kiellänge} \times \text{Breite} \times \frac{1}{2}\,\text{Breite}}{94}$$

Die Pläne der BOUNTY enthalten insgesamt 11 Schnittlinien, die auf dem Spantenriß als Spantenumrisse erscheinen. Es sind 0-Punkt, A bis D bugwärts und 1 bis 6 heckwärts. Diese Linien wurden möglicherweise vom Vermesser in Deptford durch Abnehmen der Innenabmessungen (und Hinzunahme der Außenseiten der Spanten) ermittelt. Sie geben zwar dem Zeichner genügend Informationen, den Rumpf aufs Papier zu bringen; jedoch hat der Schiffsbauer nicht genügend Angaben, um danach ein Schiff zu bauen. Ich erstellte den Spantenplan der BOUNTY folgendermaßen: Aufstellen der vorgegebenen Schnittlinien aus dem Plan und Hinzufügung von weiteren in 4-Fuß-Abständen; dies sind 0-Punkt (A) bis O bugwärts und (3) bis 24 heckwärts. (Die eingeklammerten Bezeichnungen befinden sich mittschiffs, wo alle Spanten dem 0-Spant entsprechen.) Dieses System arbeitet vollkommen, wenn man zugesteht, daß der Vermesser einige Abmessungen an der Vorderkante und andere an der Hinterkante der Spanten abgenommen hat. Als unwesentlich ist zu betrachten, daß die vermessenen Spanten nicht mit den Stationslinien auf dem Originalbauplan übereinstimmten. Auf der Basis von 4-Fuß-Spantlinienabständen ergibt sich ein Größe von 12 Inches; 10 Inches für die Stärke der Spanten und 2 Inches für ihren Abstand. Die Originallinien des Erbauers habe ich auf dem Wasserlinienriß (halbe Breite) und dem Spantenriß eingekreist dargestellt. Wie bereits erwähnt wurden die hauptsächlichen Abmessungen der BOUNTY am 23. Mai an das Marineamt weitergegeben. Sie sind sehr zuverlässig, und der Plan bestätigt sich auch fast vollständig. Die Größen der Oberdecks- und Laderaumbalken können daraus ebenso wie die Einzelheiten zu Vordersteven, Kiel, Achtersteven und Mastspuren entnommen werden.

Dem damaligen Schiffbau entsprechend kann man die in Tabelle 1 dargestellten Größen rekonstruieren.

Tabelle 1: **Abmessungen der Rumpfeinzelteile der BOUNTY**

Schandeck	3 in x 12 in
Außenbeplankung	3 in x 6 in
Barkholz	5 1/2 in x 24 in (3 Gänge)
Plankengänge oberhalb des Barkholzes	4 1/2 in x 12 in
Kielwegerung	4 in x 10 in
Kiel	13 in breit x 11 in tief
Grundplatte	2 in
Kielschwein	13 in breit x 14 in tief
Wegerung	2 1/2 in dick
OBERDECK	
Balken	8 in bis 12 in breit x 5 in bis 8 in tief (lt. Plan)
Schlingen	6 in bis 8 in breit x 4 in bis 6 in tief
Längstraversen	5 in breit x 4 in tief
Hängende und horizontale Kniee	4 in bis 5 in dick
Decksplanken	2 1/2 in dick
Decksunterbalkweger	4 in x 9 in
UNTERDECK	
Decksbalken	12 in x 12 in (lt. Vorgaben)
Schlingen	8 in breit x 7 in tief
Längstraversen	6 in breit x 5 in tief
Hängende und horizontale Knie	5 in bis 8 in dick
Decksplanken	2 1/2 in dick
Decksunterbalkweger	4 in x 10 in
Wassergangsplanken	5 in x 4 1/2 in
Setzweger	3 in dick (3 Gänge)
Lebendes Werk	2 in dick

NEUAUSRÜSTUNG

Bestimmt war nach den Begriffen des damaligen Schiffbaus einer der interessantesten Aspekte bei der BOUNTY, daß sie von einem Handelsschiff in ein „schwimmendes Treibhaus" umgebaut und dazu noch dem Standard der Royal Navy angepaßt wurde. Ihre Neuausrüstung dauerte mehr als drei Monate und kostete mehr als ihr Anschaffungspreis betrug. Die Neuausrüstungs- und Proviantkosten betrugen £ 2504 für den Rumpf und £ 1952 für Takelung und Vorräte; zusammen mit dem Kaufpreis von £ 1950 sind dies £ 6406.

Die erste Änderung war, das Schiff mit Kupfer zu beschlagen. Die BETHIA war bei ihrer Beschaffung gegen den Wurmfraß mit Holz verkleidet. Obwohl eine sehr alte Methode, war diese nicht sehr wirkungsvoll. Sie bestand darin, das Unterwasserschiff mit einer Mischung aus Pferdehaar und Teer zu streichen und darüber Holzplanken zu nageln. Um 1778 war es die Praxis, alle Navy-Schiffe mit Kupfer zu beschlagen. Hierbei ist bemerkenswert, daß die Vorzüge der Kupferverkleidung zuerst bei aus der Südsee zurückkehrenden Schiffen erkannt wurden. Die Kupferung des Schiffsbodens war teuer; nicht wegen der erforderlichen Arbeit (ein Schiff konnte überraschend schnell gekupfert werden), sondern wegen des hohen Kupferpreises. Das Austauschen aller eisernen Rumpfbefestigungen gegen solche aus Bronze vergrößerte die Kosten nochmals. Zum Kupfern wurde die BOUNTY aufs Trockene gesetzt und seitwärts gelegt. Die Holzverkleidung wurde entfernt und die Eisenteile gegen solche aus Bronze ausgetauscht. Danach wurde sie mit Kupferplatten verkleidet. Nach dem Zuwasserlassen wurde sie gedreht und auf der anderen Seite verkleidet. Anschließend an das Verkleiden wurde unter dem Kiel mit Klammern eine Bodenplatte befestigt.

Bligh beschreibt den Umbau des Unterdecks in einen Garten:

> Die Zwischendecks wurden in der folgenden Art aufgeteilt: Die große Kajüte wurde zur Aufbewahrung der Pflanzen bestimmt und bis zur hinteren Luke vergrößert. Sie hatte zwei Oberlichter und auf jeder Seite zwei Lüftungsluken. Sie wurde mit einem Zwischenboden mit eingeschnittenen Löchern für die Pflanzentöpfe ausgestattet, in denen die Pflanzen heimgebracht werden sollten. Das Deck wurde mit Blei verkleidet, und in den vorderen Ecken der Kajüte wurden Rohre zum Sammeln des Tropfwassers der Pflanzen für eine spätere Verwendung in darunter aufgestellten Fässern angebracht. Angrenzend an die große Kajüte lag meine kleine Kammer zum Schlafen und in der Nähe der Schiffsmitte ein kleiner Platz zum Speisen. Das Schott dieses Raumes lag am hinteren Ende der Großluke, und zu beiden Seiten lagen die Kojen der Maate und Midshipmen; zwischen diesen Kojen waren die Waffenschränke angebracht. Die Kajüte des Steuermannes, in der er ständig die Schlüssel zu den Waffen aufbewahrte, lag der meinigen gegenüber.

Die von Bligh beschriebene Anordnung der Kajüten ist auf dem Plan deutlich zu erkennen. Auch die Topfgestelle ließ das Marineamt in allen Einzelheiten einzeichnen. Insgesamt wurden 629 Töpfe beschafft; 433 mit 6 Inches und 196 mit 8 Inches Durchmesser. Ein Teil der Arbeiten an den Gestellen wurde von der Mannschaft der BOUNTY erledigt, denn am 15. November 1788 schreibt Bligh ins Logbuch, „die Zimmerleute sind immer noch damit beschäftigt, zusätzliche Ständer für die Pflanzen in den Kajüten zu befestigen“. Dann schreibt er weiter, „die Böttcher machen Fässer und Kisten“. Zusammen waren es 774 Töpfe, 39 Fässer und 34 Kisten.

Der Botaniker hielt die Belüftung der Pflanzen für wichtig, und so wurden zwei Sätze von Grätings – von Bligh als Oberlichter bezeichnet – in das Achterdeck eingebaut. Eines lag vor dem Besanmast und das zweite hinter dem Steuerrad. Um die Einbauten zu ermöglichen, wurde ein unmittelbar hiner dem Gangspill liegender Deckskasten entfernt. Schlingen wurden zur Verstärkung der Sülle eingesetzt. Die von Bligh erwähnten Belüftungsluken waren rechteckige Öffnungen, etwa 5 mal 12 Inches groß, die oberhalb der Unterbalkweger in die Schiffsseiten geschnitten wurden. Sie waren mit Scharnierdeckeln versehen, die bei schlechtem Wetter kalfatert wurden. Ihre Lage wurde durch die Oberdecksbalken und die horizontalen Knie bestimmt. Im Plan sind die vordersten Luken hinter den Drehbassenpfosten zu erkennen.

Das Auskleiden der Kajüte mit Blei war – ebenso wie das Kupfern – teuer; jedoch notwendig, um das wertvolle Wasser zu sammeln. Die Vorschläge dazu und zu weiteren Änderungen an den Kajüten kamen von Sir Joseph Banks. Die Kojen der Großmaate und der Midshipmen waren lediglich durch von der Decke herunterhängende Segeltuchvorhänge abgeteilt; sie erscheinen nicht auf den Plänen. Weitere Änderungen auf dem Unterdeck der BOUNTY waren die Verkleinerung des achteren und der Einbau eines vorderen Niederganges; außerdem die Entfernung der Kajüten für Zimmermann und Bootsmann. Ein neuer Brodie-Herd wurde bestellt und an dem früheren Platz der Zimmermannskajüte aufgestellt. Wahrscheinlich wurden Stützen in Form von Schlingen eingebaut, und die Öffnung für den Kamin wurde ins Oberdeck geschnitten und eingefaßt.

Zusätzlich zu den Grätings im Achterdeck wurde auch das Oberdeck der BOUNTY verändert. Nach der Anordnung der Admiralität sollte das Schiff vier 4-Pfünder-Kanonen und zehn Halbpfünder-Drehbassen erhalten.

Zur Unterbringung der Kanonen wurden Stückpforten in das Schanzkleid geschnitten und eingefaßt. Ziemlich sicher wurden die Decksspanten mit zusätzlichen Schlingen verstärkt, und die Ringe für die Geschütztakel wurden angebracht. Für die Drehbassen baute man auf jeder Seite fünf Pfosten ein. Auf der Back wurden zwei kleine Lüftungsluken in das Deck geschnitten, und der Glockengalgen wurde abgeändert; derjenige an der Beting bestand aus zwei Pfosten mit einem gebogenen Oberteil und dem Querstab, an dem die Glocke hing. Dieses Teil wurde entfernt, und die Glocke hing nun an einem Metallbügel auf dem Spillpfosten. Anscheinend wurden achtern – hier sind die Pläne etwas zweideutig – kleine runde Öffnungen in den Niedergang und die Großlukensülle eingeschnitten. Achterwärts des vorderen Niederganges und der Großluke wurden Bootsklampen auf den Süllen befestigt. Das Boot der BETHIA wurde wahrscheinlich auf den Reservespieren gestaut, die wiederum auf Stützen zwischen der Fockbrassenbeting und dem Spill ruhten. Um Platz für die Boote der BOUNTY zu schaffen, wurden nun die Stützen entfernt und die Reservespieren auf den Rüsten gestaut. Die Betings wurden etwas verkleinert und durch zwei achterliche Knie verstärkt. Schließlich wurden ein Flaggenkasten zwischen dem Ruderkopfgehäuse und der Heckreling eingebaut und die Poller der vorderen Kranbalken verlängert.

Auch der Laderaum der BOUNTY wurde verändert, und hier sind die Pläne nochmals unklar. Als man von Deptford die Pläne der BETHIA an das Marineamt sandte, schrieben die Werftoffiziere, „der Sprung und die Decks sind für das Schiff als ausreichend zu betrachten; einige Einbauten in roter Tinte und die Plattformen usw. vorn und achtern in grüner Tinte eingezeichnet schlagen wir vorbehaltlich Ihrer Zustimmung an den entsprechenden Stellen vor“. Offensichtlich reichte das Marineamt die Pläne der BOUNTY mit den gewünschten Änderungen wieder an die Werft zurück, und hierbei ergeben sich die Unklarheiten: Ich bin nicht sicher, ob die Plattformen vorhanden waren oder nur in dieser Art vorgeschlagen wurden. Ziemlich sicher war die vordere vorhanden und trug die Kombüse, Lagerräume und Kajüten. Wahrscheinlich gab es auch die achtere, denn dort führte ein Niedergang hinunter. Sie schien jedoch nicht in Räume aufgeteilt gewesen zu sein, mit Ausnahme eines achteren Schotts zum Abteilen des Brotraumes. Den Plan des Laderaumes der BOUNTY habe ich in seiner tatsächlichen Aufteilung wiedergegeben; denjenigen der BETHIA in der Ansicht, als ob die Kajüten auf den beiden Plattformen vorhanden gewesen wären.

Unglücklicherweise sind auf den Plänen der BETHIA die Laderäume nicht sehr gut zu erkennen. Sie wurden durch Schutzschotts gegen die Basis der Bilgepumpen gebildet. Diese Schotts sollten das gestaute Ladegut fernhalten und im Notfall einen schnellen Zugang ermöglichen. Der Plan der BOUNTY zeigt ebenfalls einen Pumpenbrunnen an dieser Stelle und unmittelbar davor einen Kugelkasten.

In seinen Aufzeichnungen über die Meuterei berichtet Bligh über die Verringerung des Ballasts der BOUNTY:

> Die nächsten wesentlichen Änderungen bei der Ausrüstung waren die Verringerung der Eisenmenge und des anderen Ballastes. Ich gab Anweisung, nur 19 Tonnen Eisen anstelle der üblichen Menge an Bord zu nehmen; dies waren 45 Tonnen. Die Vorräte und Proviant hielt ich für den verbleibenden Anteil als ausreichend; nach meiner Meinung werden viele Mißgeschicke der Schiffe in schweren Stürmen durch zuviel toten Ballast ausgelöst.

Schließlich erhielt die BOUNTY vor dem Verlassen Spitheads einen neuen Farbanstrich, und ihr Name wurde auf das Heck gemalt.

VERZIERUNGEN

Es ist äußerst unwahrscheinlich, daß das Marineamt irgendwelche Änderungen an den Verzierungen der BOUNTY guthieß. Deshalb werden sie mit Ausnahme des besonders an den erneuerten Stellen erfolgten Rumpfanstriches so wie bei der BETHIA geblieben sein. Damals waren die Standardfarben für den Rumpf: blau für die obere Außenbeplankung, schwarz für das Barkholz und gelb für die Verstärkungen einschließlich Schandeck, Schanzkleid, Stützen, Achter- und Vorderreling. Deck, Masten und Rahen blieben in der Naturholzfarbe, und die Kajütenwände waren weiß gestrichen.

Über die Galionsfigur gibt es zwei Angaben; die erste macht Bligh in einem Brief an Sir Joseph Banks, „eine schöne Galionsfigur einer Frau im Reitgewand". Die zweite ist in Blighs Bericht über die Meuterei enthalten und lautet, „der Kopf des Schiffes war die Figur einer Frau, nicht übel geschnitzt. Da wir das obere Werk des Schiffes anstrichen, befahl ich, auch diese Figur farbig zu bemalen, wovon die Insulaner sehr angetan waren." (Zu jener Zeit war die BOUNTY in Tahiti.)

Von der BOUNTY gibt es keine zeitgenössischen Zeichnungen oder Pläne, und ich konnte auch keine geschriebene Beschreibung ihrer Heckzier finden. So nahm ich mir die Freiheit, ihr Heck mit einem geschnitzten Motiv in Form ihres Namens BOUNTY darzustellen.

STEUERVORRICHTUNG

An der Steuervorrichtung der BOUNTY gibt es nichts Ungewöhnliches. Abgesehen von der Kupferung des Ruderblattes und den bronzenen Beschlägen blieb sie wie bei der BETHIA. Das Ruder bestand aus zwei großen Balken und hing mit vier Zapfen in großen Scharnieren am Hintersteven. In die Heckbalkenbeplankung war ein Loch geschnitten, und das Ruder führte hindurch. Die Heckbalken wurden zu beiden Seiten etwas ausgespart, um dem Ruder Bewegungsfreiheit zu geben. Um das Eindringen des Meerwassers in die Kajüte zu verhindern, wurde das Loch, auch als Hennegat bezeichnet, mit geteertem Segeltuch verkleidet. Auf der Höhe des Oberdecks wurden die Köpfe von Hecksteven und Ruder mit Eisenbändern verstärkt. Um das Ganze wurde ein hölzernes Gehäuse gebaut, in das der Ruderschaft hineinlief. Der Ruderschaft war im Ruderkopf verzapft, und das Loch im Gehäuse war weit genug, um das Hin- und Herlaufen über die ganze Schiffsbreite zu ermöglichen. Es war ebenenfalls mit einer Segeltuchhülle gegen das Wasser geschützt.

Ein einzelnes Steuerrad saß hinter dem Besanmast; die Einzelteile waren aus Hartholz geschnitzt und gedrechselt, die erforderlichen Beschlagteile aus Messing. Der Ruderschaft wurde von einem einzelnen Tau geführt, das sieben- oder neunmal um die Trommel des Rades gewickelt war. Dann lief das Tau durch einen unmittelbar darunterliegenden 10-Inches-Block weiter über Blöcke auf beiden Seiten des Decks und wurde achtern am Ruderschaft befestigt. Das Ausschlagen des Ruderschaftes und die Anordnung der Taue machten die Arbeit sehr unangenehm. So ließ Captain Cook auch über dem Ruderschaft der ENDEAVOUR eine Plattform errichten, die in gleicher Weise auch bei der BOUNTY angebracht wurde. Nun konnten ihre wichtigen Passagiere angenehm auf dem Achterdeck herumgehen.

Unmittelbar vor dem Steuerrad befand sich das Kompaßhaus – also das Ausrüstungsstück zur Aufnahme der Kompasse. Es war aus Hartholz gefertigt und beherbergte neben den Kompassen (je einem an den Seiten) eine Öllampe; deshalb befand sich an seiner Oberseite ein Kamin aus Messing. Eingesetzte Glasscheiben sollten die Sicht auf die Kompasse ermöglichen. Da das Kompaßhaus sehr nahe beim Steuerrad auf dem Deck verzurrt war, dürfte es für den Steuermann schwierig gewesen sein, hineinzusehen. Wegen der unmittelbaren Nähe von Besanmast und Betings scheint dies auch für den wachhabenden Offizier gegolten zu haben, zu dessen Aufgaben auch das Ablesen des Kompasses zählte. Um die Kompasse möglichst wenig abzulenken, waren alle Metallteile des Kompaßhauses und in dessen Umgebung größtenteils aus Messing gefertigt.

ANKERGESCHIRR

Wie schon oben erwähnt kamen beim Kauf der BETHIA durch die Navy die Anker mit ihr. Deren Wichtigkeit wird durch die Tatsache bestätigt, daß die Werft in Deptford auf einer eigenen Liste ihre Größen und den Preis in die Berichte an das Marineamt aufnahm:

Anker, die wir vorschlagen, mit zu beschaffen:

	cwt	qr	lb
Anker von	13	3	0
	13	3	8
Eisenstock	5	1	0
	2	1	20
	1	3	10

Die beiden 13-cwt-Anker waren mit hölzernen Ankerstöcken versehene Buganker; einer davon wurde aus der Bounty-Bucht geborgen und befindet sich jetzt auf den Pitcairn-Inseln. Die hauptsächlichen Abmessungen zeigt Tabelle 3:

Tabelle 3: **Ankerabmessungen**

	ft	in
Länge des Schaftes	11	7 (Ring bis Kreuz)
Umfang des Schaftes	1	7
Zwischen den Spitzen	8	0
Breite der Flügel	1	7
Durchmesser des Ringes	1	10

Aus der Tabelle der Ankerabmessungen ist zu ersehen, daß die darin enthaltenen Angaben mit den damals üblichen Größen übereinstimmen. Als Fletcher Christian Tahiti zum letzten Male verließ, kappte er das Ankertau der BOUNTY. Nach diesem Anker wurde später gefischt, und er wurde von der PANDORA geborgen. Diese Fregatte wurde zur Festnahme der Meuterer ausgeschickt und ging auf der Rückfahrt nach England vor dem Great-Barrier-Riff verloren. Man vermutet, daß der geborgene Anker – der zweite Buganker – mit ihren Überresten auf dem Meeresgrund liegt. Die BOUNTY war mit sechs Ankertrossen von je 183 m Länge ausgestattet.

Im Logbuch der BOUNTY macht Bligh in bezug auf den schweren Buganker zwei interessante Bemerkungen: Erstens schreibt er am 4. April 1789: „Beim Stauen des schweren Bugankers brach der Stock in der Nut und fiel über Bord, er war von den Würmern zerfressen worden. Mein Schotanker hatte einen eiser-

Tabelle 2: **Ankerabmessungen nach Falconers Dictionary von 1830**

Gegenstand	Gewicht (cwt)	Länge Schaft	Länge Arme	Breite Flunken	Stärke Flunken	Größe Hals	Größe Small rund	Außendurchmesser Ring	Stärke Ring
Buganker	14	11 ft 8 in	3 ft 11 in	1 ft 8 1/4 in	1 1/4 in	4 7/8 in	4 3/8 in	1 ft 8 1/4 in	2 3/16 in
Stromanker	6	8 ft 6 in	2 ft 10 in	1 ft 3 in	1 in	3 1/4 in	3 1/4 in	1 ft 3 in	1 5/8 in
Warpanker	2	6 ft 6 in	2 ft 2 in	11 in	3/4 in	2 3/4 in	2 1/4 in	11 in	1 1/8 in

Anmerkung: Die hier angegebenen Gewichte entsprechen nicht genau denjenigen der BOUNTY; sie sind bei Falconer für den nächst größeren Schiffstyp entnommen

nen Stock, um ihn leichter in den Rüsten stauen zu können; deshalb verwendete ich ihn als kleinen Buganker. Ich konnte den Ankerstock retten – Schiffe, die hierher kommen, sollten eiserne Stöcke haben." Dann schreibt er drei Tage später: „Neuen Stock für schweren Buganker".

Die drei Anker mit Eisenstöcken waren der Strom- (5 cwt, 1 qrt, 01 lb) und zwei Warpanker (2 cwt, 1 qrt, 20 lb und 1 cwt, 3 qrt, 10 lb). Der Schotanker, auf den Bligh im Logbuch eingeht, war der Stromanker. Da er nach dem Buganker der nächstgrößere war, wurde er als Schotanker verwendet. (Größere Schiffe führten gewöhnlich vier Anker mit hölzernen Ankerstöcken.) Dieser Stromanker wurde an den Rüsten und die beiden Warpanker im Laderaum gestaut.

Auf kleinen Schiffen – besonders den Handelsschiffen – waren Bratspille üblich, denn sie konnten von einer relativ kleinen Mannschaft bedient werden. Die Navy hingegen mit ihrem großen Bestand an menschlicher Arbeitskraft verwendete auf ihren Schiffen Gangspille (oft paarweise übereinander). Der Vorteil der Bedienung des Bratspilles durch nur wenige Männer wurde durch zwei negative Faktoren ausgeglichen: Bratspille waren sehr langsam und nahmen eine größere Fläche auf dem Deck in Anspruch. Nach ihrem Kauf durch die Navy wurden am Bratspill der BETHIA, abgesehen vom Umbau des Glockengalgens, keine Veränderungen vorgenommen. Beachten Sie auf den Plänen die drei deutlich erkennbaren Pallen.

Wie das ursprünglich auf der BETHIA vorhandene Bratspill wurde auch das Gangspill nicht verändert. Sein Aufbau ist jedoch interessant: Zu dieser Zeit war es üblich, die Spindel im darunterliegenden Deck zu verzapfen. Bei der BOUNTY war diese Bauweise nicht möglich, da sich an dieser Stelle ein Niedergang befand. Die Spindel war ein empfindlicher Punkt, denn sie gab dem Gangspill die seitliche Abstützung. Wenn nun das Gangspill der BOUNTY nur auf einer kurzen Eisenspindel auf dem Oberdeck der BOUNTY gelaufen wäre, so hätte sich sein Wirkungsgrad stark verringert. Obwohl ich den Beweis schuldig bleiben muß, scheint mir diese Bauart aber die einzig mögliche gewesen zu sein. Weiter ist auch anzunehmen, daß das Gangspill nur für leichtere Arbeiten verwendet wurde. Überdies zeigen die Pläne der BETHIA einen Deckskasten unmittelbar hinter dem Gangspill (er war wahrscheinlich abnehmbar und wurde bei der BOUNTY auch entfernt). Davor ist ein 12-Inches-Süll für den Niedergang eingezeichnet. Die Öffnung des Niederganges konnte mit einer Gräting abgedeckt werden. Der Kasten mit seiner Höhe von drei Fuß machte jedoch eine wichtige Arbeitsvoraussetzung für das Gangspill zunichte: Die Männer sollten das Gangspill in einem nicht unterbrochenen Kreis umrunden können.

PUMPEN

Die an Bord der BOUNTY vorhandenen Pumpen waren vom Elm-Tree-Typ, das heißt, das Pumpenrohr wurde aus einem Ulmenstamm hergestellt, das auf der einen Seite das Oberdeck um drei Fuß überragte; auf der anderen Seite lief es hinter dem Großmast bis zum tiefsten Punkt des Schiffes hinunter. Die Pumpen waren von einfacher Bauart. Ein Schwengel bewegte eine Metallstange im Pumpenrohr, und das untere Ende dieser Stange bildete ein Einwegventil in Form einer durchlöcherten Scheibe. Durch das Hinunterdrücken der Scheibe mittels der Stange konnte Wasser hindurchfließen. Bei der Aufwärtsbewegung verschloß eine Lederscheibe die Löcher und hielt so das Wasser zurück. Auf diese Weise wurde das Wasser nach oben befördert. Da der Hub der Stange weniger als drei Fuß betrug, wurde am unteren Ende der Pumpe ein weiteres Ventil angebracht, und so konnte sie vollaufen. Einsickerndes Wasser wurde in einem Brunnen an der Basis der Pumpe gesammelt. Durch die in jeden Spant gebohrten Löcher konnte dort das Wasser hineinlaufen. Das über die Decksöffnungen in den Laderaum hereinlaufende Wasser wurde mit Hilfe von über die ganze Länge des Schiffes zu beiden Seiten des Kielschweines verlaufende Rinnen und Wassergänge gesammelt. Die Schwengel auf dem Oberdeck waren abnehmbar, und so wurde die Arbeit bei Nichtbenutzung der Pumpen nicht beeinträchtigt. Auf großen Schiffen wurde diese Art von Pumpen nicht für das Bilgewasser, sondern für das Pumpen von Meerwasser (hauptsächlich zum Waschen des Schiffes und bei Bedarf zur Feuerbekämpfung) verwendet. Für das Sickerwasser wurden Kettenpumpen eingesetzt.

Die Außenansicht der BETHIA zeigt keine Pumpen (obwohl sie auf den Ober- und Unterdecksplänen eingezeichnet sind, jedoch ohne den Laderaumbrunnen). Man kann sich aber ein Schiff ohne Pumpen nur schwerlich vorstellen. Auf jeden Fall trug die BOUNTY zwei Elm-Tree-Pumpen – achtern vor dem Großmast und jeweils zwei Fuß neben der Mittellinie.

Bei der Hinreise der BOUNTY fand Bligh einen besonderen Einsatz der Pumpen, dessen Einzelheiten im Logbuch stehen: „7. Februar 1788; entfernten das Gehäuse einer Pumpe und ließen Männer Wasser hinuntergießen und die andere Pumpe eine Stunde ununterbrochen laufen, bis das Wasser so sauber herauf kam wie es hinuntergelaufen war." Am 22. Februar 1788 fand er einen anderen Verwendungszweck für die Pumpen: „Als der Schiffsraum sich bei schwerem Regen erwärmte, hielt ich es für eine angenehme Wirkung und ich glaube, die Pumpen sind die besten Ventilatoren, die man auf einem Schiff einbauen kann."

BOOTE

Die am 20. Juni 1788 vom Marineamt ursprünglich für die BOUNTY bestimmten Boote – sie wurde zu dieser Zeit noch ausgerüstet – waren eine 20-Fuß-Launch, ein 18-Fuß-Kutter und ein 16-Fuß-Kutter oder Jolly-Boot. Offensichtlich wurden diese Boote an die Werft in Deptford ausgeliefert. Nach Blighs Forderung wurden die ersten beiden gegen eine 23-Fuß-Launch und einen 20-Fuß-Kutter ausgetauscht. Bligh, der schon Erfahrungen in der Südsee gesammelt hatte, kannte den Vorteil von größeren Booten bei der Proviant- und Wasseraufnahme. Die Entscheidung des Marineamtes, daß das größte Boot nicht länger als 20 Fuß sein sollte, wurde wahrscheinlich im Hinblick auf die Möglichkeiten des Stauens der Boote getroffen. Von der vorderen Brassenbeting bis zum vorderen Niedergang der BOUNTY betrug der Abstand nur etwas mehr als 18 Fuß. Demnach wäre ein 20-Fuß-Boot ganz gut auf der Großluke zu stauen gewesen. Aber sogar nach dem Abnehmen des Ruders füllte eine 23-Fuß-Launch einen großen Teil des Decks aus, und Bligh bemerkt, daß der Bug „gut mit dem vorderen Niedergang, ihn etwas überragend" zu liegen kam. Die Probleme mit dem Stauen der Boote traten nicht nur wegen der Länge der Launch auf; es gab sie auch wegen der Höhe. Wären die beiden größten Boote der BOUNTY längsseits nebeneinander gestaut worden, so wäre auf jeder Seite nur ein Zwischenraum von zwei Fuß und neun Inches zwischen Boot und Reling verblieben. Da dieser Bereich aber wichtig zur Bedienung der Segel war, ist es sehr wahrscheinlich, daß der Kutter in der Launch saß, die dann auf der Mittschiffslinie der BOUNTY gestaut wurde. Nun tauchte das Problem mit der Unterbringung des Jolly-Bootes auf. Dafür boten sich drei Möglichkeiten an: Die Launch (mit dem Kutter obenauf) wurde außerhalb der Mitte gestaut und das Jolly-Boot dicht daneben; alle drei Boote wurden ineinandergesetzt und auf der Mittellinie gestaut (mit dem Jolly-Boot obenauf). Dies wäre ein nicht sehr angenehmer Balanceakt gewesen, und die Boote hätten das Großsegel beeinträchtigt. Oder es wurde beim Austausch der kleineren Boote gegen größere auf den 16-Fuß-Kutter verzichtet. Wie auch immer die richtige Antwort lauten mag, ich habe die BOUNTY mit nur zwei Booten dargestellt.

Dank der 3600-Meilen-Fahrt von Bligh ist die 23-Fuß-Launch ebenso bekannt wie die BOUNTY selbst geworden. Sie war kraweel-gebaut, mit sechs Riemen ausgestattet und zum Transport von 13 Personen ausgelegt (als Bligh ausgesetzt wurde, befanden sich insgesamt 19 Personen in der Launch). Man nimmt an, daß die Launch von einem Mr. John Burr, einem Lieferanten für Navy-Boote, für einen Preis von etwa 43 £ gebaut wurde. Da sie zum Hieven des Ankers und zum Transport anderer schwerer Lasten verwendet werden sollte, war sie mittschiffs mit einem abnehmbaren Spill und zwei Davits mit Scheiben ausgerüstet. Es gibt einen Standardplan für eine 23-Fuß-Launch dieser Zeit, und dieser enthält folgende Außenmaße:

Länge	23 ft 0 in
Breite	6 ft 9 in
Tiefe	2 ft 9 in
Heck seitig	0 ft 3 1/2 in
Kiel dto. mittschiffs	0 ft 3 7/8 in
Steven seitig am Stoß	0 ft 3 1/2 in
Unten	0 ft 3 in
Heckbalken dick	0 ft 2 in
Bodenwrangen seitig	0 ft 2 in
Breite an den Köpfen	0 ft 2 1/8 in
Kragen	0 ft 3 7/8 in
Auflanger seitig unten	0 ft 2 in
Quadratisch an den Köpfen	0 ft 1 7/8 in

Wir wissen auch, daß die Launch sehr seegängig war; Bligh schreibt, während er dahintreibt, im Logbuch:
„4. Mai 1789. Wir können nicht mehr tun als uns vor der See zu halten, in deren Lauf sich das Boot so wunderbar gut verhält..."
Die Takelung der Boote unterschied sich ganz erheblich und wurde von der beabsichtigten Nutzung ebenso wie von den persönlichen Vorlieben derer, die sie segelten, bestimmt.
Der Plan der BOUNTY-Launch zeigt deutlich, daß ein etwas nach vorne versetzter Mast vorgesehen war. Demnach war sie wahrscheinlich wie ein Kutter getakelt. In seinem Logbuch macht Bligh jedoch einige Bemerkungen über ihre Takelung, die mich überzeugt haben, daß sie zwei Masten getragen haben muß:

3. Mai 1789	Ich hielt unter gerefftem Luggervorsegel weiter stand.
10. Mai [1789]	Ich ließ nun an jedem Mast ein Paar Wanten anbringen.
10. Mai 1789	Am Nachmittag brachte ich an jedem Mast ein Paar Wanten und einen Wetterschutz aus Segeltuch rund um das Boot an und erhöhte das Achterschiff um etwa 9 Inches, indem wir an die Sitze im Heck Bretter nagelten, was sich für uns von großem Nutzen erwies.

Die Pläne zeigen das Boot mit einer Lugger-Takelung; Masten, Rahen und Segel sind nach Steel. Da bei der Takelung der Boote erhebliche Unterschiede auftraten, sind die Größen in der Takelungstabelle unter „Takelung von Kutter und Launch" nur als allgemeine Anhaltspunkte zu verstehen.
Nachdem sie Bligh und seine Mitreisenden nach Coupang (Kupang) gebracht hatte, wurde die Launch nach Batavia (Jakarta) geschleppt und wahrscheinlich durch eine Versteigerung verkauft. Bligh hing zu diesem Zeitpunkt aus sentimentalen Gründen an dem Boot, und in seinem Bericht schreibt er: „Die Launch wurde ebenfalls verkauft. Der Dienst, den sie uns erwiesen hat, ließ mich die Trennung von ihr nur widerstrebend hinnehmen; was ich nicht getan hätte, wenn ich eine Möglichkeit gefunden hätte, sie nach Europa zu bringen."

Der 20-Fuß-Kutter war klinker-gebaut, trug sechs Riemen und war für maximal zehn Männer ausgelegt. Die Pläne zeigen ihn mit einem ebenfalls etwas vorne sitzenden Mast, einem großen längsschiffs gerichteteten Großsegel an einer Gaffel und zwei Vorsegeln. Auch hier basieren Takelung und Segel auf den Angaben von Steel. Hätte die BOUNTY ein 16-Fuß-Jollyboot getragen, so wäre dieses klinker-gebaut und mit vier Riemen bestückt gewesen.

MANNSCHAFT UND UNTERKUNFT

Mit der Formel 15,5 Tonnen pro Mann hätte die BETHIA, als ein Handelsschiff, zum Segeln eine Besatzung von etwa 15 Seeleuten benötigt. Für die Südseemission der BOUNTY war eine Mannschaftsstärke von 45 Personen vorgeschlagen worden.

Tabelle 4: **Zusammensetzung der Mannschaft**

1 Lieutenant als Kommandant	1 Bootsmannsmaat
1 Steuermann	1 Kanoniersmaat
1 Bootsmann	1 Zimmermannsmaat
1 Kanonier	1 Zimmermannsgehilfe
1 Zimmermann	1 Segelmacher
1 Arzt	1 Korporal
2 Steuermannsmaate	1 Schreiber und Steward
2 Midshipmen (Kadetten)	25 ausgebildete Seeleute
2 Quartiermeister	
1 Quartiermeistersmaat	45 insgesamt

Diese Zahl wurde durch die Zuweisung eines Waffenschmiedes und eines Hilfsgärtners auf die BOUNTY verändert. Um für sie Platz zu schaffen, wurde die Anzahl der Seeleute um zwei verringert. Als die BOUNTY absegelte, fuhren auf ihr 46 Männer, denn es war noch ein Botaniker hinzugekommen. Verständlicherweise verursachte die Verdreifachung der Mannschaft große Enge auf dem Unterdeck. Das Platzproblem wurde durch die Vorräte für 18 Monate und die baulichen Veränderungen am Schiff noch vergrößert. All dies verringerte den für die Unterbringung der Mannschaft zur Verfügung stehenden Raum.

Da die große Kajüte für die Lagerung der Pflanzen verwendet wurde, baute man für Bligh unmittelbar vor ihr eine kleine Schlafkajüte auf der Steuerbordseite ein. Gegenüber wurde die gleiche Kajüte für den Steuermann eingebaut. Zwischen diesen Kajüten befand sich ein Niedergangsvorplatz, davor wurde der Speiseraum des Kapitäns mit der Pantry eingefügt. Der Speiseraum diente Bligh auch als Tagesraum und dem Schreiber als dessen Büro. Wie bereits erwähnt, wurden zu beiden Seiten des Unterdecks vor dem Speiseraumschott durch Segeltuchvorhänge abgeteilte Kojen für die Steuermannsmaate und die Midshipmen errichtet. Der verbleibende Raum auf dem Unterdeck, etwa 22 mal 36 Fuß groß, wurde den 33 Seeleuten zugewiesen. Ein Teil dieses Raumes wurde noch von Luken, Niedergängen und dem Herd belegt. Bligh berichtet am 10. April 1788 über die beengten Verhältnisse:

„Die Decks leckten so stark, daß ich gezwungen war, die große Kajüte, welche ich nur bei schönem Wetter ansonsten aber wenig benutzte, aufzuteilen; ich gab sie den Leuten mit nassen Kojen, um ihre Hängematten hineinzuhängen, dadurch war es weniger eng auf den Zwischendecks."

Auf der Plattform im Laderaum der BOUNTY, dem Raumdeck, wurden sieben kleine Räume (deren vorderster zwischen den Balken nur 5 1/2 Fuß breit war), als Kajüten für den Botaniker, den Schreiber des Kapitäns, den Arzt, den Steward und den Kanonier nebst einem Lagerraum des Kapitäns bzw. einer Kleiderkammer ausgebaut. Hinter dieser Plattform, in der Achterpiek, befand sich der Brotraum, darunter der Spitituosenraum, der Fischraum und das achtere Magazin. Die Kajüten für Bootsmann und Zimmermann befanden sich auf der vorderen Plattform ebenso wie deren Lagerräume, der Lagerraum des Kanoniers, der Segelraum, der Pechraum und der Blockraum. Unter der Plattform befanden sich ein zweiter Lagerraum des Bootsmannes, ein Segelraum und das vordere Magazin. Im Juli 1787 ordnete das Marineamt für die BOUNTY einen neuen Herd an, und dieser wurde am 14. August vor dem Ausdocken eingebaut. Dieser besondere Typ von Herd, nach seinem Hersteller Brodie benannt, wurde im Mai 1781 bei der Navy als einziger auf den Schiffen Seiner Majestät zu verwendende Herd eingeführt (Brodie behielt das Monopol bis 1819). Der Herd war aus geschmiedetem und gegossenem Eisen und wurde mit Kohle oder Holz befeuert. Die Kochvorrichtungen bestanden aus einem Backofen, Kochkesseln und einem Bratofen. An der Vorderseite war ein Spieß mit verstellbaren Stützen befestigt, der von einer Kette gedreht wurde. Die Kette wurde von einem Ventilator im Kamin angetrieben. Ein Frischwasserkondensator saß achtern an der Oberseite des Herdes, und der Metallkamin konnte entsprechend der Windrichtung gedreht werden. Beim Versuch, das Kap Hoorn zu umsegeln, schreibt Bligh: „Bei so viel schlechtem Wetter hielt ich es für nötig, ständig ein Feuer zu halten, Tag und Nacht; einer der Wache achtete die ganze Zeit darauf, daß die nassen Kleider der Leute getrocknet wurden; dies diente zweifellos ihrer Gesundheit und ihrem Wohlbefinden."

Ein zweiter Herd, oder Raumofen, wurde ebenfalls an Bord der BOUNTY gebracht. Am 10. Oktober 1787 schrieb die Admiralität an das Marineamt:

„Hierdurch tun wir unsern Wunsch kund und ordnen an einen passenden Herd an Bord des bewaffneten Vorratsschiffes BOUNTY aufzustellen, welches bestimmt ist für die Aufnahme des größten Teiles von Bäumen und Pflanzen, deren Beschädigung durch die Kälte während ihrer Fahrt um das Kap der Guten Hoffnung zu verhindern ist."

MASTEN UND RAHEN

Da während der Neuausrüstung einige ihrer Spieren zweimal geändert wurden und die Vorschläge dazu aufgezeichnet wurden, sind die Abmessungen von Masten und Rahen der BOUNTY gut dokumentiert. In Tabelle 5 gibt die erste Aufstellung die Angaben für die BETHIA in dem Zustand, wie sie gekauft wurde, wieder. Sie wurden am 6. Juni von der Werft in Deptford an das Marineamt gesandt. Zusammen mit diesen Daten bat man um Anweisungen, und am 8. Juni ordnete das Marineamt an, daß die Abmessungen den Größen in der zweiten Aufstellung entsprechen sollten. Beim Vergleich der beiden Listen erkennen wir, daß Großbramstenge und Flaggentopp gekürzt wurden, Vor- und Besanmarsrah wurden nur im Durchmesser, die Kreuzrah in Länge und Durchmesser verkleinert. Weiter wurden Großbramrah, Vorbramrahen und Blinderah benötigt (und auch beschafft). Da die Großrah um etwa 6 Fuß verlängert wurde, war auch sie neu zu beschaffen. Diese generelle Reduzierung des oberen Gewichtes stand im Einklang mit den Vorstellungen der Admiralität über in die Südsee bestimmte Schiffe.

In den Plänen wurden weitere Änderungen an Masten und Bugspriet vorgenommen. Die Pläne der BETHIA zeigen die Verzapfung der Mastfüße direkt im Kiel, während in den Plänen der BOUNTY die Mastspuren eingezeichnet sind. Klar erkennbar wurde der Bugspriet der BOUNTY durch Anheben des Fußes um etwa 8 Inches verändert, wodurch sich sein Erhöhungswinkel verringerte.

Die zweite Veränderung in der Takelung der BOUNTY war die Folge von Blighs Forderungen, die auf seinen Kenntnissen über die Südsee basierten. In seinem Bericht schreibt er: „Das Schiff wurde wie in der Navy üblich bemastet; jedoch wurden auf mein Verlangen hin die Masten gekürzt, welche ich auch in Anbetracht des Zweckes der Reise für zu lang hielt." In der dritten Aufstellung sind die Abmessungen nach Blighs Wünschen und so, wie das Schiff Spithead verließ, wiedergegeben. Vergleicht man sie mit denen der Admiralität, so ist zu erkennen, daß Groß- und Fockmast, Rahen und Marsrahen verkürzt wurden.

Tabelle 5: **Abmessungen von Masten und Rahen**

	Wie mit der Bethia gekauft		**Wie von der Admiralität angeordnet**		**Wie von Bligh verlangt**	
Gegenstand	**Länge**	**Durchmesser**	**Länge**	**Durchmesser**	**Länge**	**Durchmesser**
Großmast	58 ft 10 in	16 in	58 ft 10 in	16 in	55 ft 0 in	16 in
Großmarsstenge	35 ft 10 in	10¾ in	35 ft 10 in	10¾ in	35 ft 10 in	10¾ in
Marsstengenkopf	4 ft 9 in		4 ft 9 in		4 ft 9 in	
Großbramstenge	23 ft 10 in	6 in	18 ft 2 in	6 in	18 ft 2 in	6 in
Großflaggenstock	10 ft 9 in		9 ft 1 in		9 ft 1 in	
Großrah	40 ft 5 in	11¼ in	46 ft 6 in	11¾ in	41 ft 0 in	9½ in
Großmarsrah	35 ft 2 in	8⅛ in	35 ft 2 in	8⅛ in	31 ft 0 in	6½ in
Großbramrah			24 ft 8⅝ in	5 in	24 ft 8 in	5 in
Fockmast	53 ft 4 in	16½ in	53 ft 4 in	16½ in	51 ft 0 in	16½ in
Vormarsstenge	34 ft 3 in	10¾ in	34 ft 3 in	10¾ in	34 ft 3 in	10¾ in
Marsstengenkopf	4 ft 0 in		4 ft 0 in		4 ft 0 in	
Vorbramstenge	23 ft 5½ in	6 in	17 ft 3 in	4¾ in	17 ft 3 in	4¾ in
Fockflaggenstock	12 ft 2 in		8 ft 7 in		8 ft 7 in	
Fockrah	40 ft 5 in	11 in	40 ft 5 in	10 in	38 ft 0 in	8⅞ in
Vormarsrah	30 ft 6 in	7¾ in	30 ft 6 in	7 in	28 ft 0 in	5⅞ in
Vorbramrah			24 ft 8 in	5 in	24 ft 8 in	5 in
Besanmast	48 ft 2 in	11¼ in	48 ft 2 in	11¼ in	48 ft 2 in	11¾ in
Besanmarsstenge	24 ft 3½ in	6⅞ in	24 ft 3½ in	6⅞ in	24 ft 3½ in	6⅞ in
Marsstengenkopf	3 ft 1 in		3 ft 1 in		3 ft 1 in	
Besanrah (Gaffel)	21 ft 2 in	6⅛ in	21 ft 2 in	6⅛ in	21 ft 2 in	6⅛ in
Kreuzrah	36 ft 2 in	7½ in	30 ft 6 in	6½ in	30 ft 6 in	6½ in
Besanmarsrah	24 ft 0 in	5¼ in	24 ft 0 in	5 in	24 ft 0 in	5 in
Bugspriet	35 ft 4 in	18¼ in	35 ft 4 in	18¼ in	35 ft 4 in	18¼ in
Hausung	10 ft 2 in		10 ft 2 in		10 ft 2 in	
Klüverbaum	27 ft 1 in	8¾ in	27 ft 1 in	8¾ in	27 ft 1 in	8¾ in
Blinderah			30 ft 6 in	6⅜ in	30 ft 6 in	6 in

Der diesbezügliche Eintrag im Logbuch lautet: „Auf mein Verlangen hin wurden am 4. September die Untermasten herausgenommen und gekürzt, und die unteren Marsrahen wurden an Land meinen Forderungen entsprechend zugeschnitten."

Das Kürzen eines Mastes erforderte ein gehöriges Stück Arbeit, denn die ganze Takelung (beginnend mit den Segeln, dann die Rahen, laufendes Gut, Mars und Bramstengen und deren stehendes Gut) mußte entfernt werden. Dann mußte der Mast herausgehoben, gekürzt, neu gezapft, wieder eingesetzt und aufgetakelt werden; mit allen entsprechenden Änderungen an der stehenden Takelung. Allerdings war es keine außergewöhnliche Angelegenheit und wurde sogar außerhalb von Werften durchgeführt. Den Besanmast der Bounty ließ Bligh in der False-Bucht verkürzen.

„26. Mai1788, ich befahl den Besanmast aus der Mastspur zu heben und zwei Fuß davon abzuschneiden, da er zu steif ist und das Schiff achtern zu stark schüttelt; und es wurde ausgeführt und die Takelung ausgebessert und angepaßt." Ähnlich war es beim Kürzen einer Rah nicht nur damit getan, auf jeder Seite ein Stück abzuschneiden. Die ganze Rah mußte dann wieder in ihre Form gebracht werden. Dies war besonders bei den Unter- und Marsrahen von Bedeutung, da die Spieren- und Baumbügel wieder angebracht werden mußten.

Neben dem Verkürzen der Spieren verlangte Bligh auch die „Gratten Tops" (Grätingmarse) anstelle der bei der Navy als Kampfplattformen verwendeten Plankenmarse. Handelsschiffe führten gewöhnlich Grätingmarse (das sind Marse, deren Plattform aus einer Gräting besteht), da sie nicht für Kriegszwecke verwendet wurden, leichter waren und weniger schnell als die Planken verrotteten. Es könnte aber auch möglich sein, daß die Marse der Bethia gegen solche aus Planken ausgetauscht wurden oder dies zumindest von der Admiralität beabsichtigt wurde.

Die Pläne zeigen die Masten und Rahen der Bounty mit Längen und Durchmessern aus der letzten Aufstellung. Alle anderen Abmessungen wurden mit Steels Formeln für die Berechnung der Masten ermittelt und dürften deshalb weitgehend stimmen. Steels Buch erschien nur sieben Jahre nach der Neuausrüstung der Bounty. Die Spieren der Bounty sind etwas größer, als Steel sie vorgibt, und in diesem Zusammenhang ist es interessant, daß der Fockmast der Bethia einen halben Inch mehr Durchmesser als der Großmast hatte. Schließlich habe ich die Untermastbacken im Stil der Handelsmarine dargestellt; sie sind an der Seite der Masthummer befestigt und nicht an der Vorderseite verzapft. Es ist wahrscheinlich, daß die Masten der Bethia in dieser Weise gebaut waren, und für die Navy gab es keine Notwendigkeit, sie zu verändern.

SEGEL

Die BOUNTY war ein vollgetakeltes Schiff, das heißt, sie trug Rahsegel an allen drei Masten. Obwohl diese Tatsache offensichtlich ist, muß angemerkt werden, daß die Takelung für ihre Größe etwas ungewöhnlich war. Normalerweise waren Schiffe mit weniger als 250 Tonnen mit Schratsegeln getakelt. Im allgemeinen erforderte diese Takelung weniger Arbeitskraft pro Tonne zu ihrer Handhabung, und dies war bei Handelsschiffen ein wichtiger Faktor.
Die Rahsegel der BOUNTY waren: Sprietsegel am Bugspriet; Vor-, Mars- und Bramsegel am Fockmast; Groß-, Mars- und Bramsegel am Großmast und das Marssegel am Besanmast. Die Stagsegel waren: drei zwischen Bugspriet und Fockmast; drei zwischen Fock- und Großmast; zwei zwischen Groß- und Besanmast und das besonders wichtige Besansegel, auch Driver genannt, am Besanmast. Die BOUNTY führte auch einen Satz von Leesegeln auf beiden Seiten von Fock- und Großmast, woraus sich eine Anzahl von insgesamt 29 Segeln ergibt. Eine entsprechende Anzahl von Reservesegeln wurde im Laderaum mitgeführt. Auch die in den Plänen dargestellten Segel sind nach Steel; ihre Größen wurden nach seinen Segel- und Takelplänen bestimmt. Sie basieren auf den Masten und Rahen der BOUNTY in der Anordnung, wie sie Spithead verließ. Sollte die BETHIA nach ihrer Beschaffung durch die Navy mit Segeln versehen worden sein, wurden sie wahrscheinlich den neuen Spierengrößen angepaßt (oder es wurden neue Segel angebracht). Es scheint auch, daß noch weitere Änderungen notwendig wurden, denn Bligh schreibt: „Die unteren Leesegel waren zu tief, ich ließ sie zuschneiden und machte aus dem Segeltuch Royals." Die Royals (Oberbramsegel) wären für den Fockmastflaggentopp etwa 7 mal 21 Fuß und am Großmast etwa 8 mal 22 Fuß groß gewesen.

TAKELUNG

Wenn überhaupt vorhanden, dürften die Unterschiede zwischen der Takelung von BETHIA und BOUNTY äußerst gering gewesen sein. Man kann als sicher annehmen, daß die Takelung nach dem Navy-Standard erfolgte, als die BOUNTY zur Anpassung der neuen Spierenanordnung wieder aufgetakelt wurde. Für das kleinste bei Steel aufgeführte Schiff mit 250 Tonnen (Schiffe von 18 bis 24 Kanonen oder von 300 bis 250 Tonnen) zeigt die Takelungstabelle die vorgegebenen Taugrößen (Umfang) eines derartigen Typs; von den dort angegebenen Größen dürften einige, besonders die größten, etwas überdimensioniert sein. Ich habe aber, wo Steels Liste ganz offensichtlich falsch ist, entsprechende Berichtigungen vorgenommen. Die Länge des Gutes wurde etwas unterschiedlich bestimmt, denn sie wurde mit Hilfe einer Formel aus der entsprechenden Rahlänge berechnet. Ich glaube, daß diese Längen dann auch nicht immer ganz genau waren und von den Taklern der Schiffe nur als Anhaltspunkte verwendet wurden. Bei Ausbesserungen in der Takelung galt dies nicht, denn dabei konnte das zu ersetzende Tau nachgemessen werden.
Für ein Schiff mit der Tonnage der BOUNTY gibt Steel nicht alle Einzelheiten der Takelung an. In diesen Fällen mußte ich auch andere Quellen zur Bestimmung von Größen und Längen benutzen. Unter anderem waren dies die Wuhlings, Bugsprietwuhling, Klüverlaschung und Stropp, Nockpferde und ein Teil der Leesegeltakelung. Die Angaben für Wanten und Schwichtungen sind bei Steel auf der Grundlage von sieben Paaren angegeben; da die BOUNTY nur fünf Paare führte, wurden die Größen angepaßt, was sich wiederum auf die Größe der Fußpferde auswirkte. Royalpardunen und Flaggstockstage werden bei Steel nicht aufgeführt, da er keine Royalsegel zuläßt. Obwohl es eher unwahrscheinlich ist, daß die BOUNTY sie beim Verlassen von Spithead führte, habe ich sie gezeigt. Bligh müßte sie eigentlich getakelt haben, als er die neuen Royals anfertigen ließ. Das laufende Gut der Royals ist in diesem Zusammenhang ebenfalls zu berücksichtigen.
Wenn man abschließend berücksichtigt, daß die BOUNTY für die Navy ein etwas ungewöhnliches Schiff war, so wurde der Belegeplan doch so gut wie möglich den damaligen Gepflogenheiten angepaßt.

BEWAFFNUNG

Ganz gleich wie man es betrachtet, man konnte die BOUNTY, obwohl sie vier 4-Pfünder-Kanonen (kurz) und zehn Halbpfünder-Drehbassen trug, nicht als Kriegsschiff bezeichnen. Sie führte die Bewaffnung aus zwei Gründen: Erstens um Piraten (die in den östlichen Meeren oft anzutreffen waren) und feindlich gesinnte Eingeborene, denen man möglicherweise begegnete, abzuschrecken. Zweitens um anderen Schiffen bei der Einfahrt in einen Hafen Salut schießen zu können.
Die 4-Pfünder-Kanonen waren die Standard-Marinekanonen und als solche auf Holzlafetten montiert. Der 4-Pfünder in den Plänen basiert auf den Abmessungen einer der Kanonen von der ENDEAVOUR, die Captain Cook gezwungenermaßen über Bord warf, als er am Großen Barrier-Riff auf Grund lief. Heute befindet sich diese Kanone in Australien und ist mit denen der BOUNTY sicherlich identisch. Sie ist sechs Fuß lang und hat am Hinterstück $13^1/_2$ Inches Durchmesser; das Kaliber ist $3^1/_2$ Inches und das Gewicht beträgt etwa 1000 Pfund. Zur Bedienung der Kanone war eine Mannschaft von vier Mann nötig. In diesem Zusammenhang ist es interessant, daß sich bei der BOUNTY genau vor der ersten Stückpforte eine Juffer und vor der zweiten ein Poller innenbords befindet. Außerdem wurde der Rücklauf der Kanonen durch die Besantoppsegelschot-Beting sicher erheblich behindert. Diese Hindernisse wären bei einem richtigen Kriegsschiff sehr problematisch gewesen.
Die Drehbassen waren in der Royal Navy die kleinsten stehenden Waffen; sie wurden gegen menschliche Ziele eingesetzt und von zwei Mann bedient. Mit einem Schildzapfen wurden sie in eine geschmiedete Gabel gesetzt, und diese wurde mit einem großen Bolzen versehen. Der Bolzen (richtiger gesagt war es eine Spindel) wurde in ein Loch eingesetzt, das in die zugehörige Stütze gebohrt war. Diese einfache Vorrichtung ermöglichte es, die Waffe zu richten und sie leicht zu transportieren. Bis zu ihrem Einsatz wurden die Drehbassen im Laderaum aufbewahrt. Die hier abgebildete Waffe hat eine Länge von 2 Fuß $9^1/_2$ Inches, $6^1/_2$ Inches Durchmesser am Hinterstück und ein Kaliber von $1^3/_4$ Inches. Das Gewicht beträgt etwas mehr als 100 Pfund. Meistens wurde eine Stange, Tiller genannt, am Hinterstück befestigt, um eine leichtere Bedienung zu ermöglichen. Der Tiller erscheint in vielen verschiedenen Ausführungen. Grundsätzlich war er, soweit er nicht schon zusammen mit der Waffe gegossen wurde, ein geschmiedeter Eisengriff, der um den Kopf geschlungen war. Die Länge betrug etwa 12 Inches. Es ist wahrscheinlich, daß die Drehbassen der BOUNTY mit Tillern ausgestattet waren. Wegen fehlender Abbildungen kann man dies anhand der Pläne aber nicht bestätigen.

Die Fotografien

2. Der jüngere Nachbau der BOUNTY lief 1979 in Neuseeland vom Stapel. Sie ist hier von der Backbordseite zu sehen.

Von der BOUNTY gibt es keine zeitgenössischen Modelle. Die Fotografien in diesem Abschnitt zeigen zwei Nachbauten in Originalgröße für die Dreharbeiten zu den Filmen über Blighs berühmte Reise in den Jahren 1962 und 1979. Beide Nachbauten sind von sehr guter Qualität und vermitteln – zumindest von außen betrachtet – einen sehr guten Eindruck über das Aussehen des Originals. Decksausrüstung und Inneneinrichtung hingegen entsprechen nicht dem Original. Die Ansichten davon wurden deshalb auf ein Minimum verringert. Die Aufnahmen des früheren Nachbaus, von der Smith & Rhuland Werft in Lunenburg ausgeführt, machte John Mannering. Die des späteren Nachbaus kommen mit freundlicher Genehmigung von Mike Davidson, Bounty Voyages Pty of Australia.

QUELLEN UND BIBLIOGRAPHIE

Pläne der Admiralität, National Maritime Museum, Greenwich

Batchelor, N. „HM Armed Vessel Bounty (1787)“ Model Shipwright No. 11, 1975

Barrow, J. *The Mutiny of the Bounty* (herausgegeben von Gavin Kennedy), Russel Sharp, 1980

Bligh, W. *The Log of the Bounty*, Genesis Publications
The Log of the Bounty, Golden Cockerel Press
The Mutiny on Board HMS Bounty, Signet Classic, 1962

Knight, C. „HM Armed Vessel *Bounty*“ *Mariner's Mirror*, Vol. 22, No. 2, April 1936

Harland, C. *Seamanship in the Age of Sail*, Conway Maritime Press, 1985

Marden, L. „*The Bounty: Mutiny in the South Seas*“, *Men, Ships and the Sea*, National Geographic Society, 1973

McGowan, A. *The Ship: The Century Before Steam*, Her Majesty's Stationary Office, 1980

Mondfeld, W. *Historic Ship Models*, Sterling Publications, 1986

Steel, D. *Elements of Mastmaking, Sailmaking and Rigging*, Edward W Sweetman, 1982

3. Der Nachbau von 1979 unter vollen Segeln.

4. Abgesehen von der Kleidung der Besatzungsmitglieder gibt diese Ansicht des 1979er Nachbaus einen guten Eindruck des Decks auf dem Originalschiff wieder.

5. Heckansicht des 1979er Nachbaus von Backbord.

6. *Oben rechts:* Diese Heckansicht des früheren BOUNTY-Nachbaus zeigt, abgesehen von der großen Anzahl neuzeitlicher Passagiere, die Originaltreue der ersten Rekonstruktion.

7. Backbordansicht des 1962er Nachbaus.

8. Der frühere Nachbau in Calais vertäut. Die großen Schriftzüge auf dem Heck mit Schiffsnamen und Bauort sind nicht originalgetreu.

9. Großaufnahme der Galionsfigur des ersten Nachbaus; das Original beschrieb Bligh als „eine schöne Galionsfigur einer Frau im Reitkleid“.

10. Der Nachbau von 1979 unter vollen Segeln im Hauraki Golf, Neuseeland (1981).

11. Decksansicht bugwärts des jüngeren Nachbaus. Großmastwanten Steuerbordseite.

12. Focksegel des 1979er Nachbaus. Blick vom Deck aus nach vorne.

13. Detailansicht der Großmastkopftakelung auf dem Nachbau von 1979.

Die Pläne

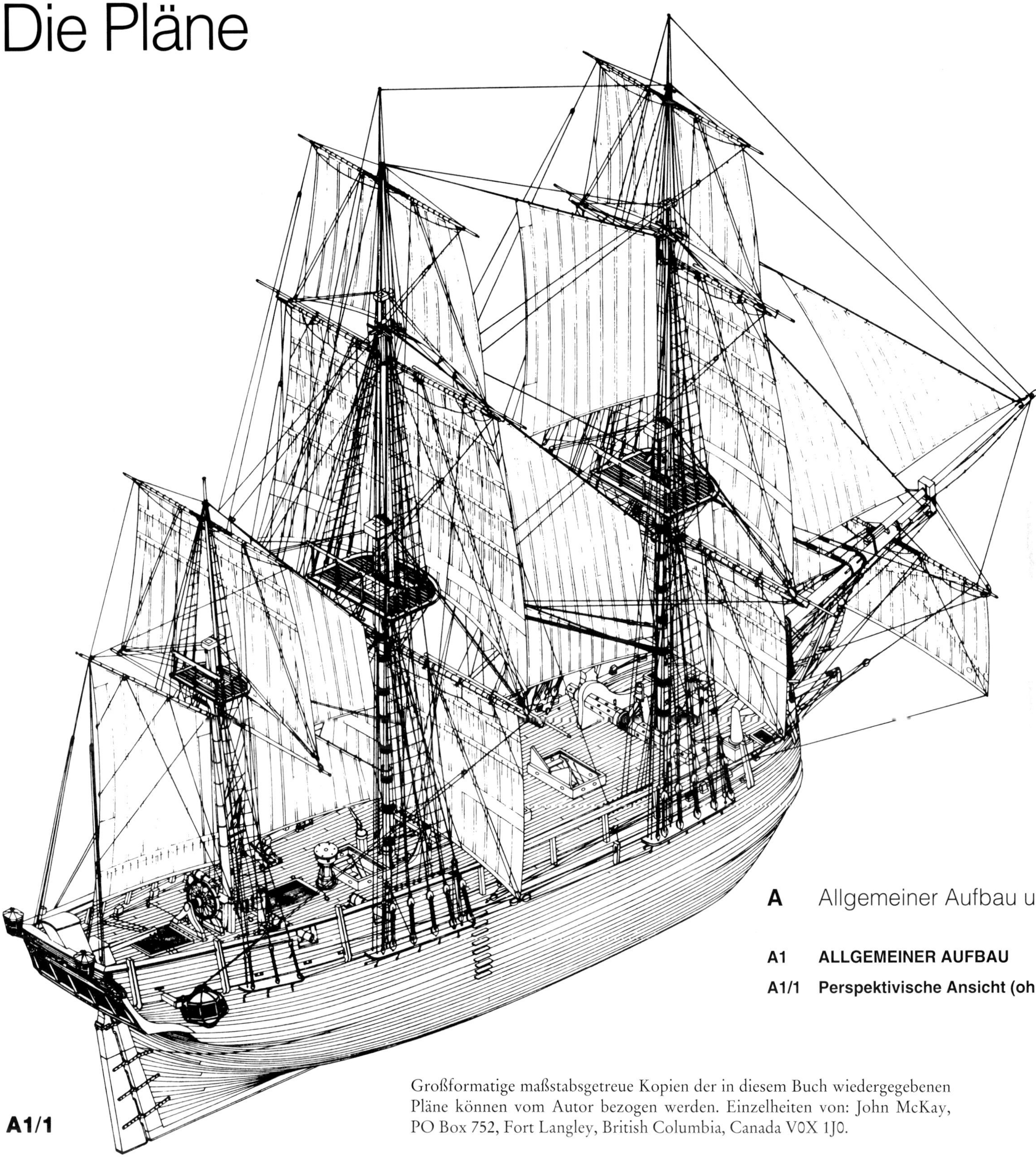

A Allgemeiner Aufbau und Linien

A1 ALLGEMEINER AUFBAU

A1/1 Perspektivische Ansicht (ohne Maßstab)

A1/1

Großformatige maßstabsgetreue Kopien der in diesem Buch wiedergegebenen Pläne können vom Autor bezogen werden. Einzelheiten von: John McKay, PO Box 752, Fort Langley, British Columbia, Canada V0X 1J0.

A2 LINIEN
A2/1 Spantenriß (Maßstab 1:96)
A2/2 Wasserlinienriß – halbe Breite (Maßstab 1:96)
A2/3 Perspektivische Ansicht der Linien von vorn, Backbordseite (ohne Maßstab)
A2/4 Perspektivische Ansicht der Linien von achtern, Steuerbordseite (ohne Maßstab)

A2/1

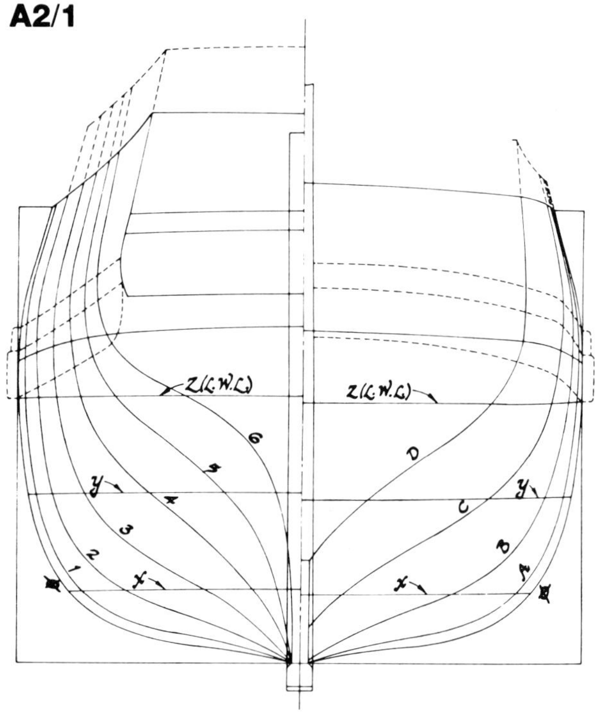

A2/4

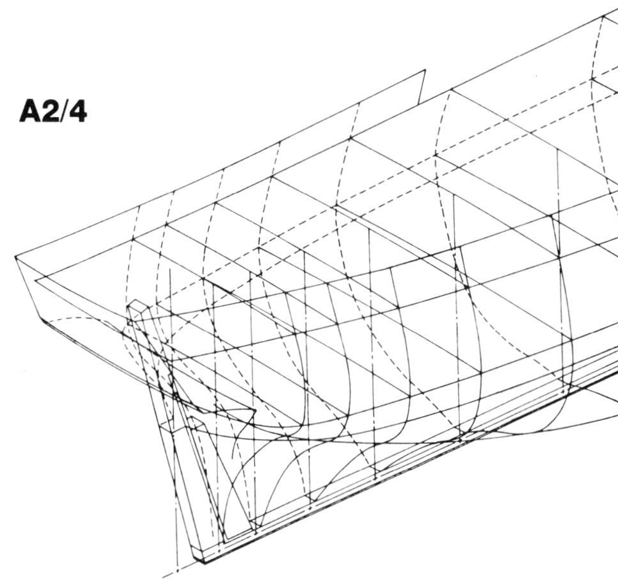

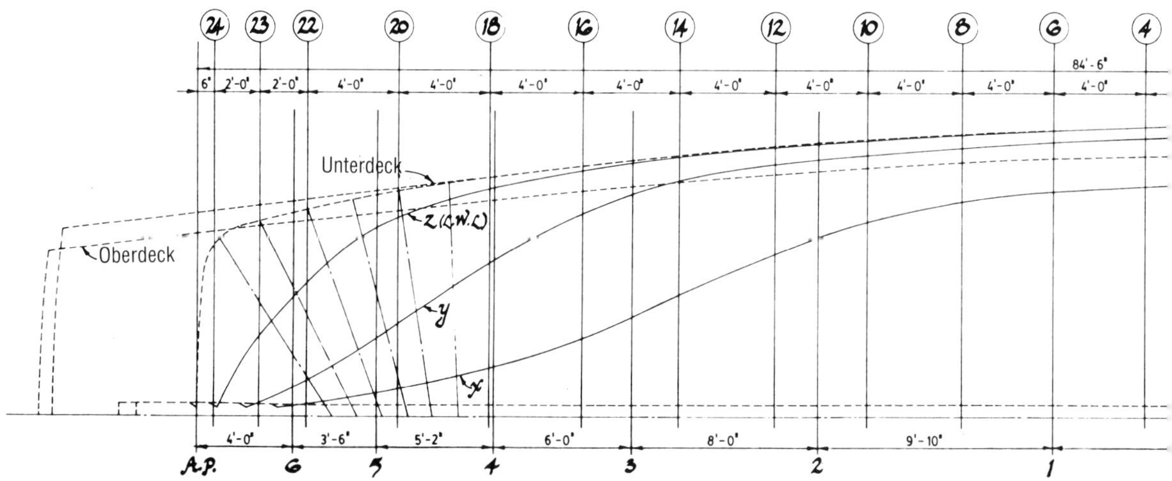

A2/2

A2/3

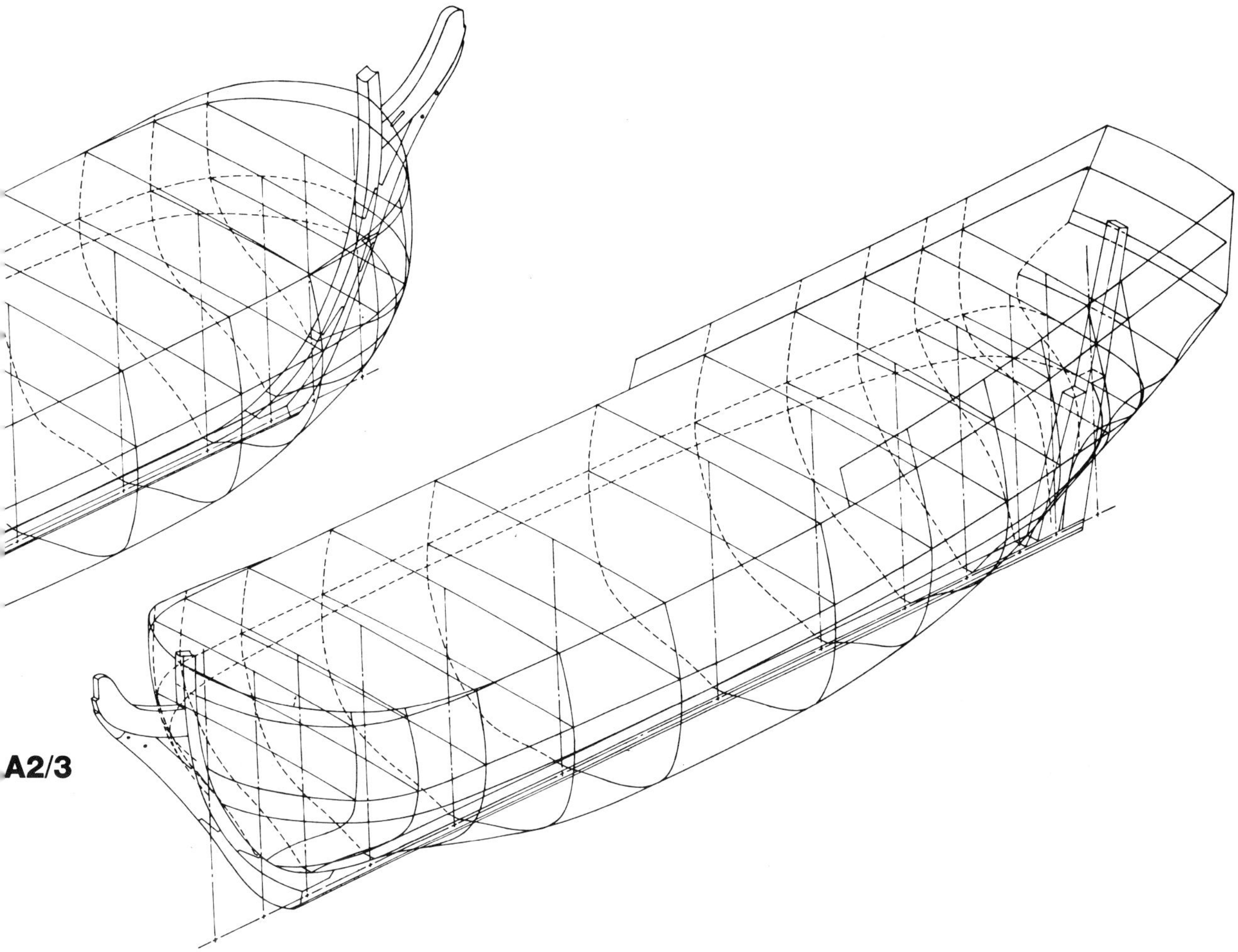

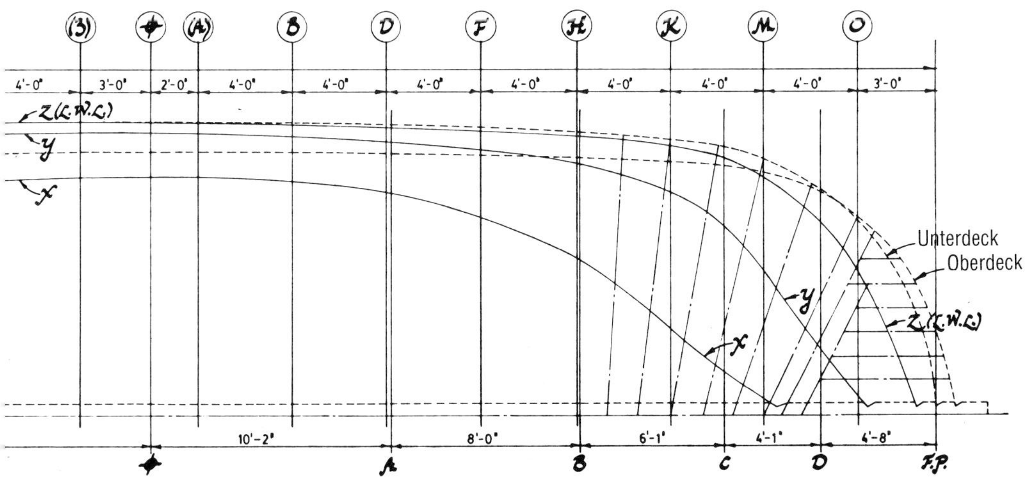

4'-0"
3'-0"
2'-0"
4'-0"
4'-0"
4'-0"
4'-0"
4'-0"
4'-0"
4'-0"
3'-0"
Z (L.W.L.)
y
x
Unterdeck
Oberdeck
10'-2"
8'-0"
6'-1"
4'-1"
4'-8"
A
B
C
D
F.P.

A3 SEITENANSICHTEN UND SCHNITTE

A3/1 Außenansicht (Maßstab 1:96)

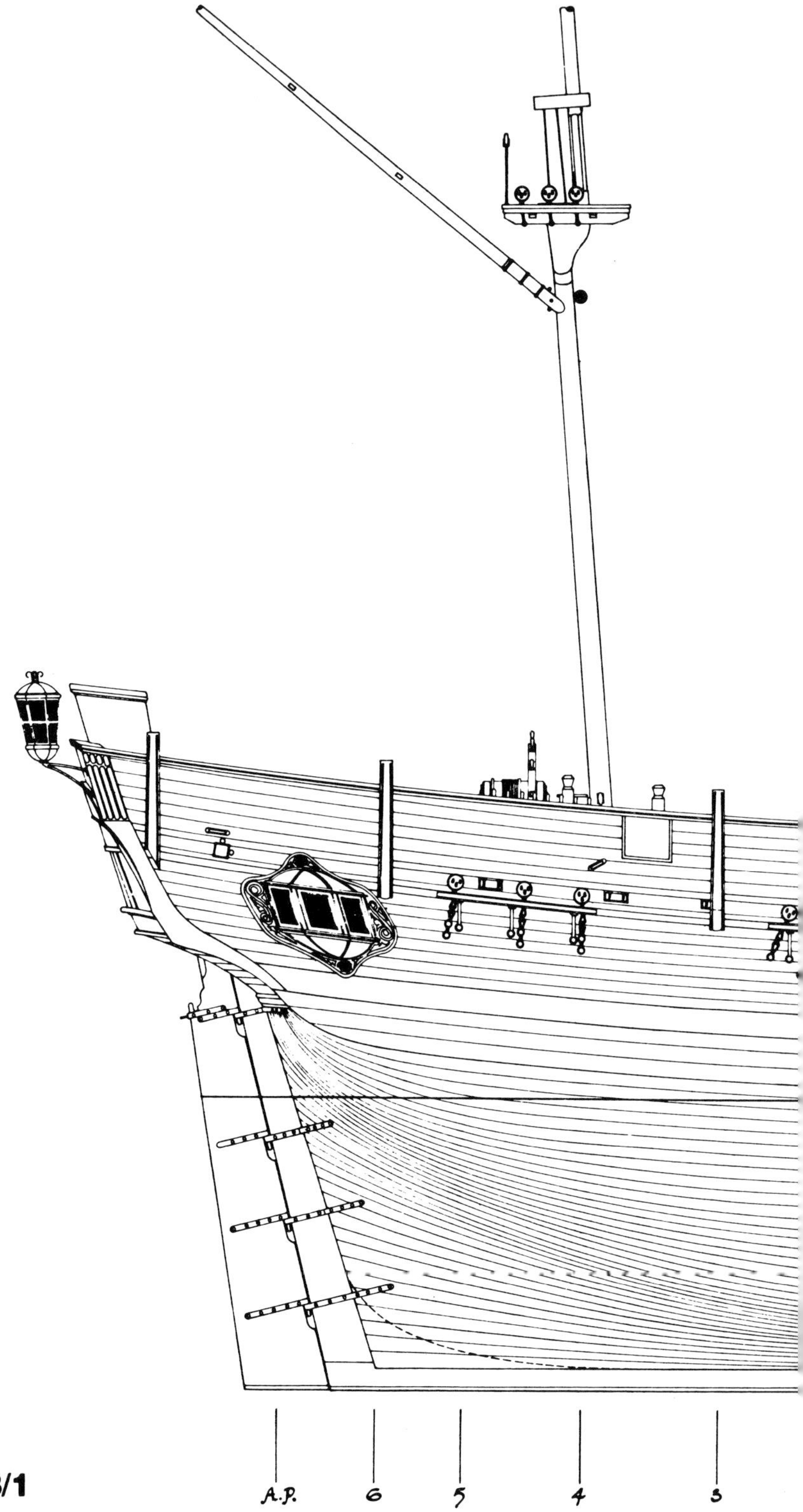

A3/1

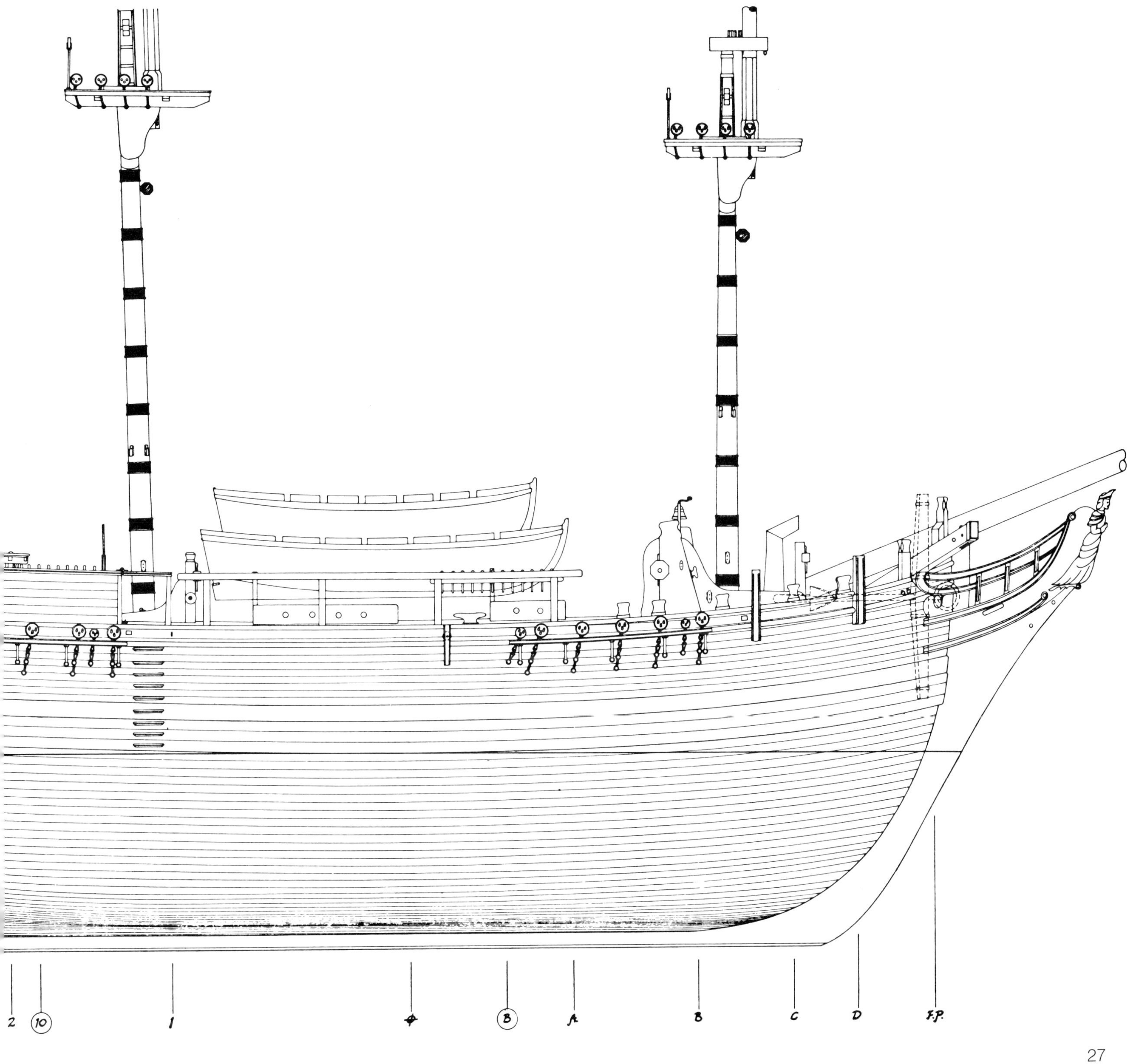
2
10
1
B
A
B
C
D
F.P.

A3/2 Außenansicht der Bethia (Maßstab 1:96)

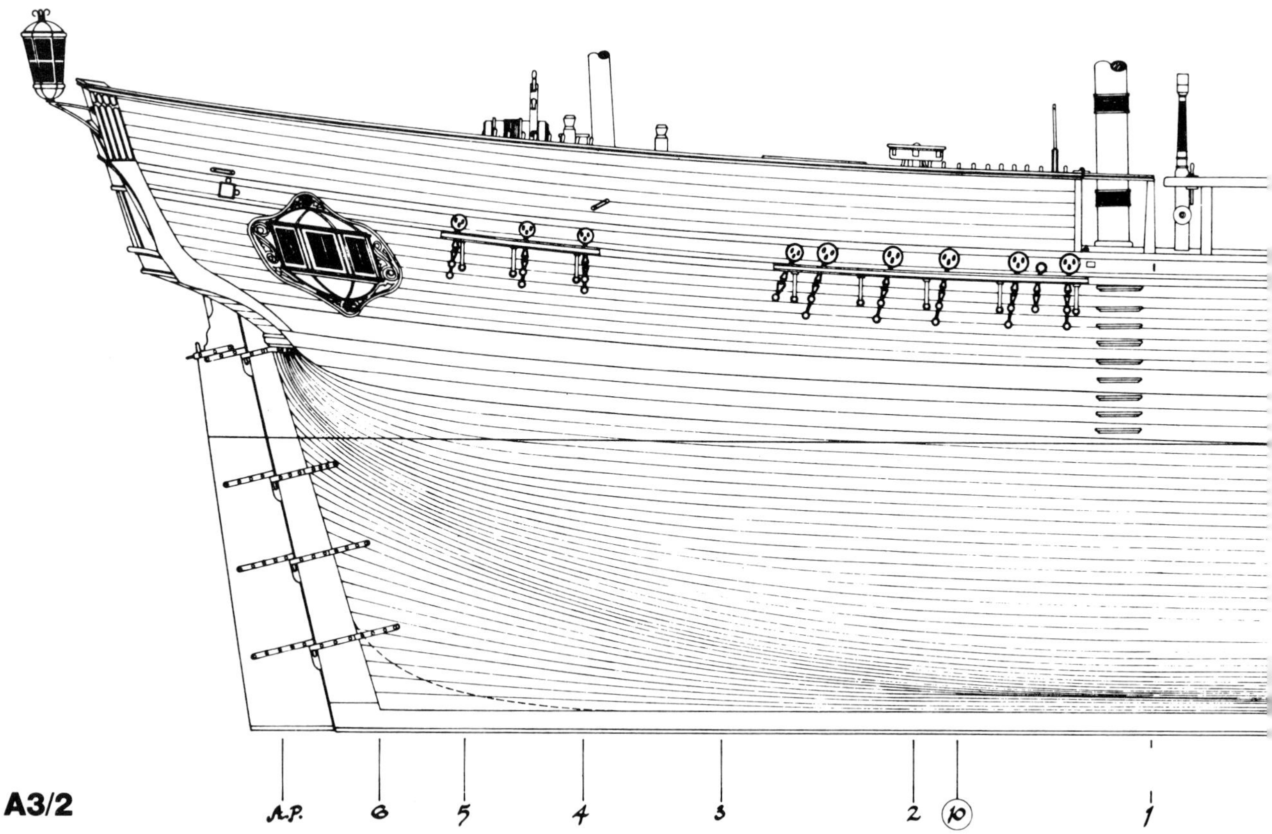

A3/2

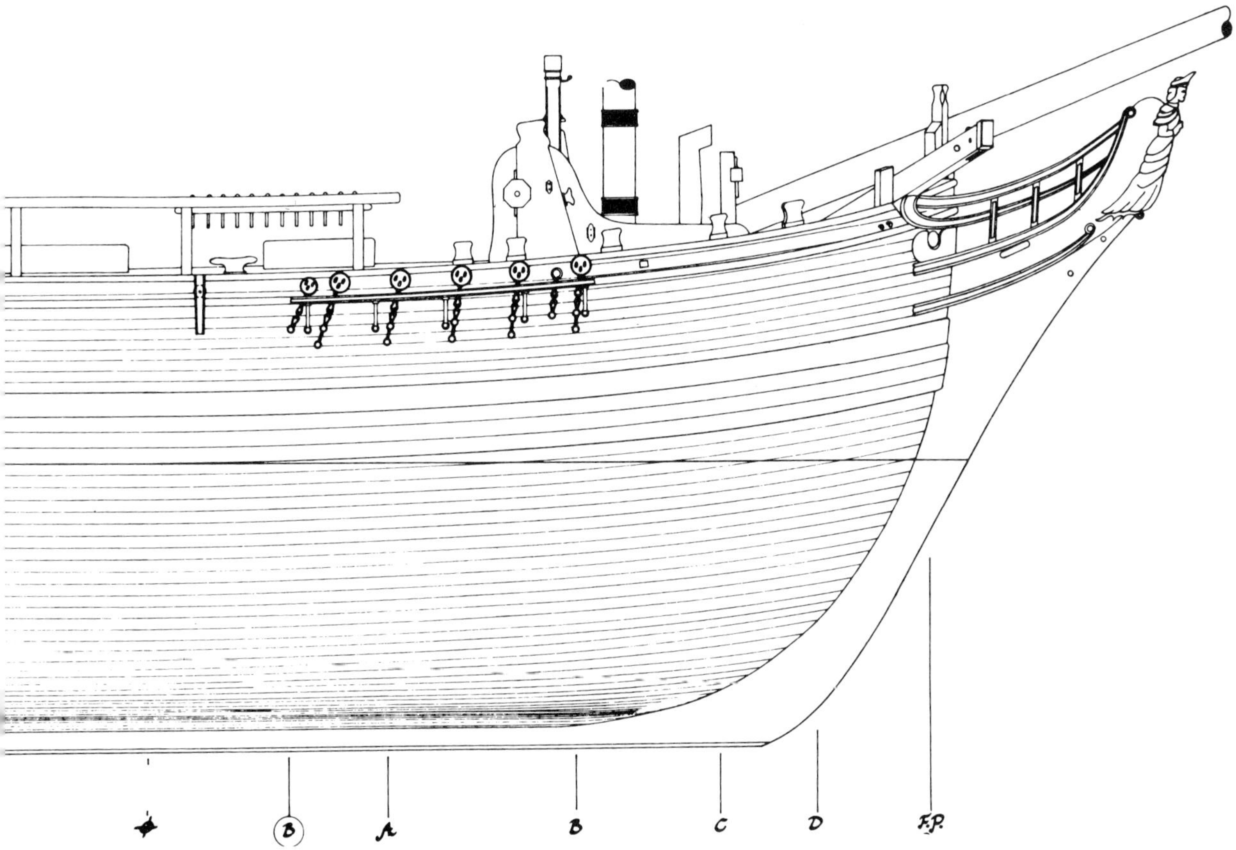
B
A
B
C
D
F.P.

A3/3 Schnitt an „B“ (Fockmast) bugwärts (Maßstab 1:96)

1. Back
2. Unterdeck
3. Laderaum
4. Stütze für Drehbasse
5. Spillbeting
6. Kombüsenrauchabzug
7. Kombüsenherd
8. Kajüte des Bootsmannes
9. Kajüte des Zimmermannes
10. Segellast
11. Fockmast
12. Vormarsstenge
13. Vorbramstenge
14. Fockrah
15. Vormarsrah
16. Vorbramrah

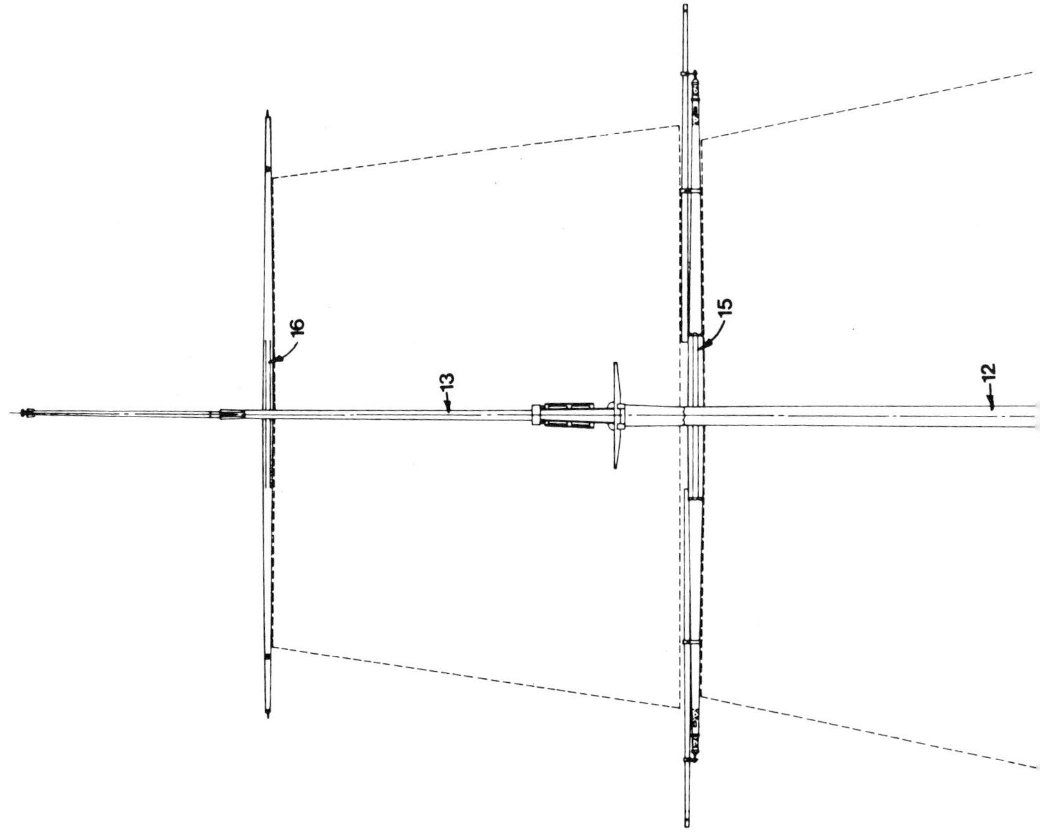

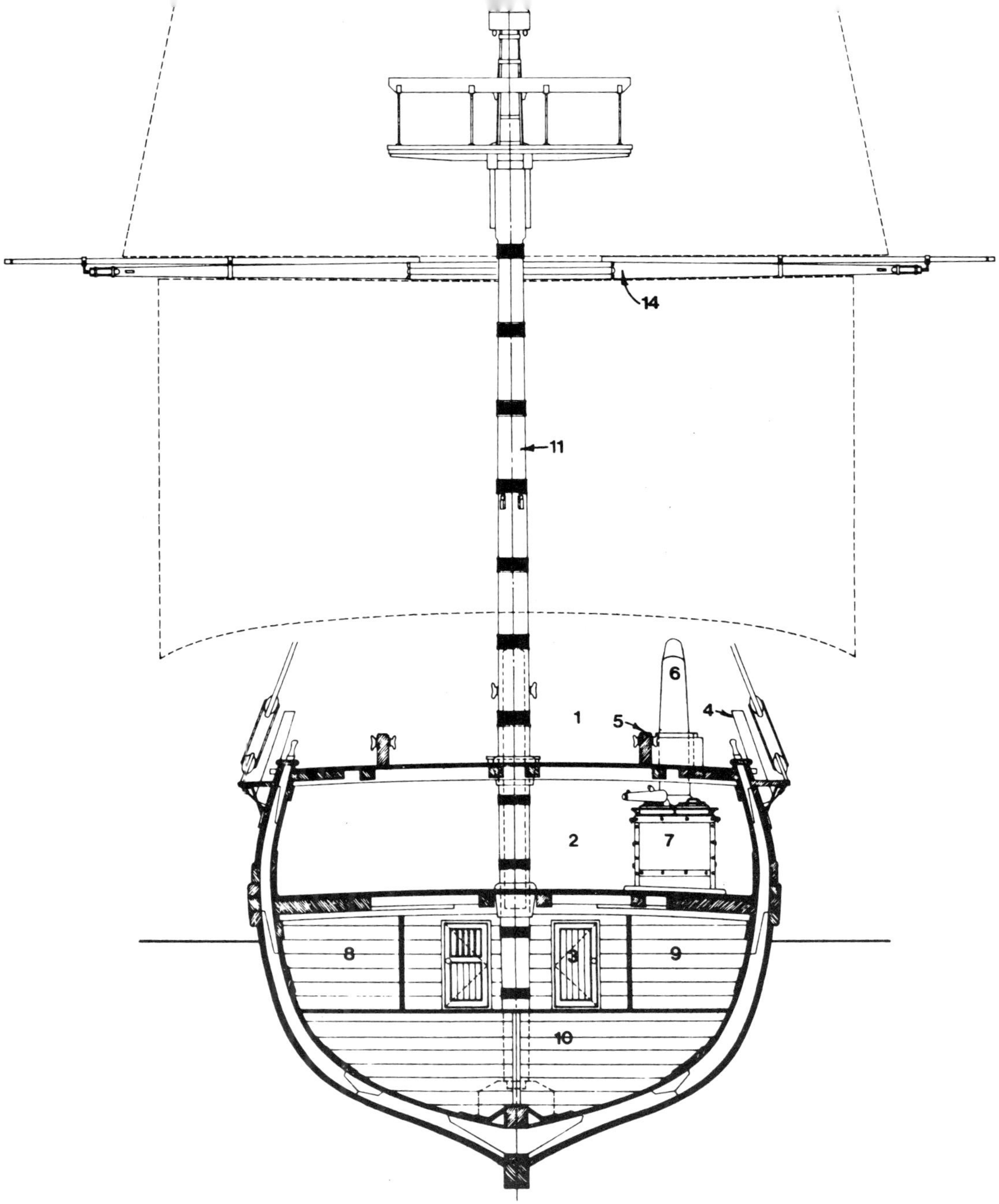

A 3/3

A3/4 Schnitt an „1“ (Großmast) heckwärts (Maßstab 1:96)

1. Oberdeck
2. Unterdeck (Speiseraum des Kapitäns)
3. Laderaum
4. Elm-Tree-Pumpe
5. Pantry (Anrichteraum)
6. Laderaumbrunnen oder Pumpenkasten
7. Großmast
8. Großmarsstenge
9. Großbramstenge
10. Großrah
11. Großmarsrah
12. Großbramrah

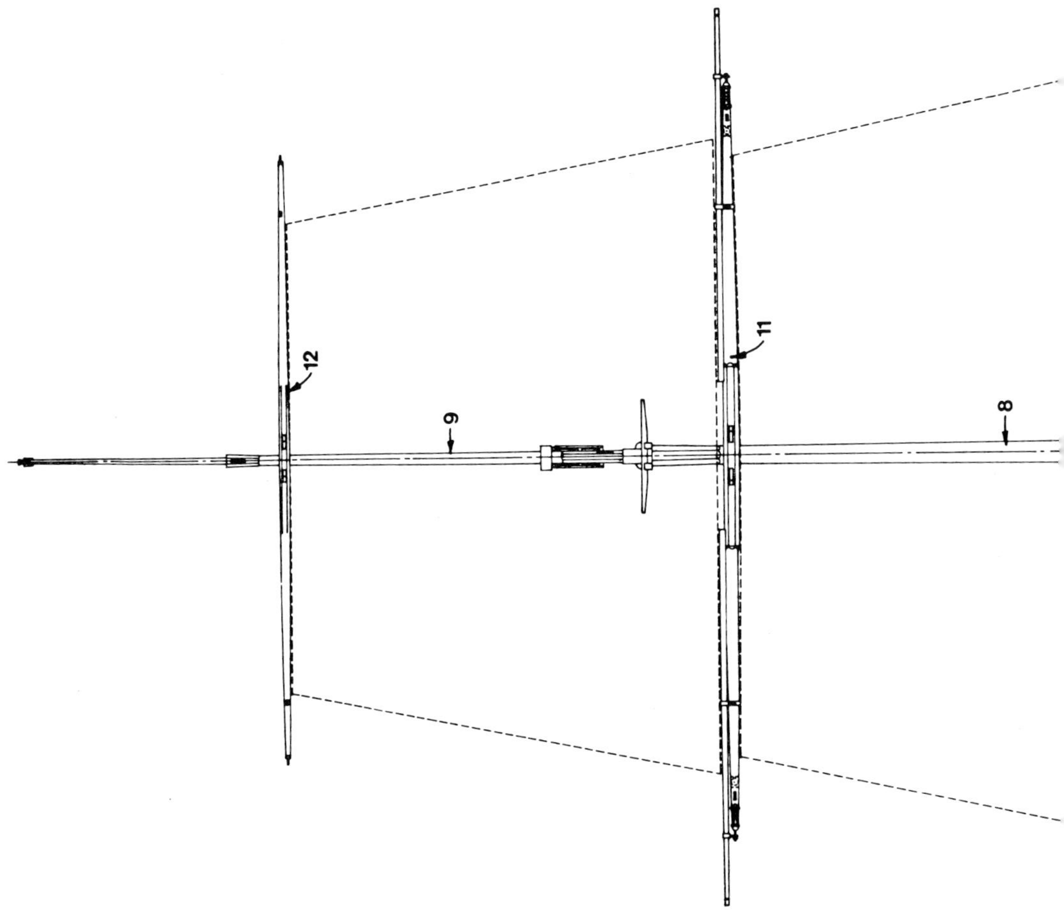

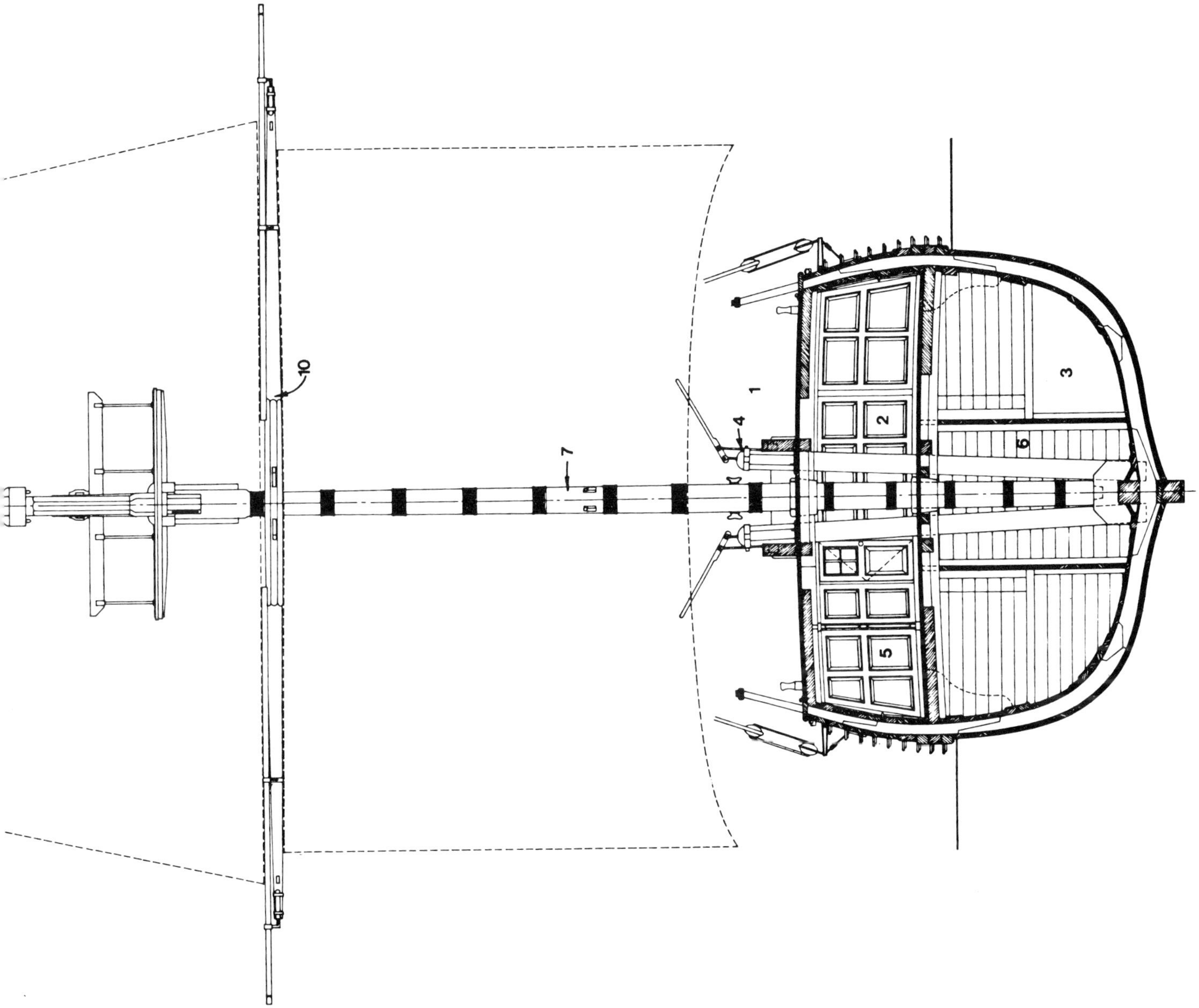

A3/4

A3/5 **Schnitt an „3“ (Besanmast) heckwärts (Maßstab 1:96)**

1. Achterdeck
2. Unterdeck (Garten)
3. Laderaum
4. Besanmarssegelschotbeting
5. Stütze für Drehbasse
6. 4-Pfünder-Kanone
7. Pflanzentopfgestelle
8. Kajüte des Kanoniers
9. Kajüte des Schiffsarztes
10. Fischraum
11. Besanmast
12. Besanmarsstenge
13. Kreuzrah
14. Besanmarsrah

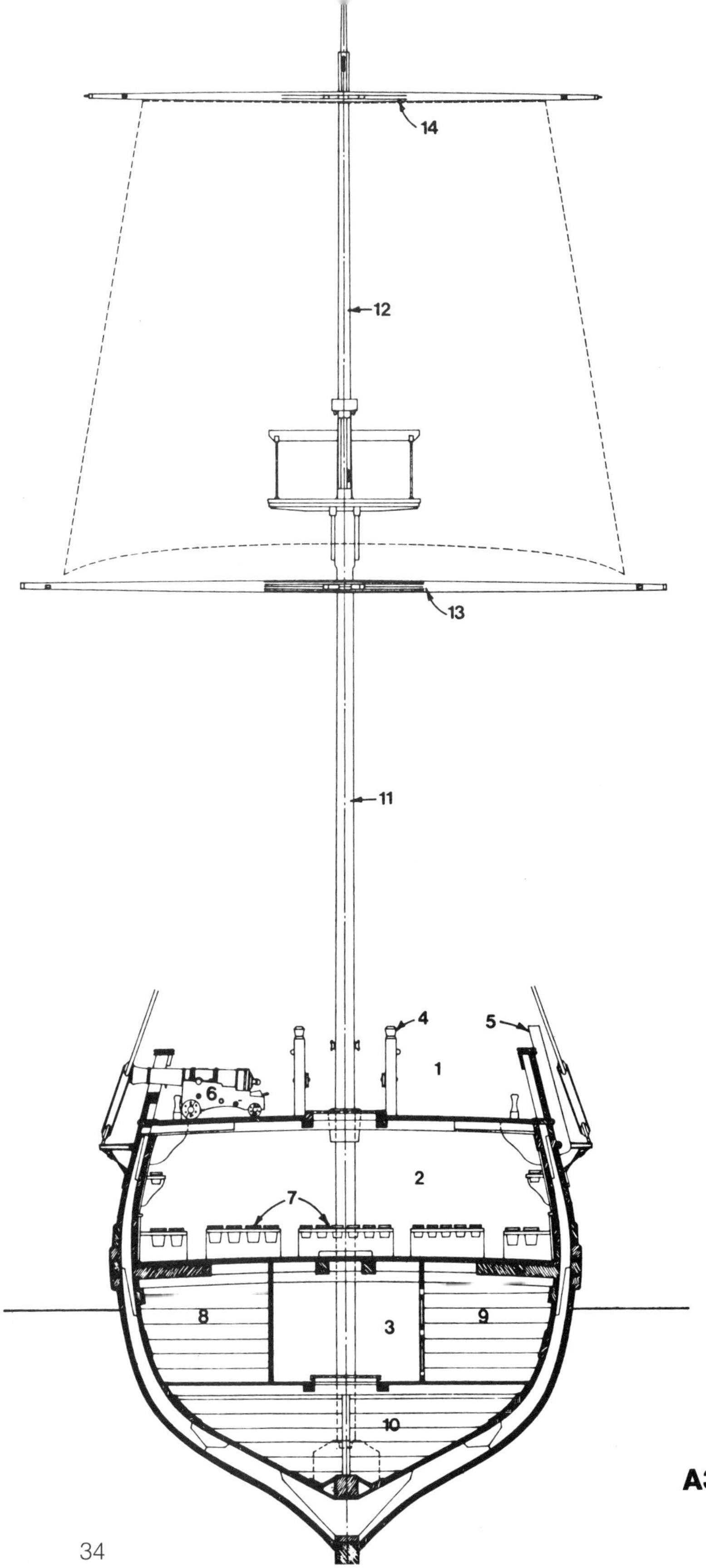

A3/5

B1/4

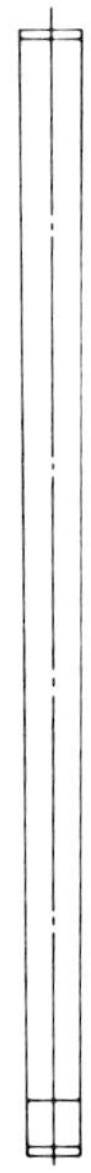

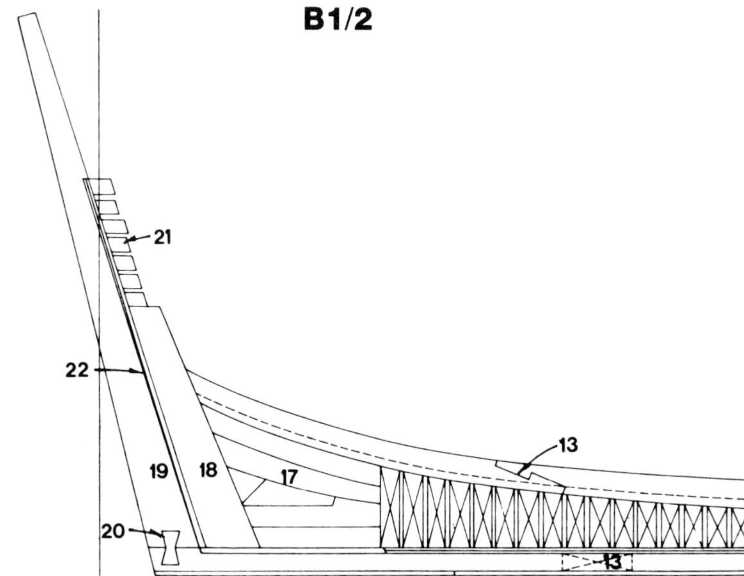

B1/2

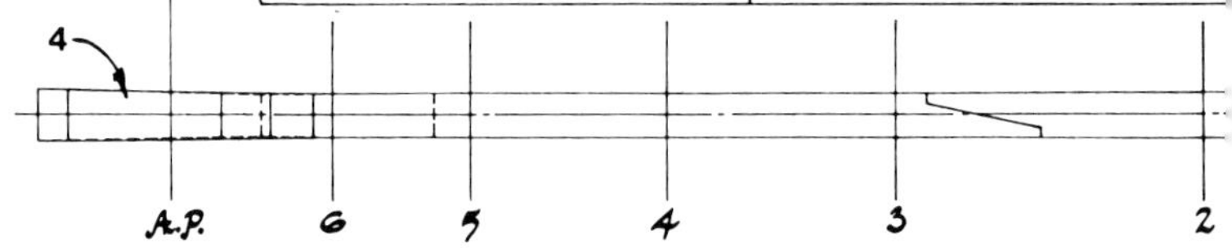

B1/1

B Rumpfkonstruktion

B1 KIEL

B1/1 Plan des Kiels (Maßstab 1:96)

1. Galion
2. Vordersteven
3. Kiel (Laschungen beachten)
4. Achtersteven

B1/2 Aufbau des Kiels (Maßstab 1:96)

1. Galionslieger
2. Scheg
3. Füllstück
4. Steven-Anlauf
5. Oberstück Vordersteven
6. Mittelstück Vordersteven
7. Unterstück Vordersteven
8. Oberstück Binnenvordersteven
9. Mittelstück Binnenvordersteven
10. Unterstück Binnenvordersteven
11. Totholz
12. Kielschwein
13. Laschungen
14. Linien für Wegerung (= Innenbeplankung)
15. Kiel
16. Mittelspanten
17. Totholz
18. Binnenhintersteven
19. Hintersteven
20. Klammerlaschung (Kupfer)
21. Heckbalken (Anzahl: 7)
22. Sponung
23. Falscher Kiel

B1/3 Vordersteven, Ansicht von vorn (Maßstab 1:96)

B1/4 Hintersteven, Ansicht von achtern (Maßstab 1:96)

B1/3

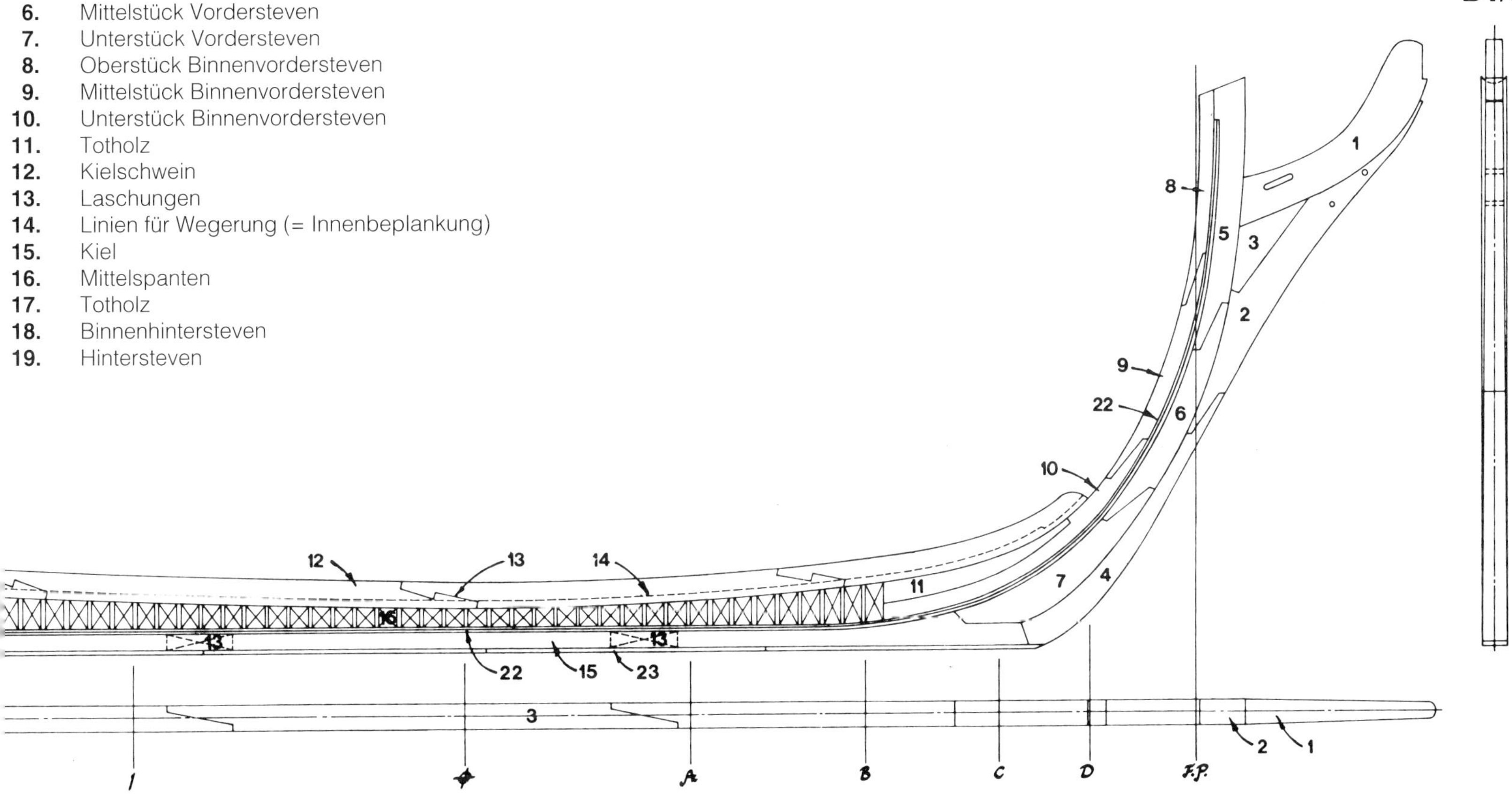

B1/5 **Perspektivische Ansicht der Kielkonstruktion (ohne Maßstab)**

1. Galion
2. Vordersteven
3. Binnenvordersteven
4. Sponung
5. Totholz
6. Falscher Kiel
7. Kiel
8. Mittelspanten
9. Kielschwein
10. Binnenhintersteven
11. Hintersteven
12. Heckbalken
13. Klammerlaschung

B1/6 **Kieldetail am vorderen Totholz, am Mittelspant und am achteren Totholz (ohne Maßstab)**

1. Kiel
2. Falscher Kiel
3. Totholz
4. Kielschwein
5. Füllung
6. Kielwegerung
7. Wegerung
8. Kielgang
9. Außenbeplankung
10. Kantspant
11. Mittschiffsspant

B1/6

B1/5

B3 **HECK**

B3/2 **Heckbalken – 1 bis 7 (Maßstab 1:96)**

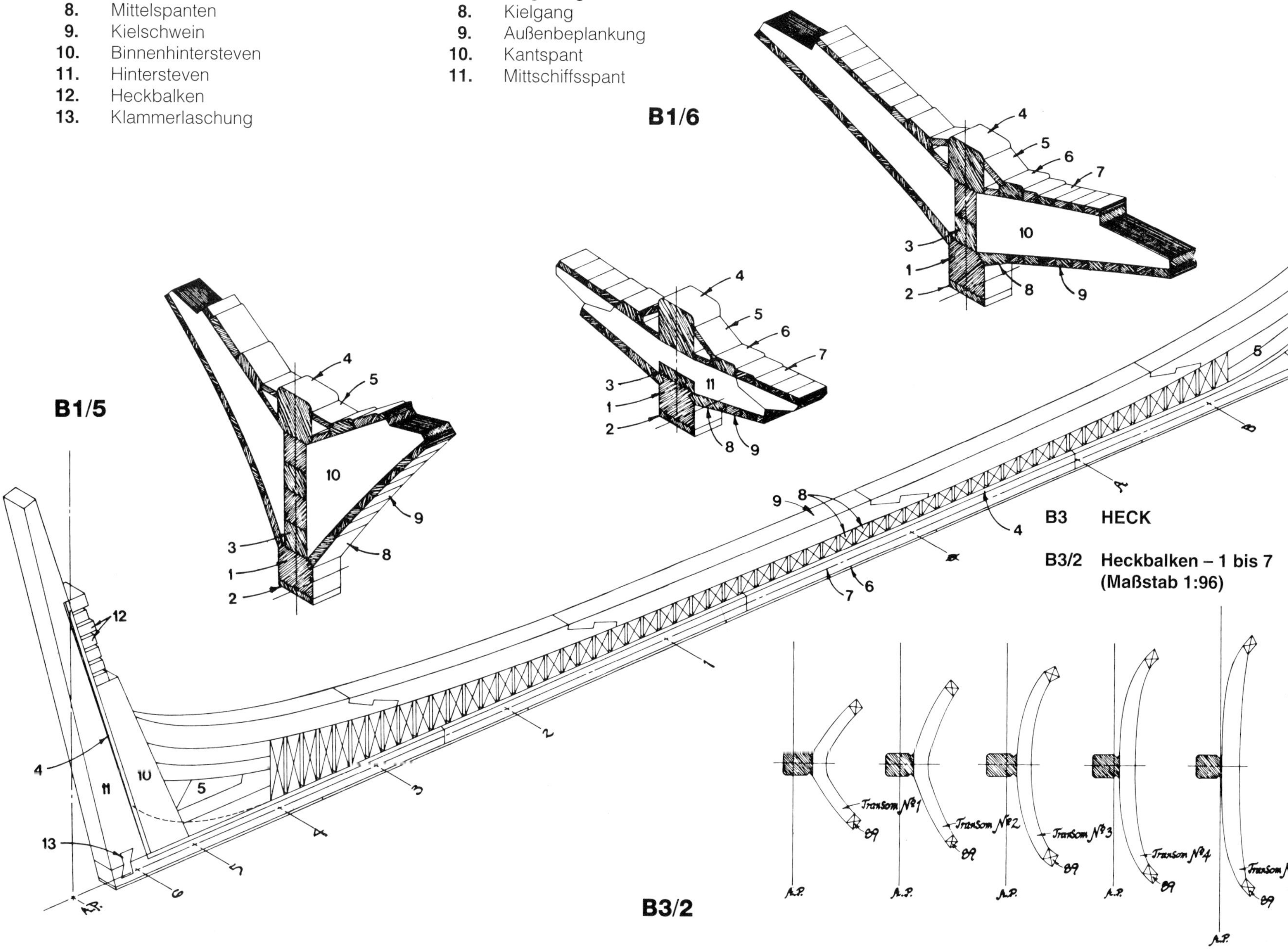

B3/2

B2 BUG

B2/1 Bugspanten (Maßstab 1:96)

B2/1

1. Vordersteven
2. Ohrholz
3. Klüshölzer
4. Kantspant
5. Bugspriet
6. Ankerklüse
7. Ladewasserlinie
8. Profil am Nullpunkt

B2/2 Skizze der Bugspanten (ohne Maßstab)

B2/2

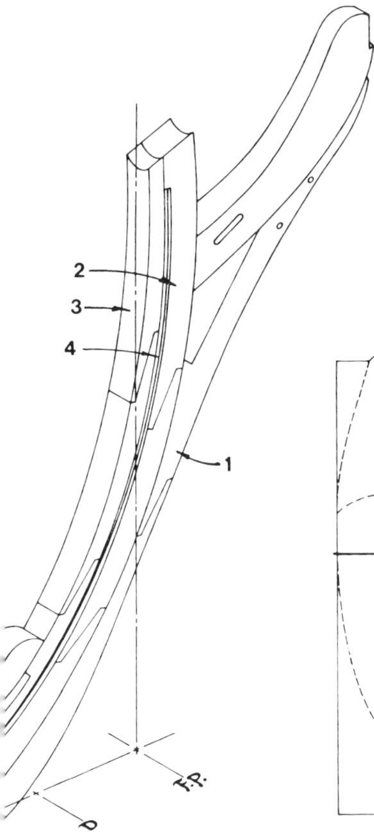

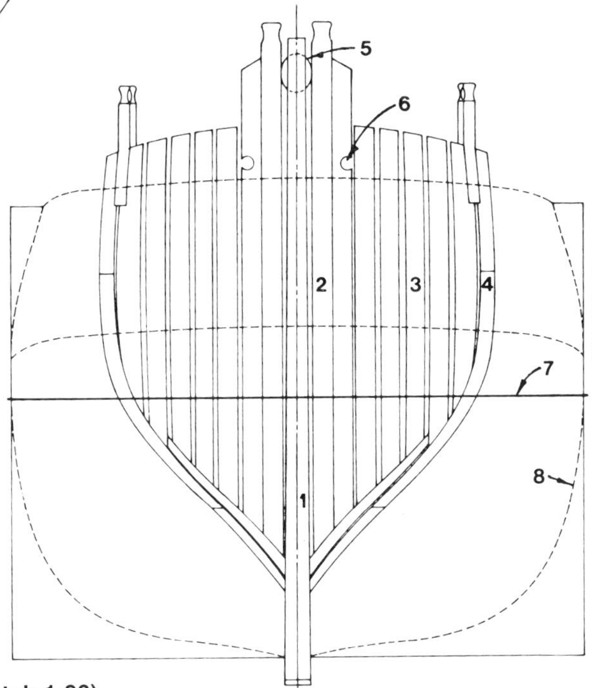

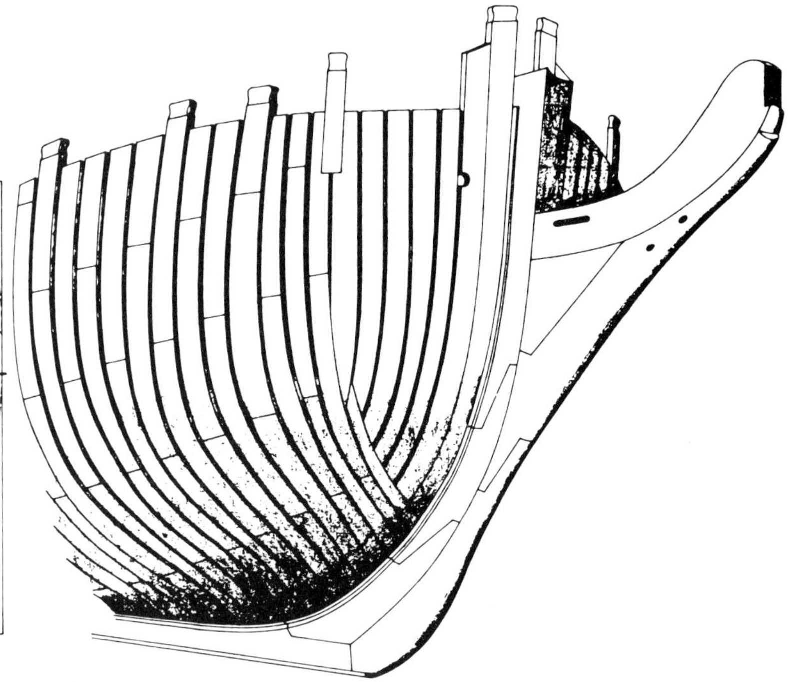

B3/1 Heckspanten (Maßstab 1:96)

1. Hecksteven
2. Randsomhölzer
3. Heckbalken
4. Unterdeck
5. Gillungsholz
6. Heckspant
7. Decksbalken
8. Oberdeck
9. Ladewasserlinie
10. Profil am Nullpunkt

B3/1

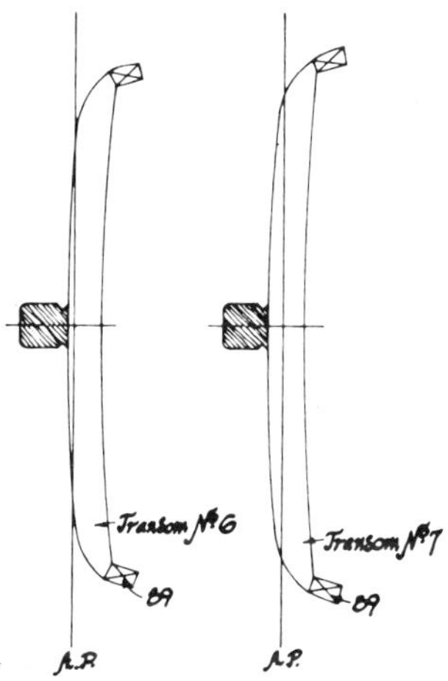

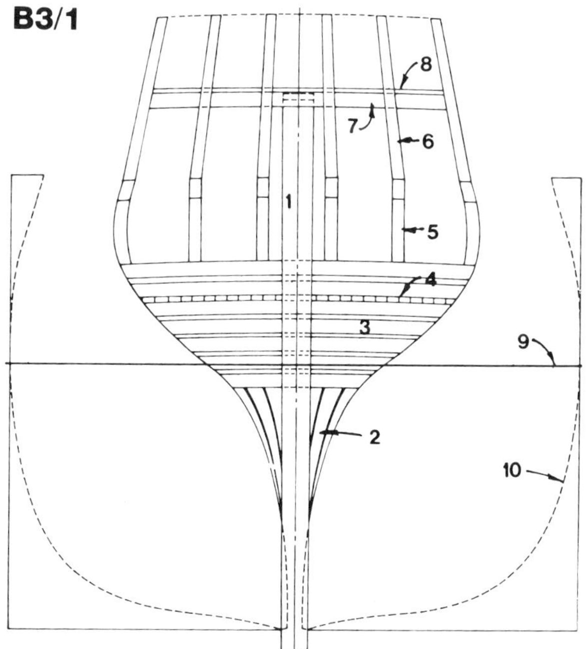

B3/3 Skizze der Heckspanten (ohne Maßstab)

B3/3

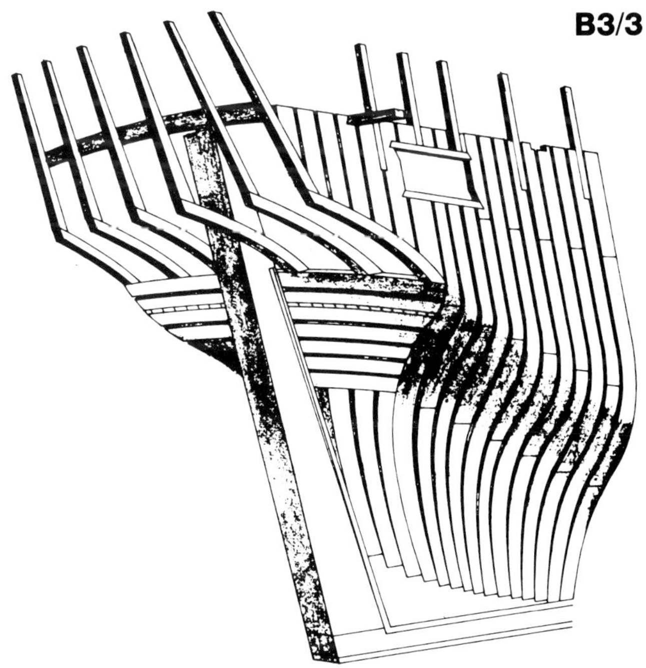

B4 SPANTEN

B4/1 Spantplan (Maßstab 1:96)

1. Galion
2. Vordersteven
3. Binnenvordersteven
4. Mastspur
5. Kielschwein
6. Hintersteven
7. Heckbalken (Anzahl: 7)
8. Spanten Nr. 1 bis 7 – Klüshölzer
   Nr. 8 bis 19 – Kantspanten (Bug)
   Nr. 20 bis 78 – Gerade Spanten
   Nr. 79 bis 89 – Kantspanten (Heck)
   Nr. 90 bis 92 – Randsomhölzer und Füllstücke

B4/2 Detail der Spantabstände (Maßstab 1:32)

B4/3 Seitenansicht außen: Spanten (Maßstab 1:96)

1. Galion
2. Vordersteven
3. Ohrholz
4. Sponung
5. Kiel
6. Hintersteven
7. Heckbalken
8. Gillungsholz
9. Heckspant
10. Spanten
11. Öffnung für Seitengalerie
12. Poller
13. Stütze
14. Stückpforte
15. Belüftungsluke

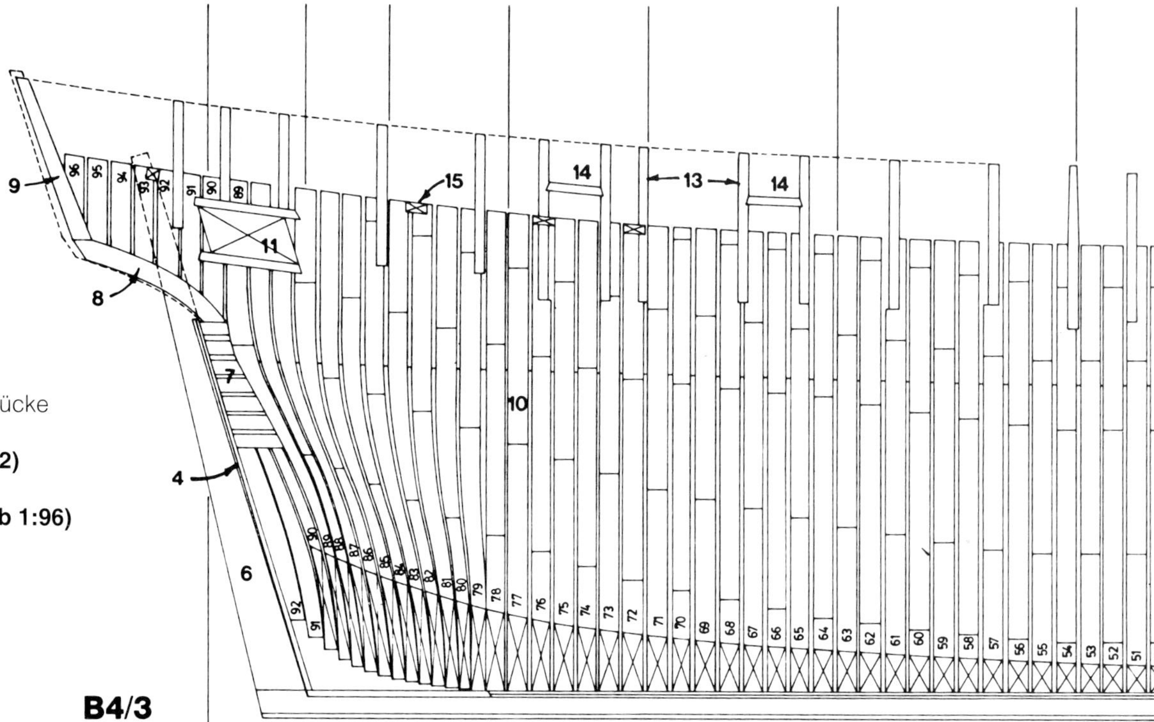

B4/3

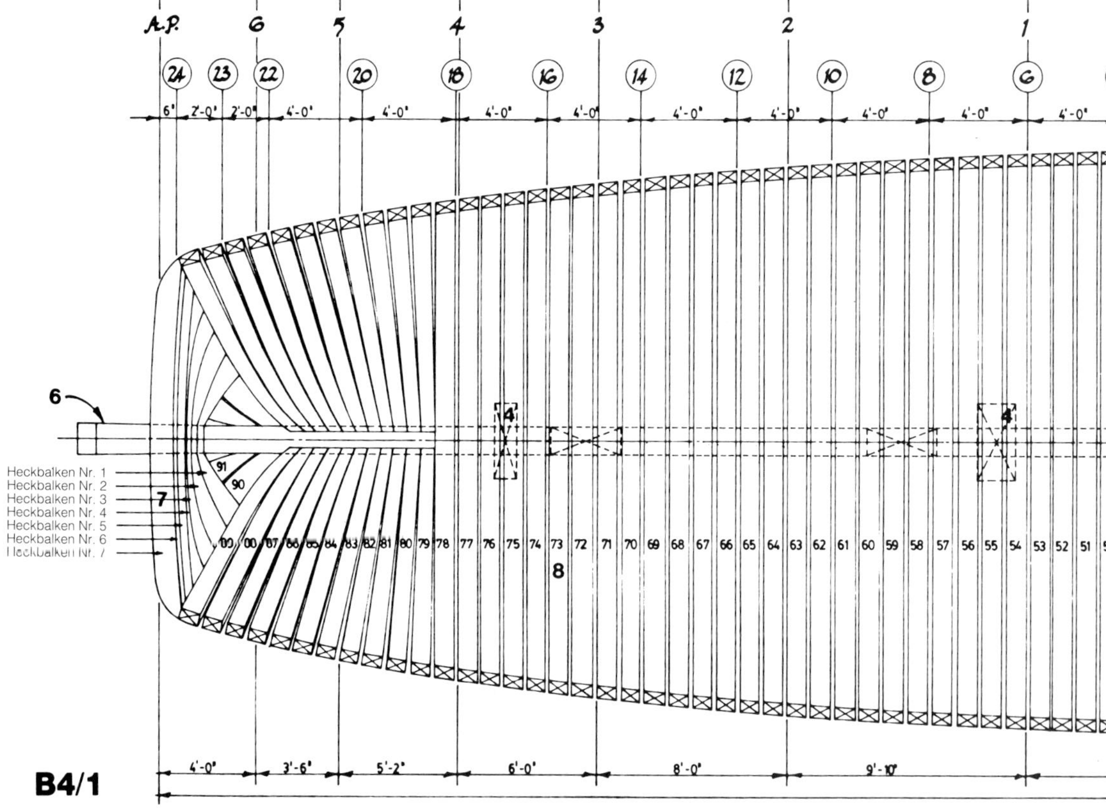

B4/1

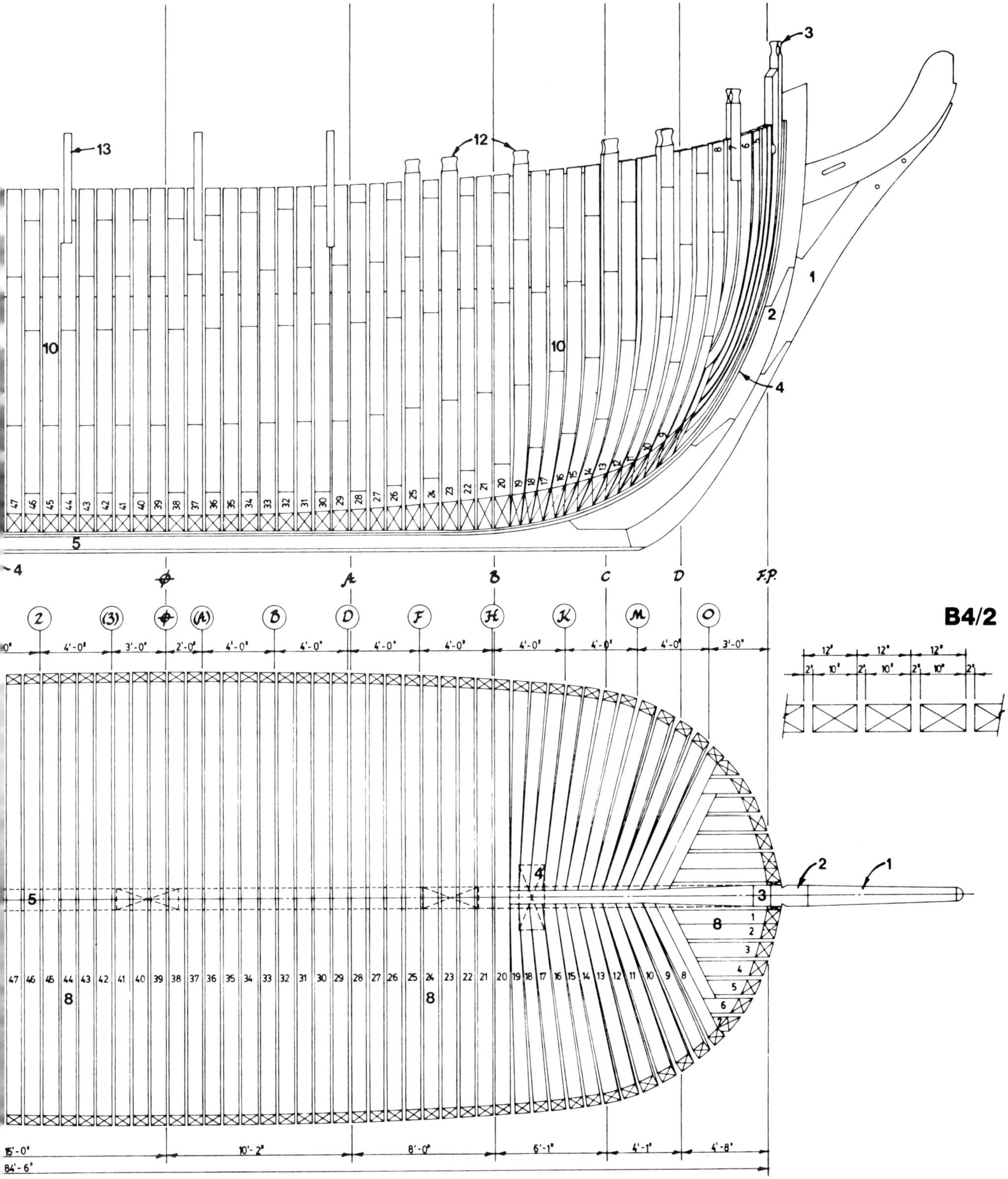

13
12
3
10
1
2
4
5
Ø
A
B
C
D
F.P.
2
(3)
Ø
(A)
B
D
F
H
K
M
O
4'-0"
3'-0"
2'-0"
4'-0"
12"
10"
2"
8
15'-0"
10'-2"
8'-0"
6'-1"
4'-1"
4'-8"
84'-6"

B4/2

B4/4 Perspektivische Ansicht der Spanten (ohne Maßstab)

1. Galion
2. Ohrholz
3. Klüshölzer
4. Ankerklüse
5. Spanten
6. Kiel
7. Kielschwein
8. Stütze
9. Totholz
10. Randsomhölzer
11. Hintersteven
12. Heckbalken

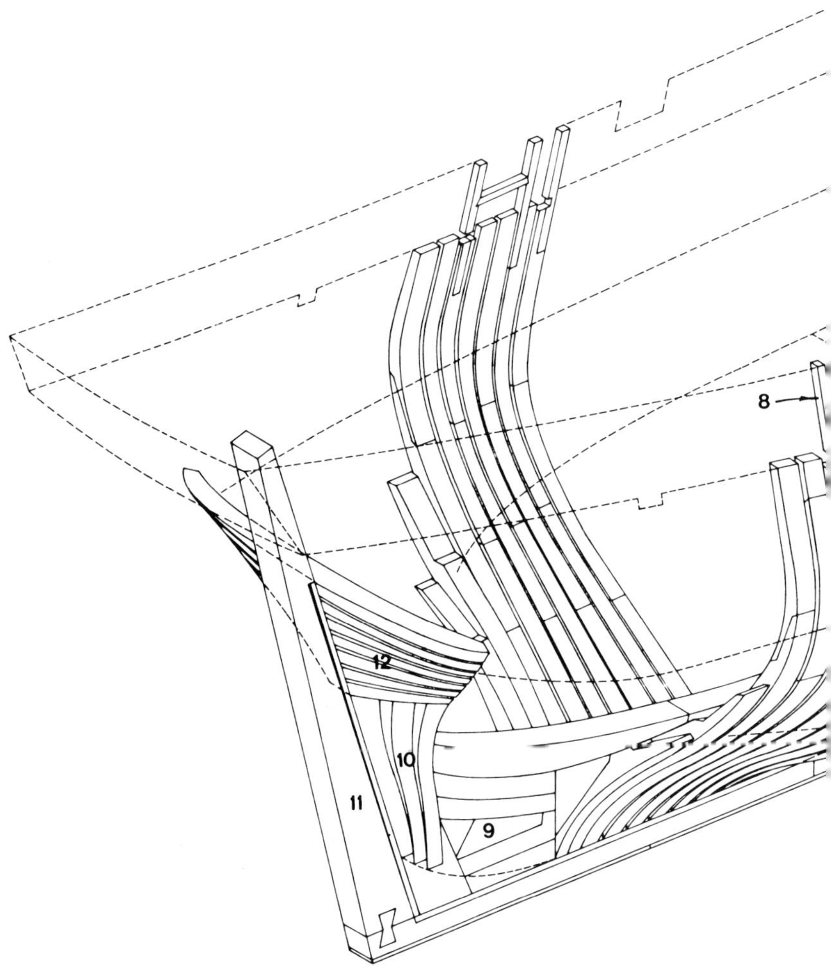

B4/4

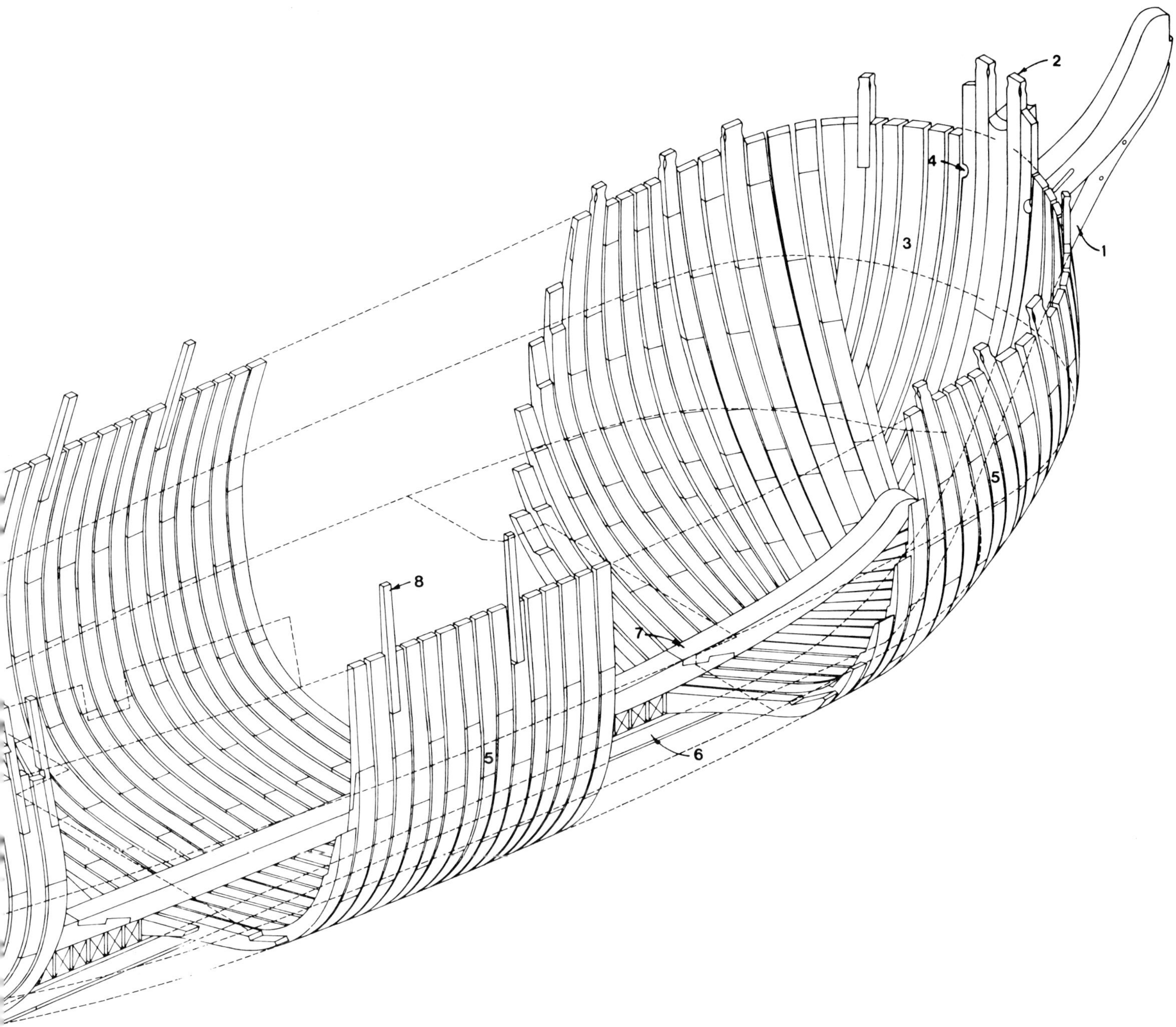
2
4
3
1
5
8
7
6
5

B5 BEPLANKUNG

B5/1 Perspektivische Ansicht von Barkhölzern und Beplankung (ohne Maßstab)

1. Spanten
2. Barkholz
3. Kiel
4. Kielschwein
5. Mastspuren
6. Decksunterbalkweger
7. Wassergangsplanke
8. Setzweger
9. Bekleidung oder Lebendes Werk
10. Wegerung
11. Hintersteven
12. Heckbalken
13. Gillungshölzer
14. Heckspanten

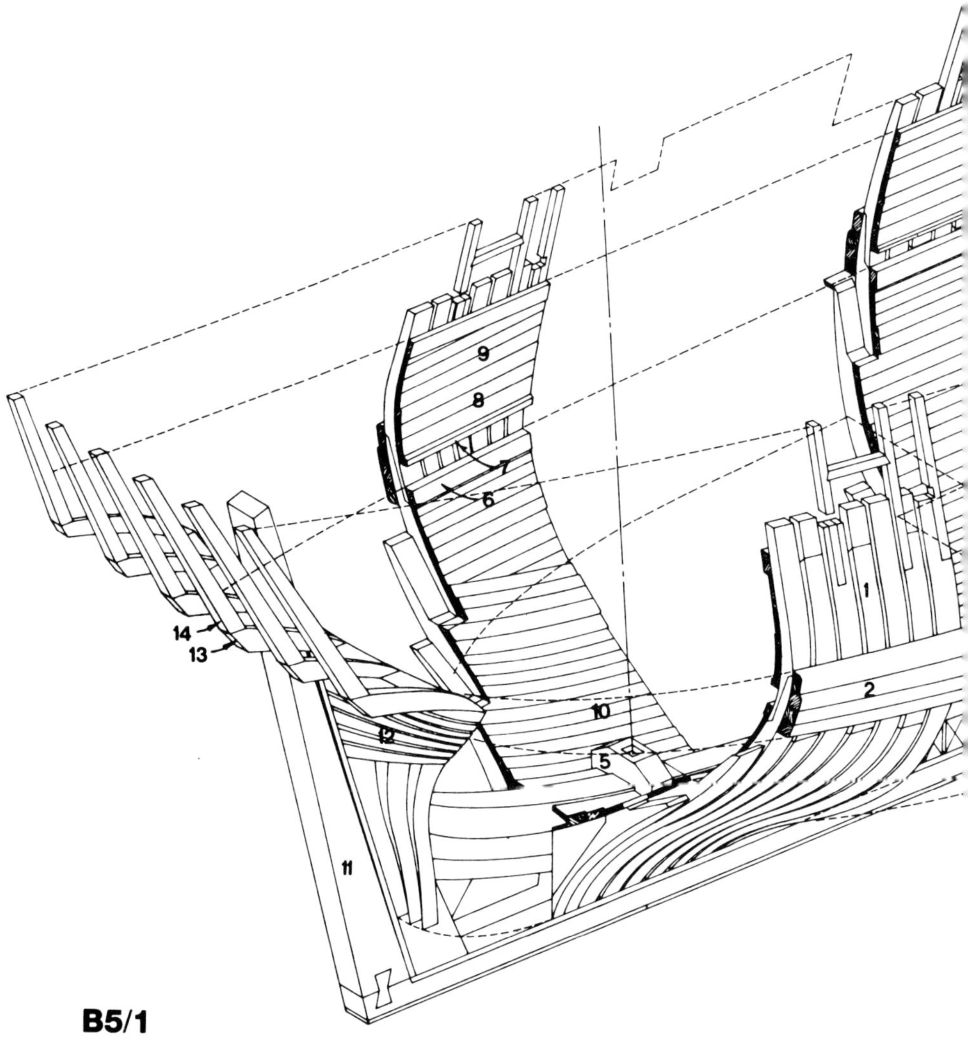

B5/1

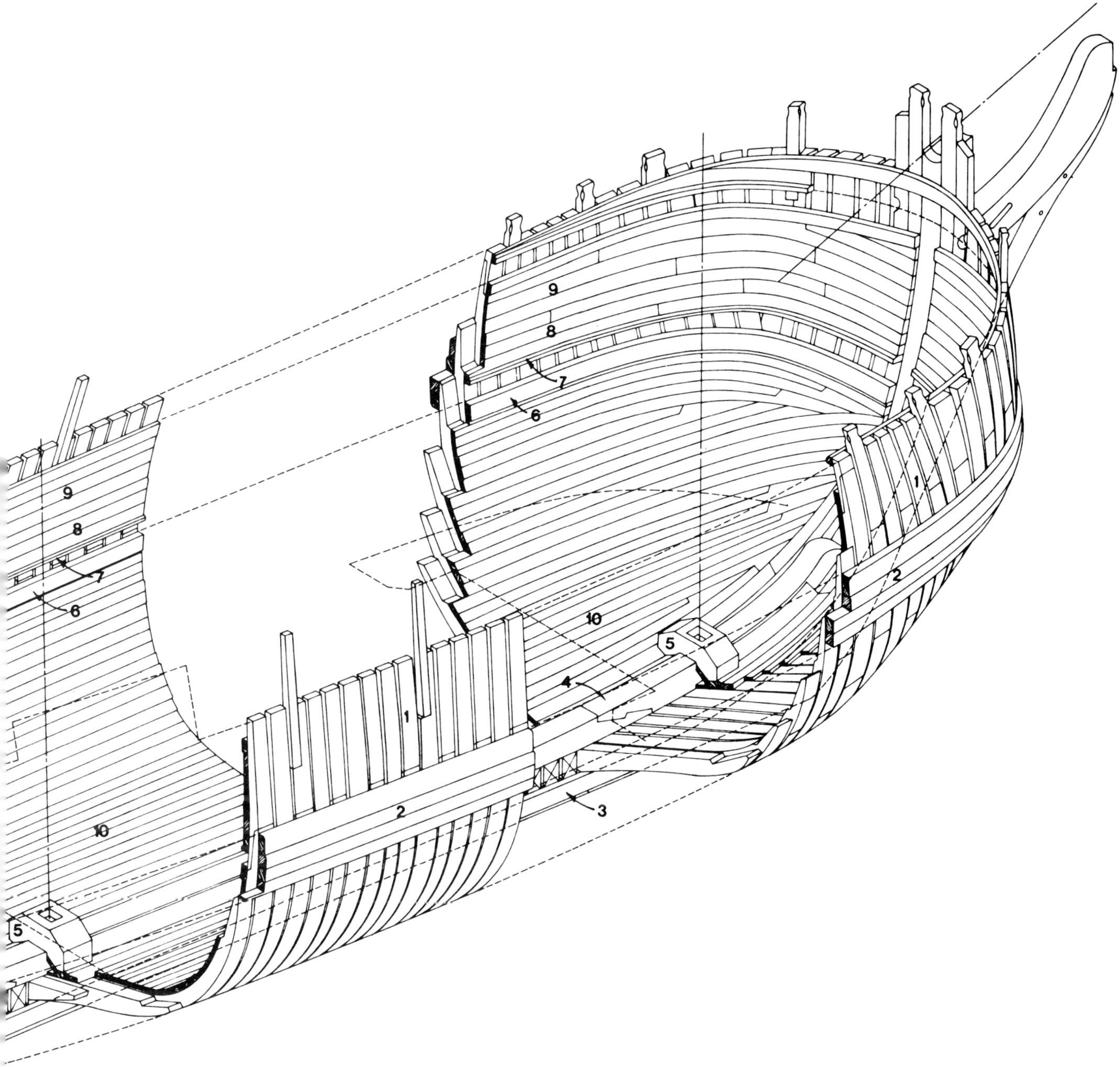
9
8
7
6
9
8
7
6
1
2
3
4
5
5
10
10
1
2

B6 BALKEN

B6/1 Perspektivische Ansicht der Decksbalken (ohne Maßstab)

1. Barkholz
2. Außenbeplankung
3. Kiel
4. Kielschwein
5. Füllungen
6. Kielwegerung
7. Mastspuren
8. Spanten
9. Decksbalken
10. Laderaumplattform-Balken
11. Bugband
12. Längsschlingen
13. Querschlingen
14. Horizontales Knie
15. Hängendes Knie
16. Hintersteven
17. Randsomhölzer
18. Heckbalken
19. Gillungshölzer
20. Heckspanten
21. Heckbalken

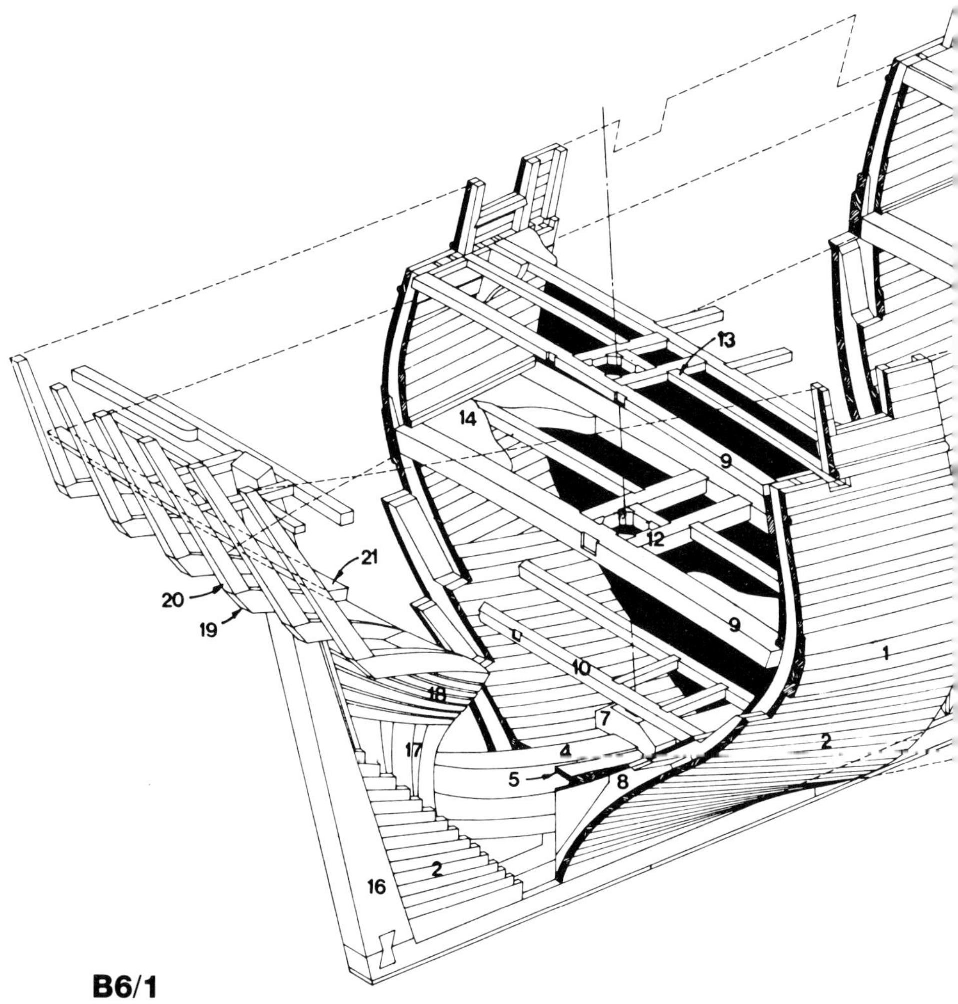

B6/1

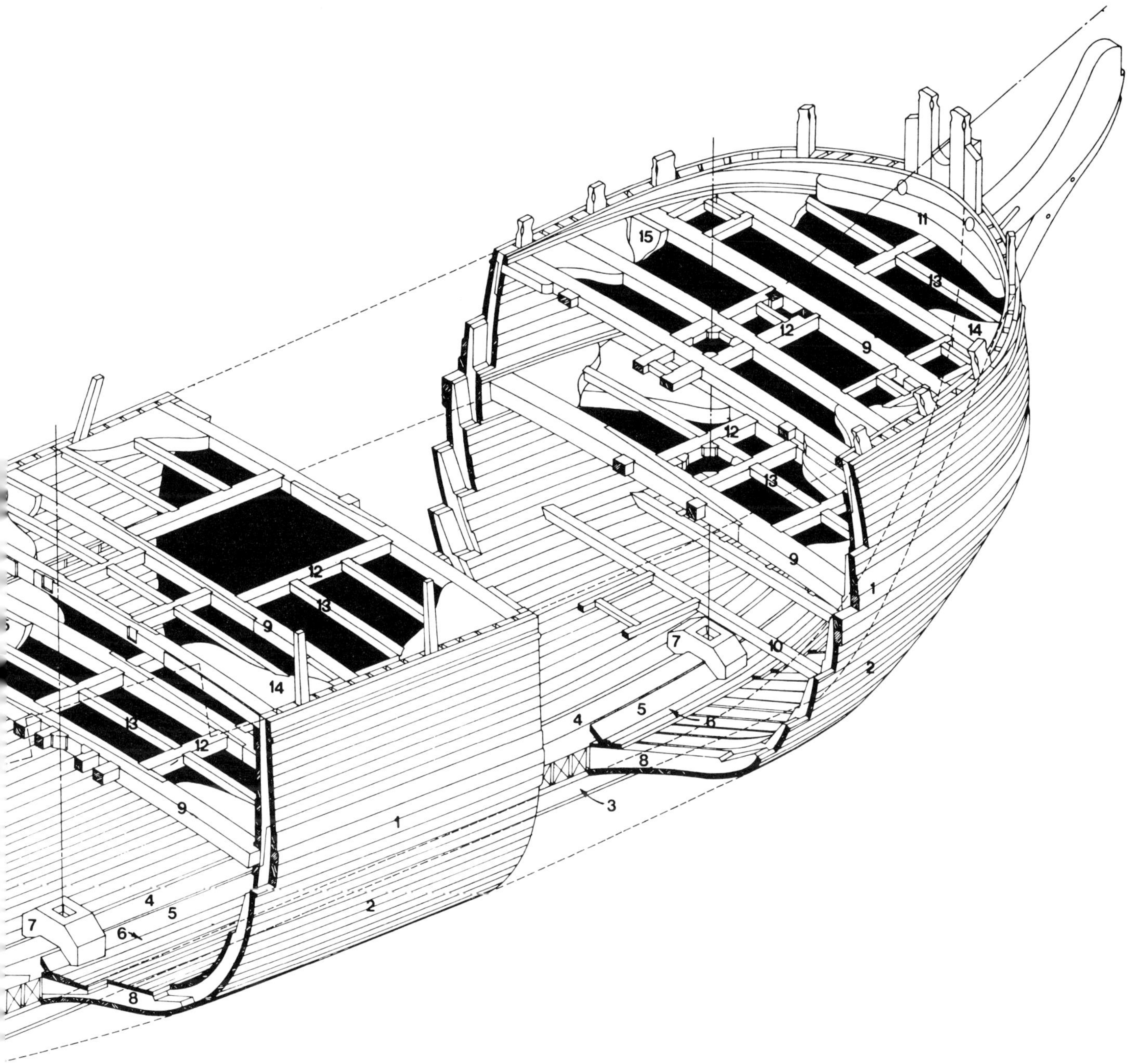

15
11
13
12
14
9
12
13
9
1
7
10
2
4
5
6
8
3
12
13
9
14
13
12
9
1
4
5
2
7
6
8

B7 DECKS

B7/1 Perspektivische Ansicht der Decks (ohne Maßstab)

1. Außenbeplankung
2. Barkholz
3. Spanten
4. Kiel
5. Kielschwein
6. Mastspuren
7. Bugspriet
8. Fockmast
9. Großmast
10. Besanmast
11. Bugband
12. Back
13. Oberdeck
14. Achterdeck
15. Unterdeck
16. Vordere Laderaumplattform
17. Laderaum
18. Achtere Laderaumplattform
19. Hintersteven
20. Heckbalken
21. Gillungshölzer
22. Heckspanten
23. Heckbalken

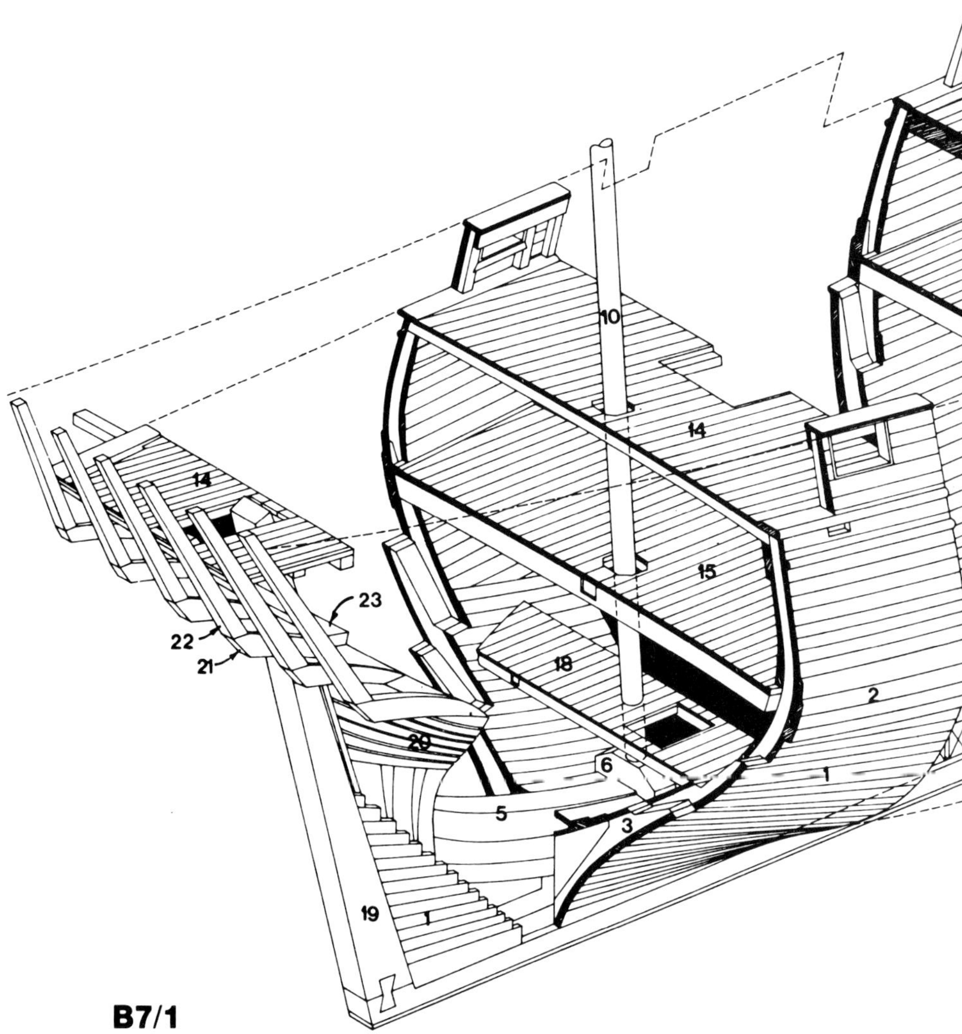

B7/1

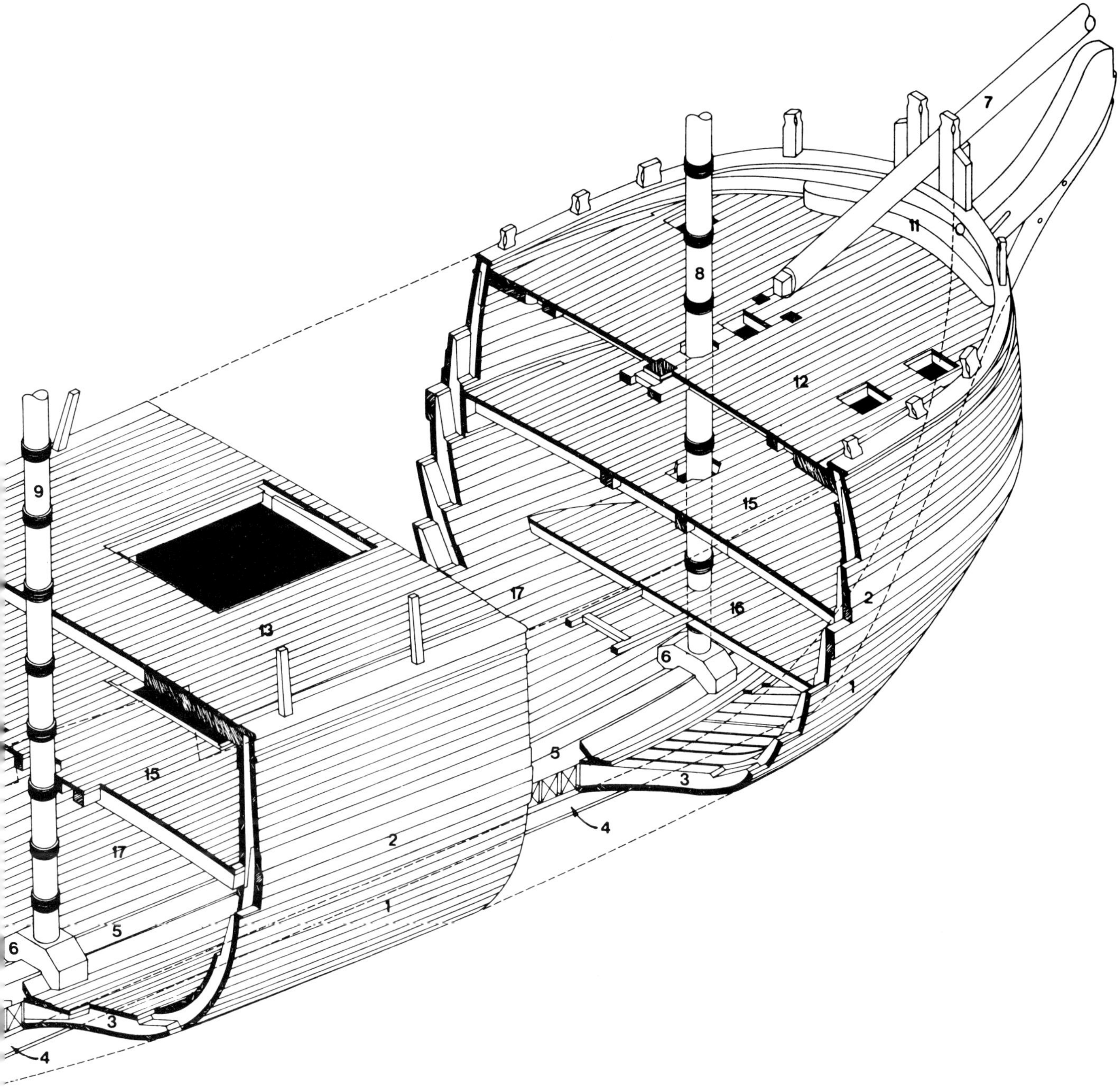
7
8
11
12
9
15
13
17
16
6
2
1
5
3
4
15
17
2
1
5
6
3
4

C Äußerer Rumpf

C1 ALLGEMEINER AUFBAU

C1/1 Perspektivische Ansicht des vollständigen Rumpfes (ohne Maßstab)

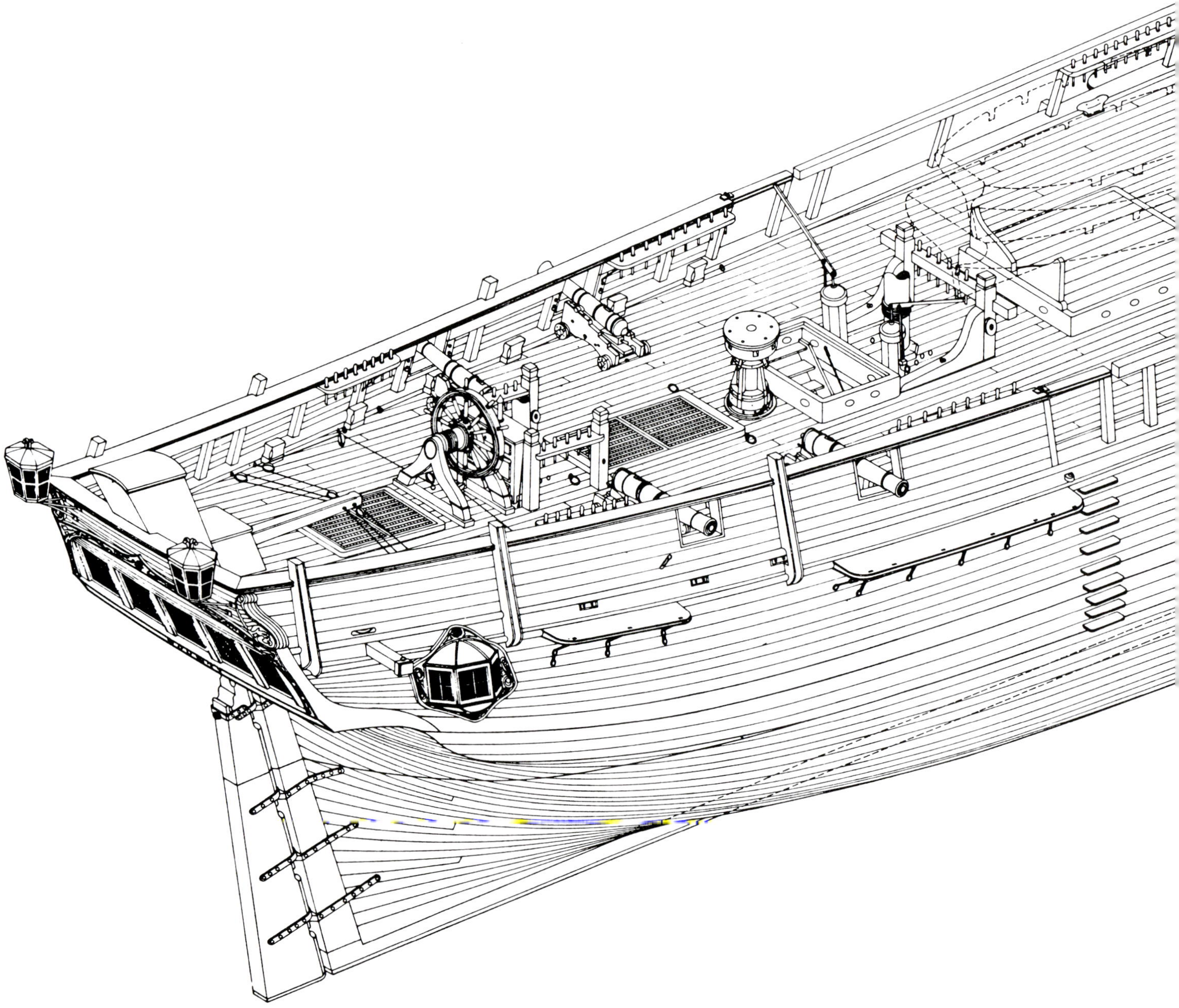

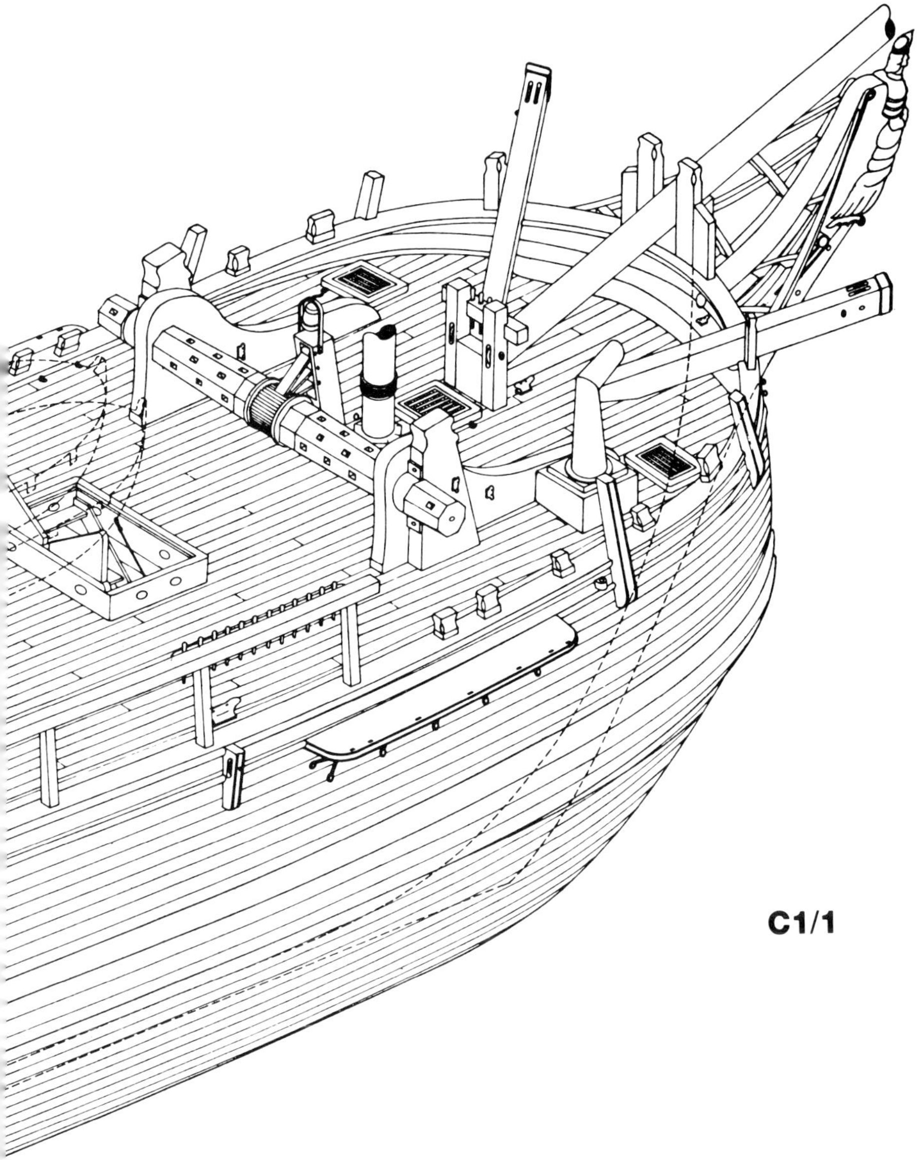

C1/1

C1/2 Perspektivische Ansicht des vollständigen Rumpfes (ohne Maßstab)

C1/2

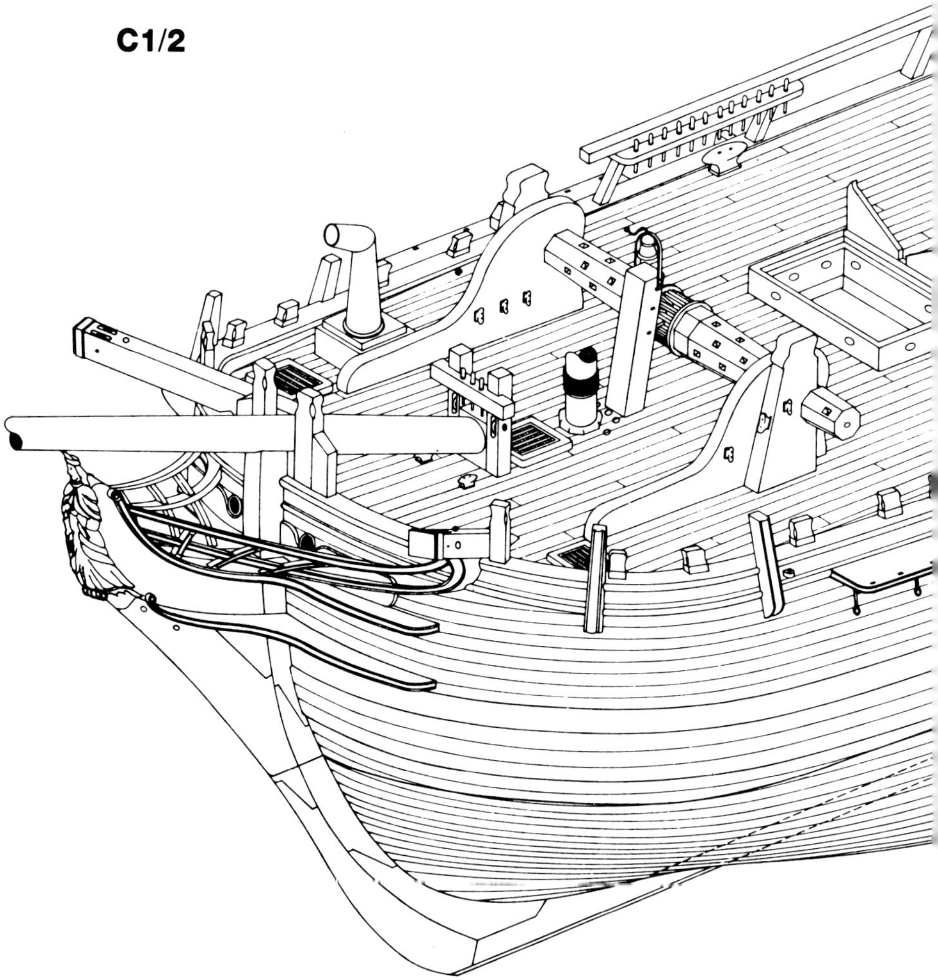

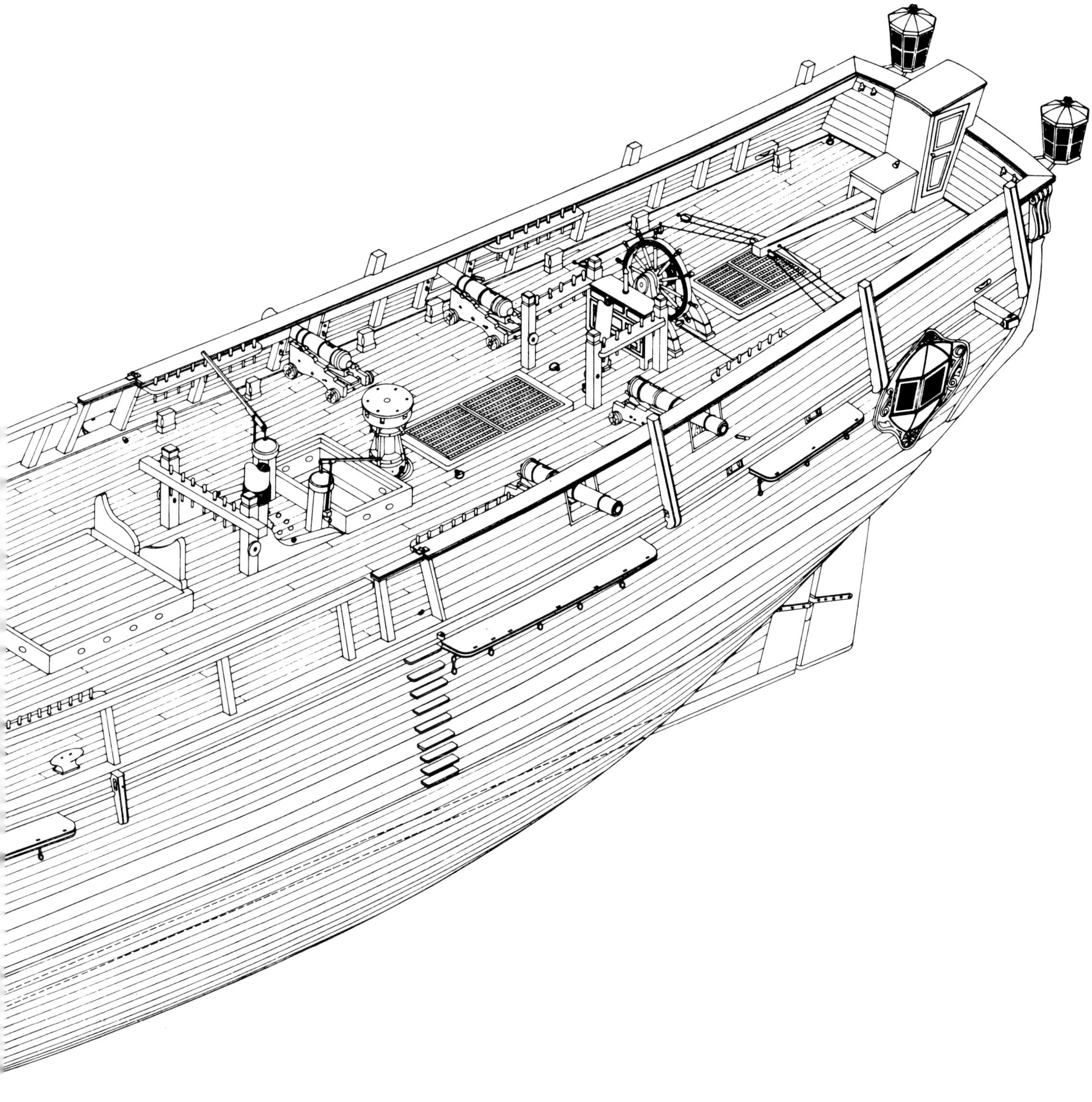

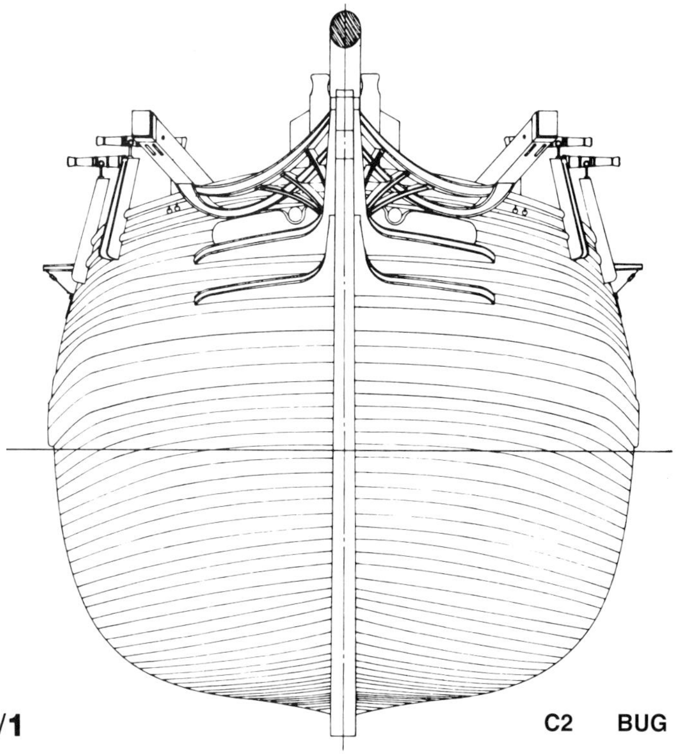

C2/1

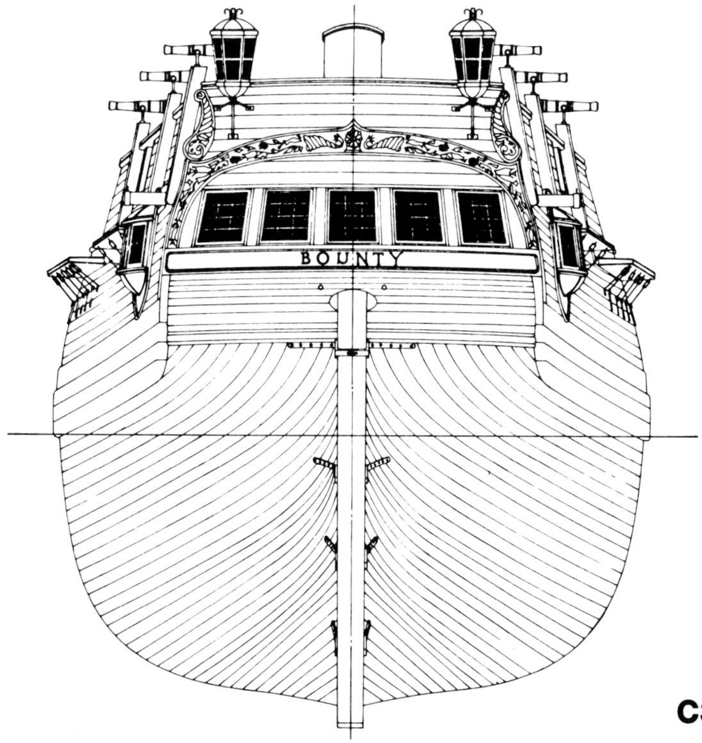

C3/1

C2 BUG

C2/1 Bugaufbau (Maßstab 1:96)
C2/2 Skizze des Rumpfes (ohne Maßstab)
C2/3 Galionsfigur (ohne Maßstab)

C3 HECK

C3/1 Heckaufbau (Maßstab 1:96)

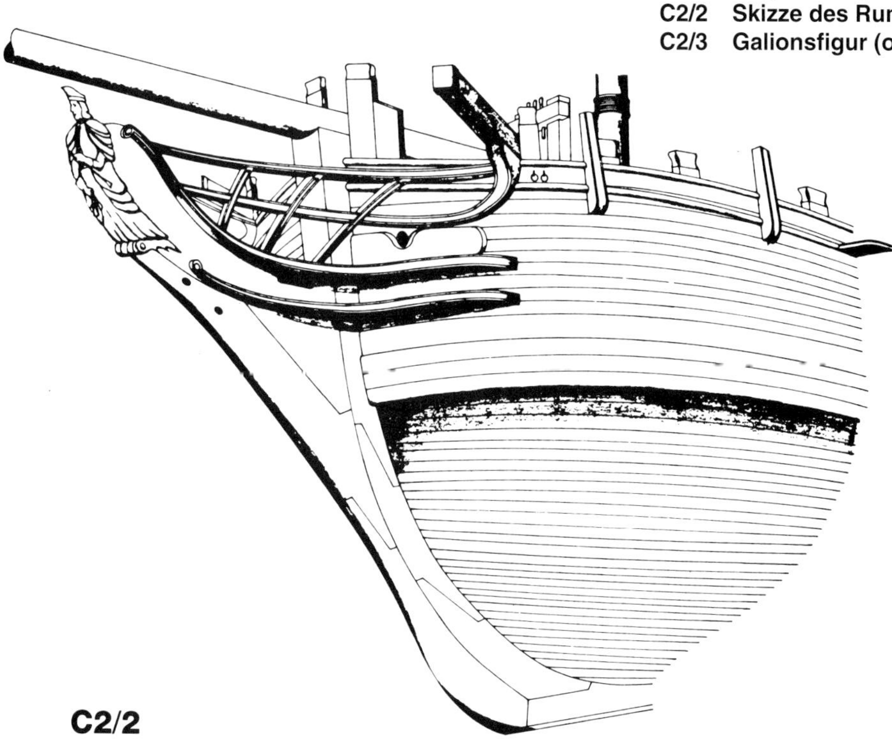

C2/2

C2/3

C3/2

C3/2 Heckverzierungen (Maßstab 1:48)

C3/3 Heckdetails (Maßstab 1:48)

1. Flaggenschrank mit Fächern
2. Ruderkopfgehäuse
3. Ruderpinne
4. Achterdeck
5. Heckstevenverkleidung
6. Füllung
7. Heckbalken
8. Unterdeck
9. Ruderkopf
10. Hintersteven
11. Ruder
12. Gillungsholz
13. Heckfenster
14. Heckspant
15. Heckverzierung
16. Heckreling
17. Außenbeplankung

C3/3

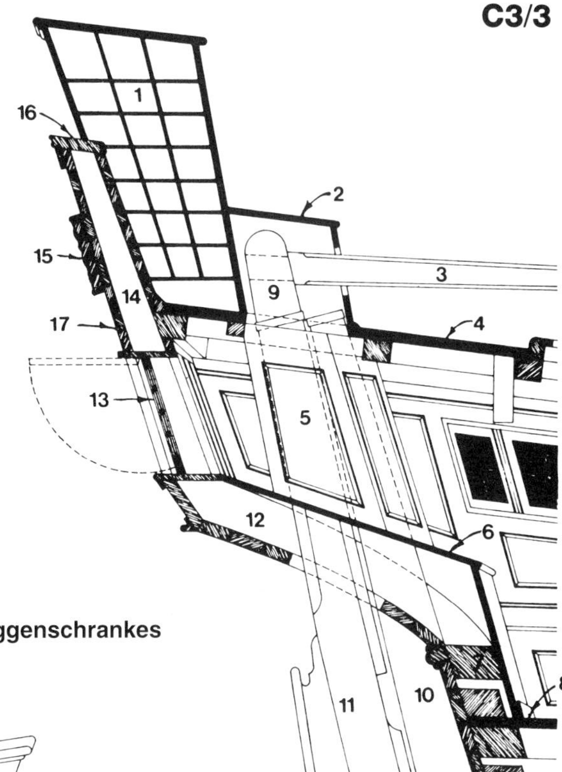

C3/4 Backbordansicht des Flaggenschrankes (Maßstab 1:48)

C3/4

C3/5 Skizze des Hecks (ohne Maßstab)

C3/5

C3/6 Seitengalerie (ohne Maßstab)

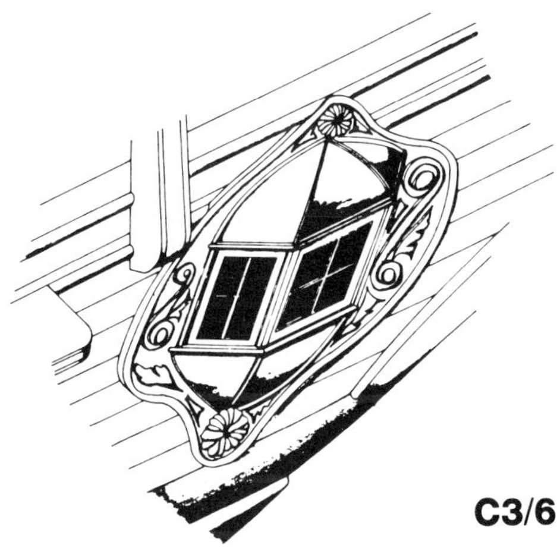

C3/6

C4/1

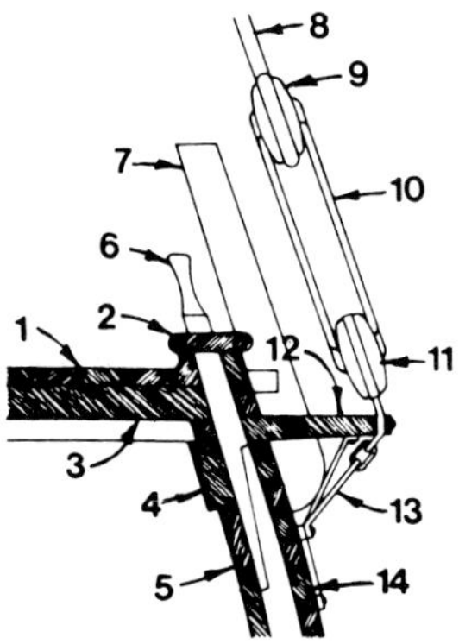

C4/2

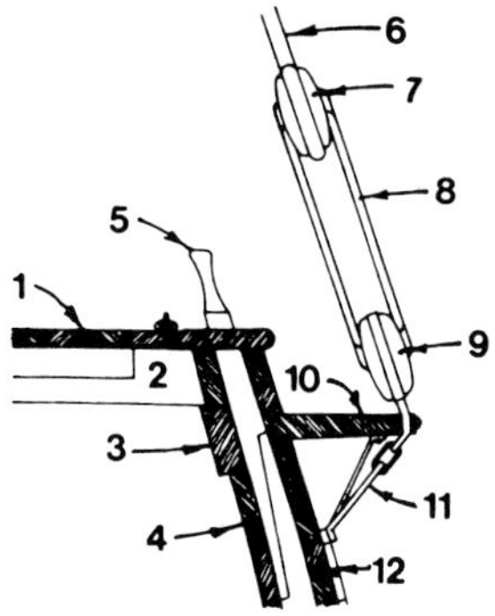

C4/3

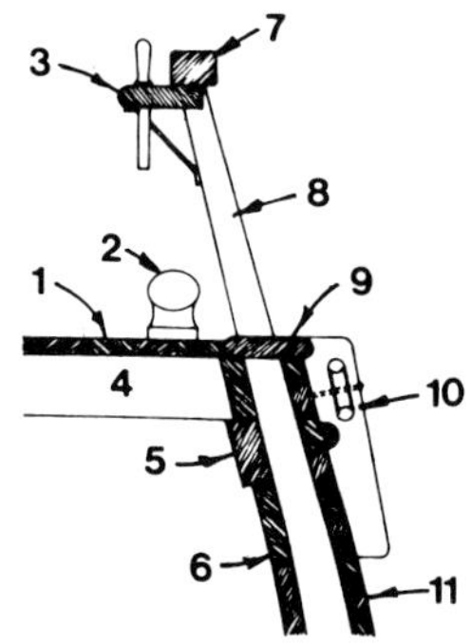

C4/4

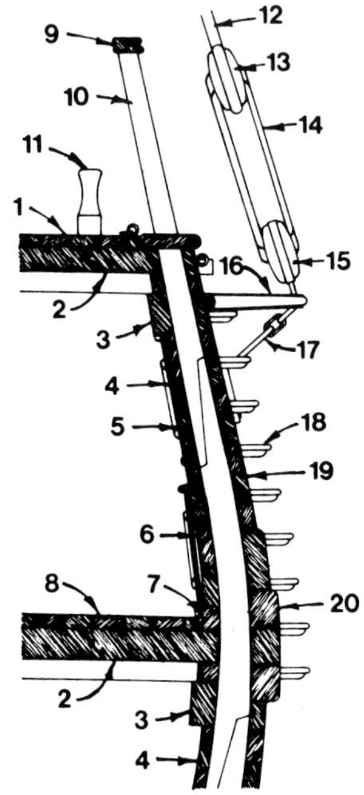

C4 RELINGDETAILS

C4/1 Relingdetail an Schnitt „B“ (Maßstab 1:48)

1. Vordeck
2. Schandeckreling
3. Horizontales Knie
4. Unterdecksbalkweger
5. Bekleidung oder Lebendes Werk
6. Poller
7. Drehbassenstütze
8. Want
9. Wantjuffer
10. Taljereep
11. Rüstjuffer
12. Fockrüste
13. Rüsteisen
14. Außenbeplankung

C4/2 Relingdetail an Schnitt „A“ (Maßstab 1:48)

1. Oberdeck
2. Balken
3. Unterdecksbalkweger
4. Bekleidung oder Lebendes Werk
5. Poller
6. Want
7. Wantjuffer
8. Taljereep
9. Rüstjuffer
10. Fockrüste
11. Rüsteisen
12. Außenbeplankung

C4/3 Relingdetail an Schnitt „B“ (Maßstab 1:48)

1. Oberdeck
2. Klampe
3. Focknagelbank
4. Balken
5. Unterdecksbalkweger
6. Bekleidung oder Lebendes Werk
7. Reling
8. Stütze
9. Schandeck
10. Halsklampe
11. Außenbeplankung

C4/4 Relingdetail an Schnitt „1“ (Maßstab 1:48)

1. Oberdeck
2. Horizontales Knie
3. Unterdecksbalkweger
4. Kajütenverkleidung
5. Bekleidung oder Lebendes Werk
6. Setzweger
7. Wassergangsplanke
8. Unterdeck
9. Reling
10. Stütze
11. Klampe
12. Want
13. Wantjuffer
14. Taljereep
15. Rüstjuffer
16. Großrüste
17. Rüsteisen
18. Seitenstufen
19. Außenbeplankung
20. Barkholz

C4/5 Relingdetail an Schnitt „2“ (Maßstab 1:48)

1. Oberdeck
2. Balken
3. Unterdecksbalkweger
4. Bekleidung oder Lebendes Werk
5. Kajütenverkleidung
6. Klampe
7. Großnagelbank
8. Schandeckreling
9. Schandeck
10. Großrüste

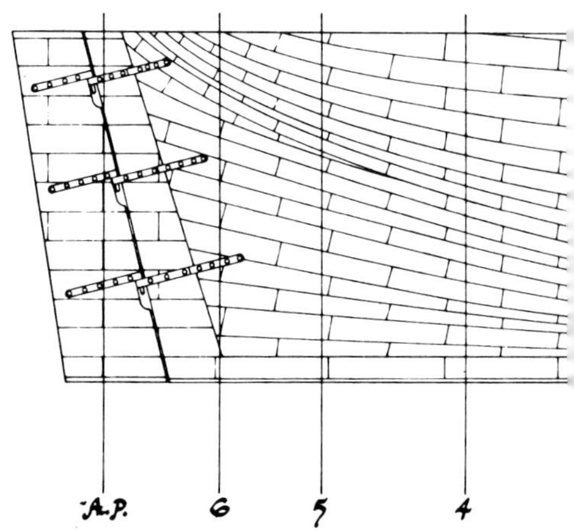

C4/5

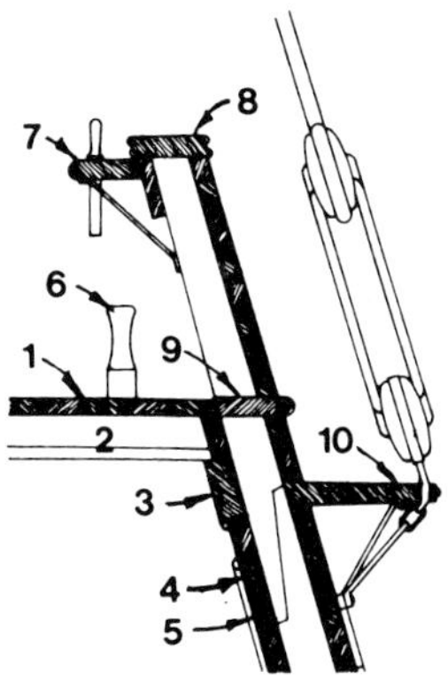

C4/6

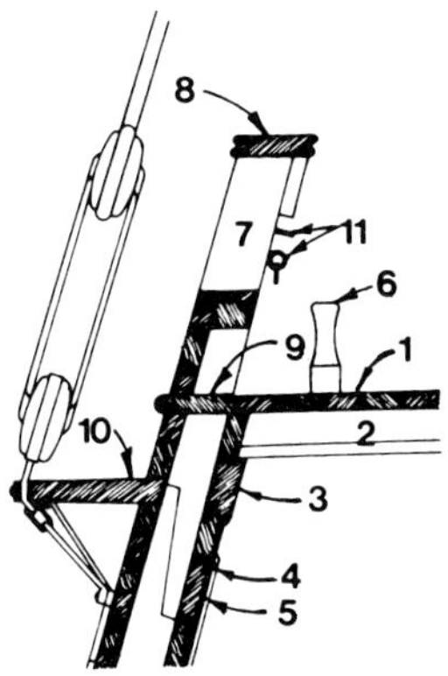

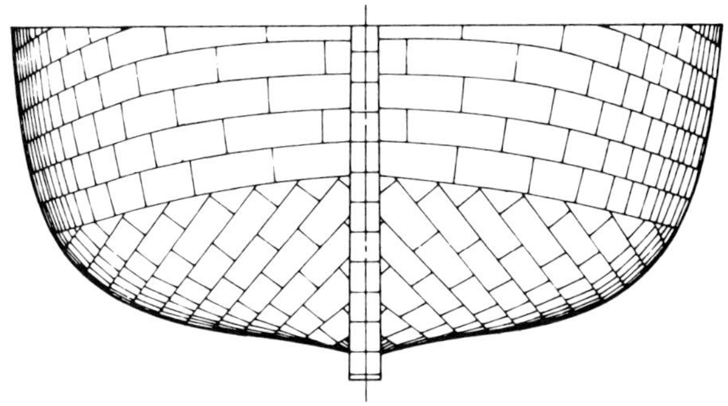

C5/2

C4/6 Relingdetail an Schnitt „2“ (Maßstab 1:48)

1. Oberdeck
2. Balken
3. Unterdecksbalkweger
4. Bekleidung oder Lebendes Werk
5. Kajütenverkleidung
6. Klampe
7. Stückpforte
8. Schandeckreling
9. Schandeck
10. Großrüste
11. Ring für Geschütztakel

C5 KUPFERVERKLEIDUNG

C5/1 Außenbords (Maßstab 1:96)

C5/2 Bug (Maßstab 1:96)

C5/3 Heck (Maßstab 1:96)

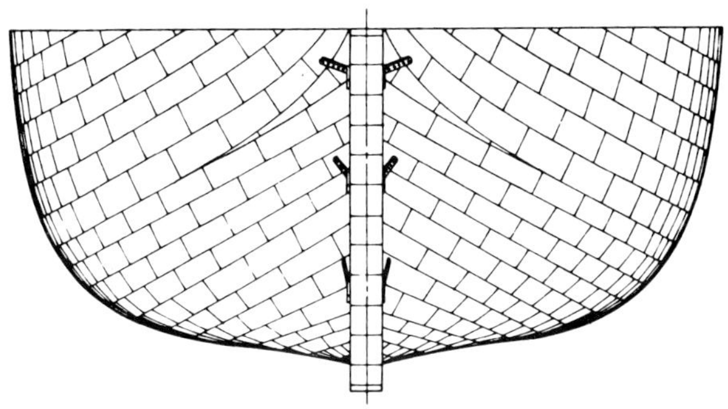

C5/3

C5/1

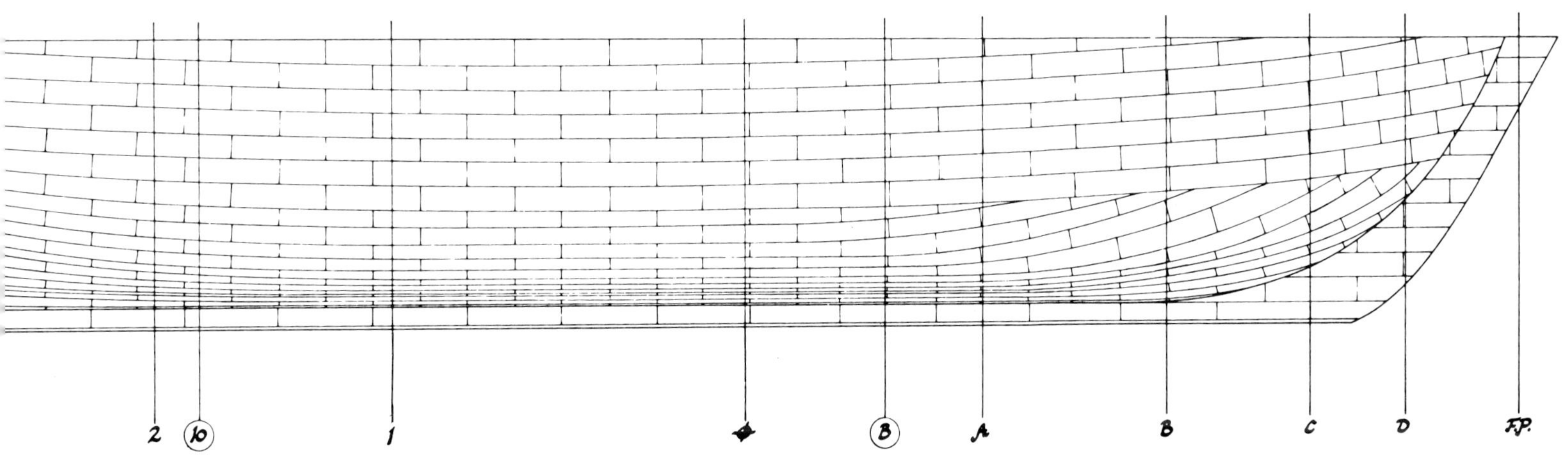

D1 ALLGEMEINER AUFBAU

D1/1 Seitenansicht innen (Maßstab 1:96)

1. Oberdeck
2. Unterdeck
3. Laderaum
4. Vordere Plattform
5. Achtere Plattform
6. Bugspriet
7. Ohrholz
8. Galionsfigur
9. Galionsreling
10. Galion
11. Kiel
12. Spanten
13. Totholz
14. Hecksteven
15. Binnenhecksteven
16. Ruder
17. Kranbalken
18. Halbpfünder-Drehbasse
19. Vormarssegelschotbeting
20. Fockmast
21. Pallenbetingpfosten
22. Bratspill
23. Glocke
24. Focknagelbank
25. Reling
26. Bootsklampe
27. Niedergang
28. Großluke
29. Fockbrassenbeting
30. Großmast
31. Pumpe
32. Großnagelbank
33. Gangspill
34. Besanmarssegelschotbeting
35. Poopnagelbank
36. Besanmast
37. Steuerrad
38. Ruderpinne
39. Flaggenschrank
40. Hecklaterne
41. Herd (Steuerbord)
42. Vordere Luke
43. Speiseraum des Kapitäns
44. Garten (Große Kajüte)
45. Ruderkopfgehäuse
46. Vorkajüte
47. Lagerraum Bootsmann
48. Lagerraum Bootsmann
49. Segellast
50. Kugelkasten
51. Laderaumbrunnen
52. Spirituosenraum
53. Fischraum
54. Brotraum
55. Mastspur
56. Kielschwein
57. Wegerungen

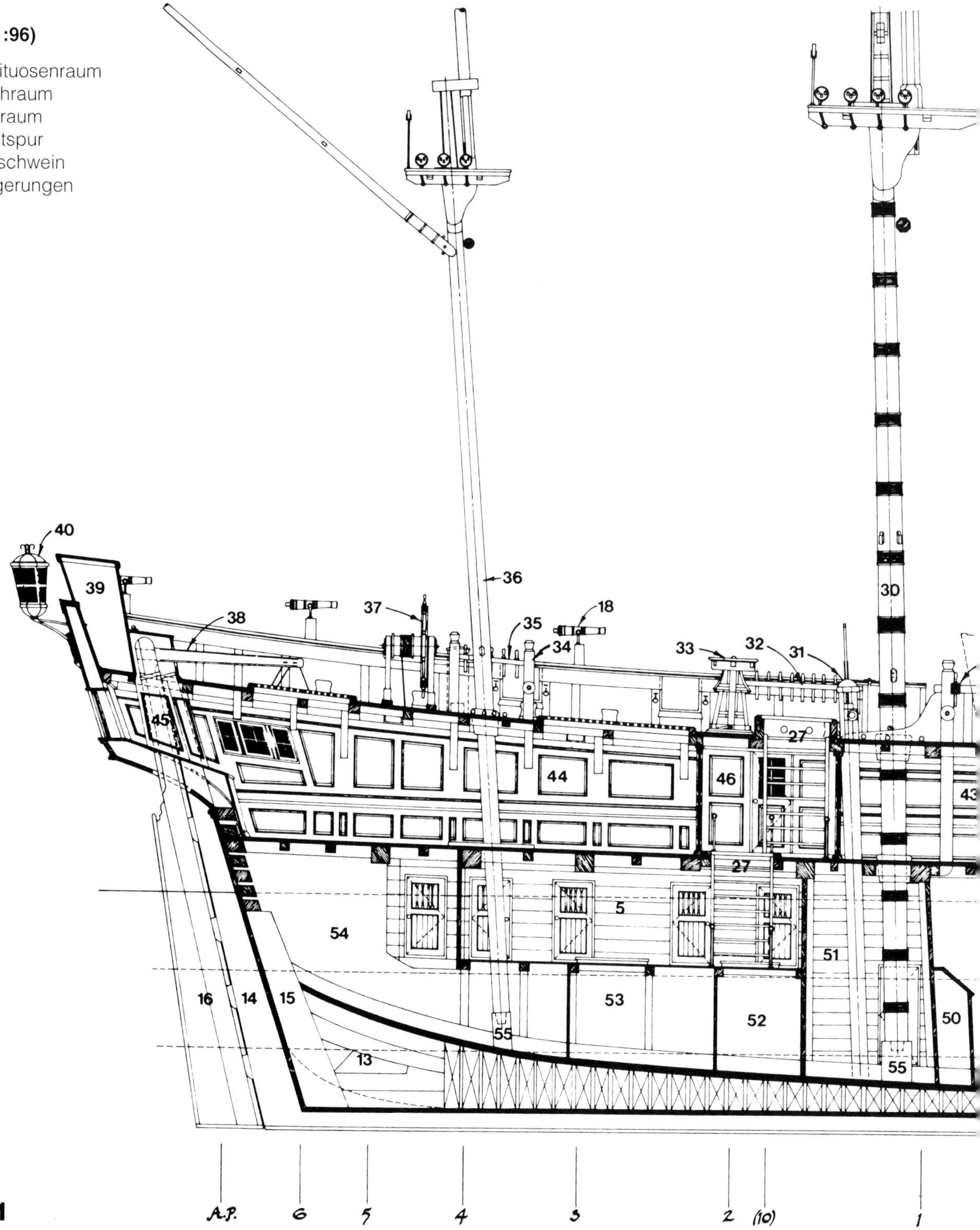

D1/1

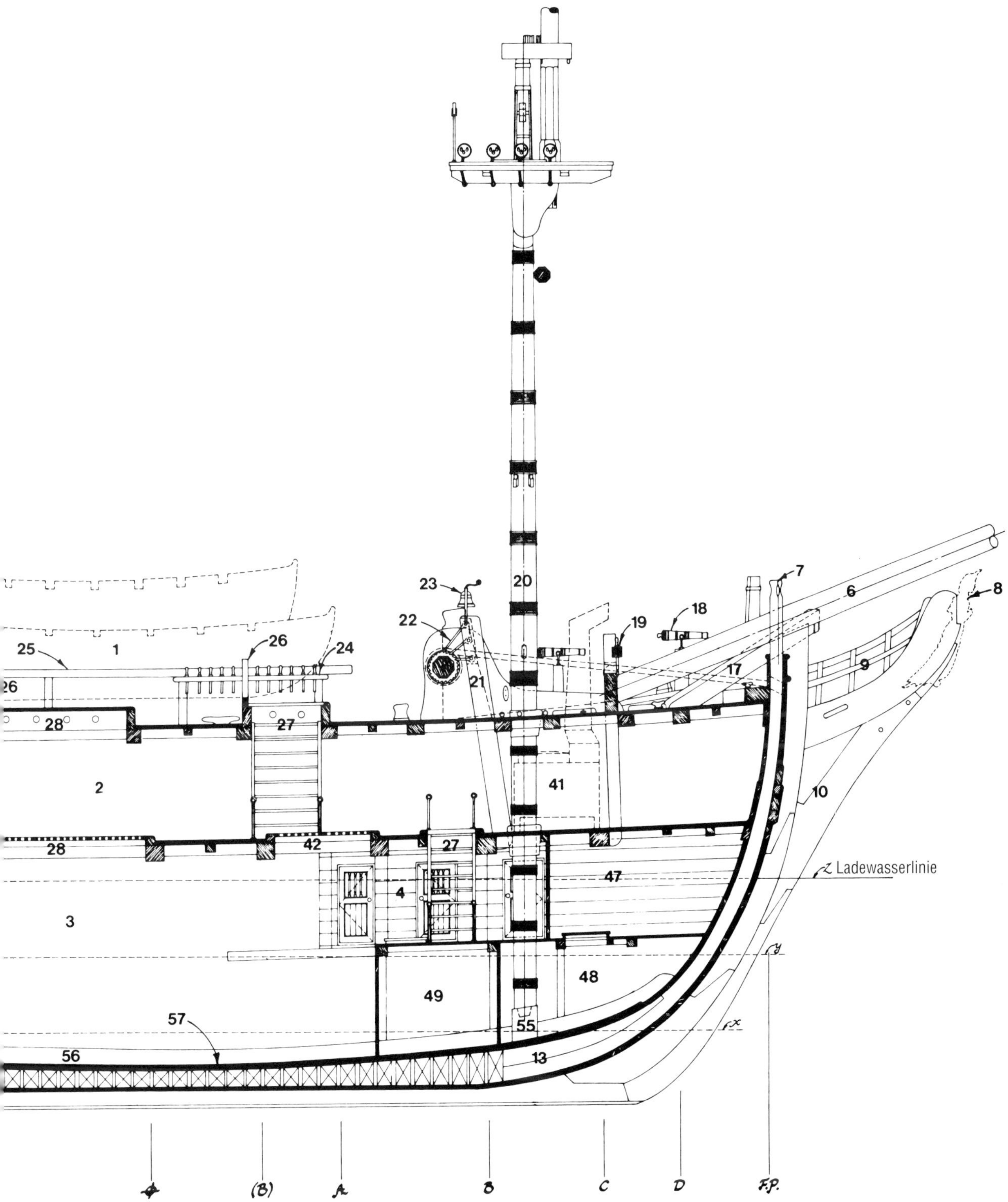
1
2
3
4
6
7
8
9
10
13
17
18
19
20
21
22
23
24
25
26
26
27
27
28
28
41
42
47
48
49
55
56
57
Ladewasserlinie
x
y
z
(B)
A
B
C
D
F.P.

D1/2 Innenbordansicht der Bethia mit den Änderungen (Maßstab 1:96)

1. Drehbassen und Pfosten hinzugefügt
2. Flaggenschrank eingebaut
3. Fockbrassenbetings geändert
4. Große Kajüte in Treibhaus umgebaut
5. Deckskasten entfernt; Gräting eingebaut
6. Türen an Luke und Niedergangssüll angebracht
7. Grätings achtern des Steuerrades eingebaut
8. Niedergang verkleinert
9. Zimmermanns- und Bootsmannskajüte Back- und Steuerbord entfernt
10. Kleine Luke und Leiter entfernt
11. Pantry und Kapitänskajüte eingebaut
12. Herd und Kombüse aus dem Laderaum entfernt
13. Kamin entfernt
14. Neuen Kombüsenherd eingebaut
15. Kajüten auf vorderer Plattform neu angeordnet
16. Kajüten auf achterer Plattform neu angeordnet
17. Lüftungsluken eingebaut (je drei an Back- und Steuerbord)
18. Kugelkasten eingebaut
19. Laderaumbrunnen (Pumpenbrunnen) eingebaut
20. Änderungen im Laderaum unter der vorderen Plattform
21. Änderungen im Laderaum unter der achteren Plattform
22. Poller am Kranbalken geändert
23. Glockengalgen am Bratspillbetingpfosten geändert
24. Neigungswinkel Bugspriet geändert
25. Mastspur unverändert
26. Bootsklampen und Boote hinzugefügt

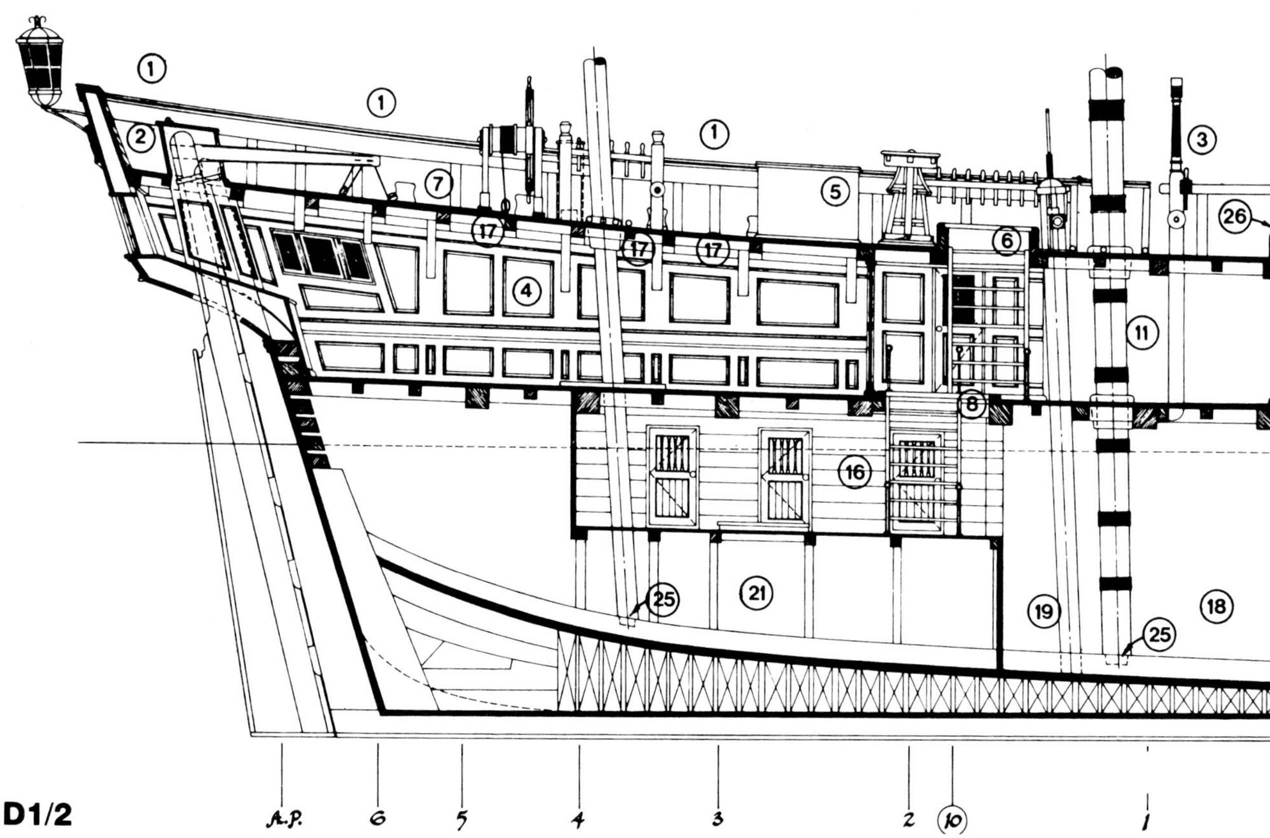

D1/2

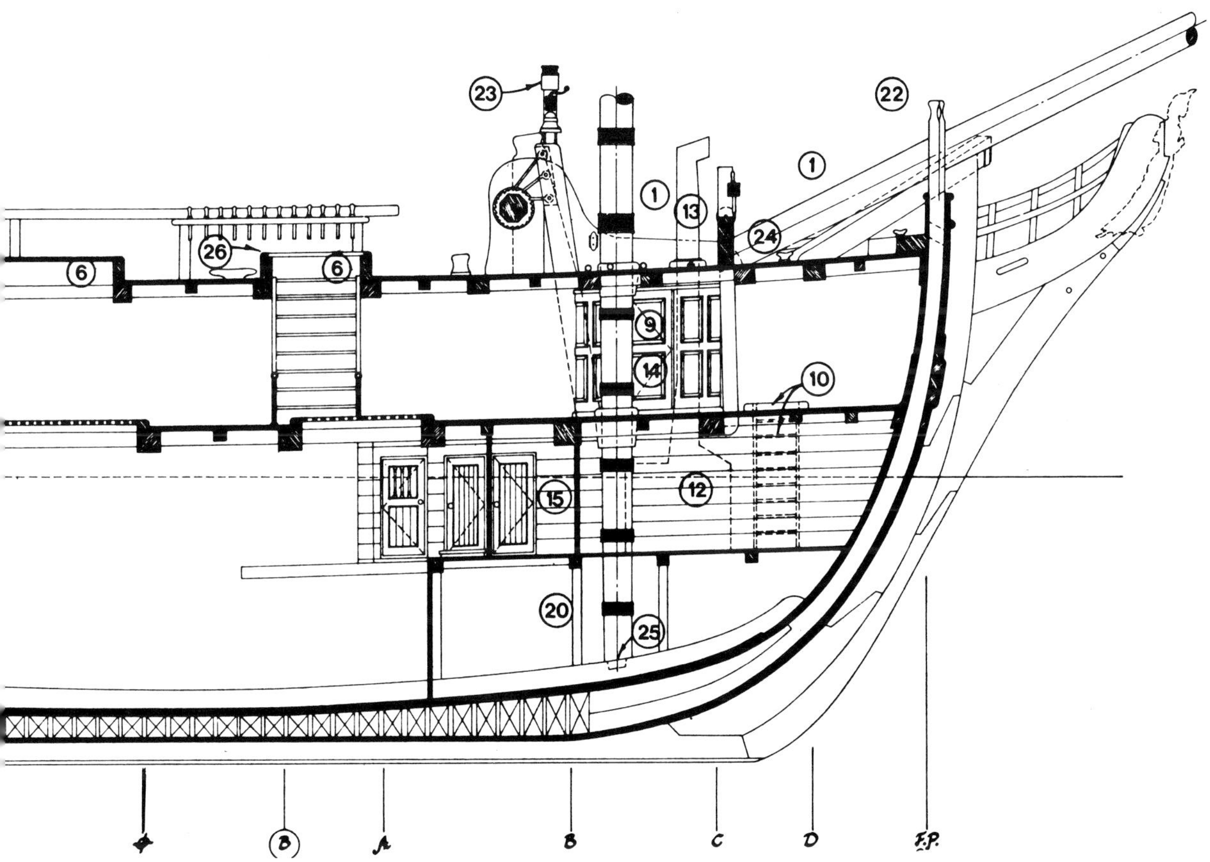
23
22
1
1
13
24
26
6
6
9
14
10
15
12
20
25
B
A
B
C
D
F.P.

D2 OBERDECK

D2/1 Oberdecksspantenplan (Maßstab 1:96)

1. Galion
2. Öffnung für kleine Luke
3. Öffnung für Kamin
4. Fockmast
5. Öffnung für Niedergang
6. Großluke
7. Großmast
8. Besanmast
9. Elm-Tree-Pumpe
10. Öffnung für Niedergang
11. Schlingen (Verstärkung des Gangspills)
12. Öffnung für Grätings
13. Öffnung für das Ruder
14. Unterdecksbalkweger
15. Horizontales Knie
16. Decksbalken – Anzahl entsprechend den zugehörigen Spanten
17. Hängende Knie
18. Längsschlingen
19. Querschlingen
20. Spanten
21. Heckspanten
22. Decksbalken
23. Unterdecksbalkweger

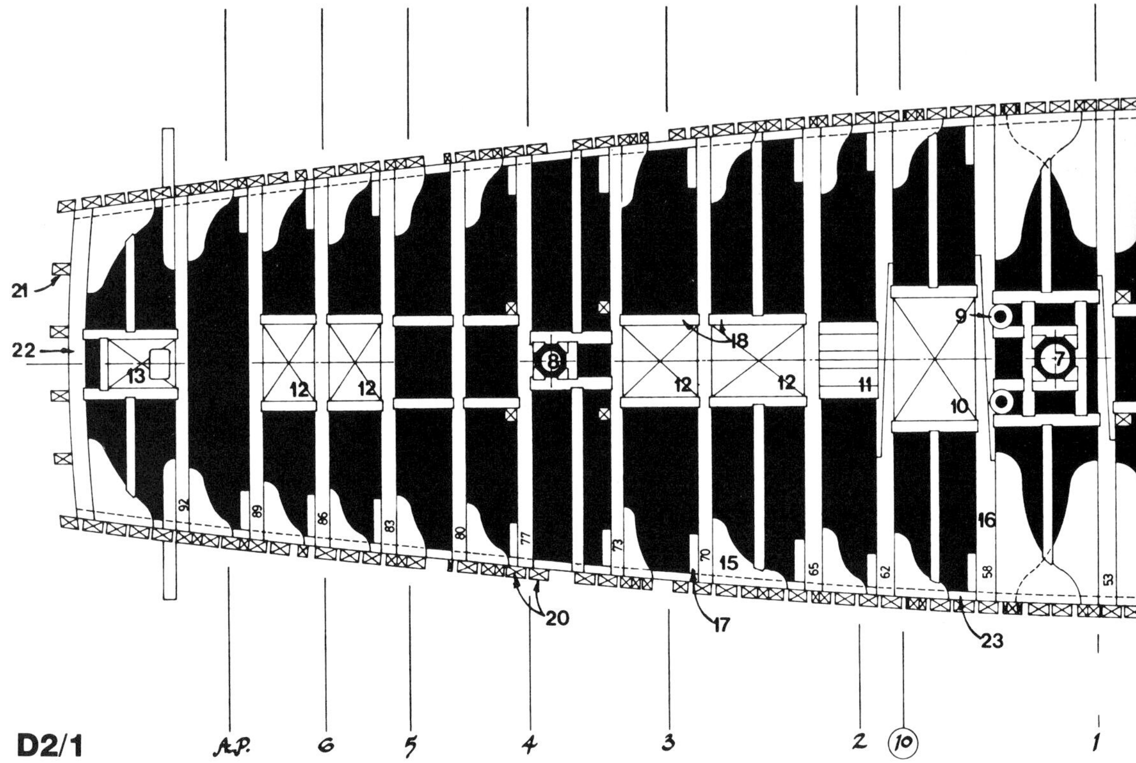

D2/1

D2/2 Oberdeck (Maßstab 1:96)

1. Bugspriet
2. Galionsreling
3. Ohrhölzer
4. Kranbalken
5. Bugband
6. Buganker
7. Halbpfünder-Drehbasse
8. Kleine Luke (mit Gräting)
9. Kombüsenherdkamin
10. Fockmast
11. Pallenbetingpfosten
12. Bratspillbeting
13. Pallen und Pallenkranz
14. Fockrüste
15. Focknagelbank
16. Reling
17. Halsklampe
18. Niedergang
19. Großluke
20. Bootsklampe
21. Fockbrassenbeting
22. Seitenstufen

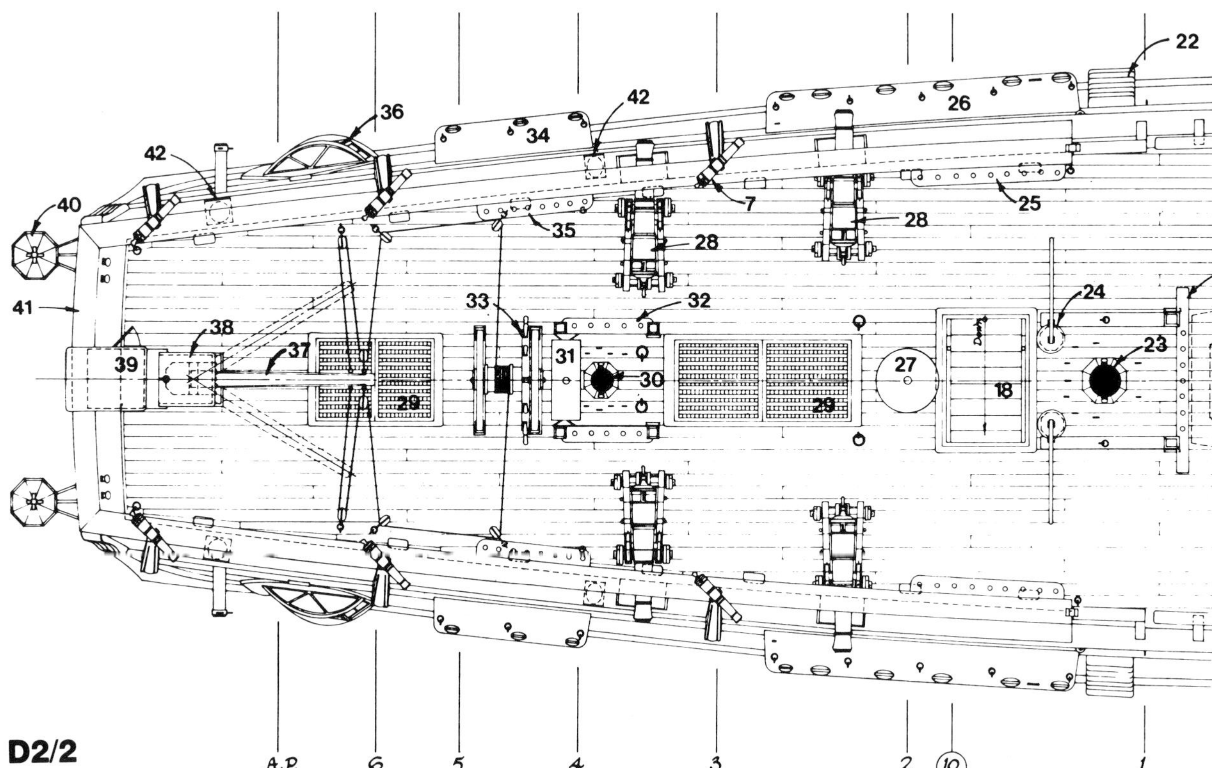

D2/2

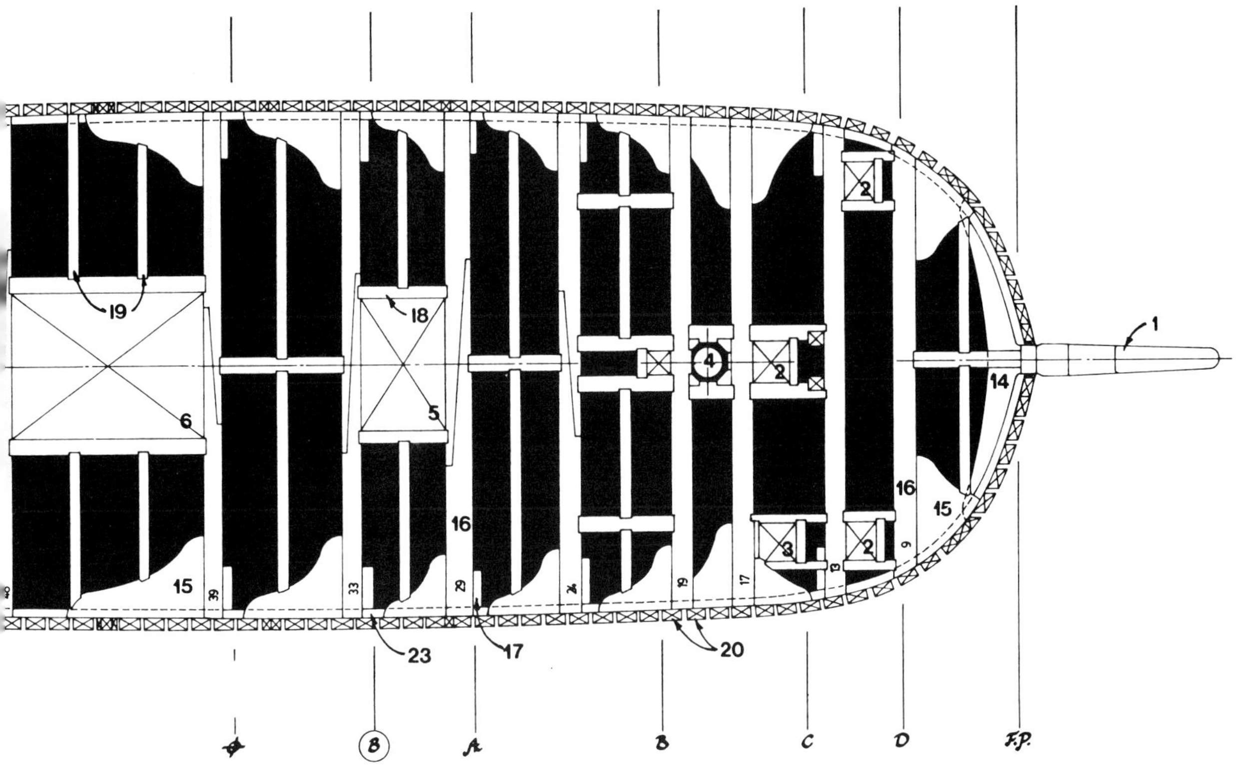

23. Großmast
24. Elm-Tree-Pumpe
25. Großnagelbank
26. Großrüste
27. Gangspill
28. 4-Pfünder-Kanone (kurz)
29. Gräting
30. Besanmast
31. Kompaßhaus
32. Besanmarssegelschotbeting
33. Steuerrad
34. Besanrüste
35. Poopnagelbank
36. Seitengalerie
37. Ruderpinne
38. Ruderkopfgehäuse
39. Flaggenschrank
40. Hecklaterne
41. Heckreling
42. Scheibe (im Schanzkleid)
43. Vormarssegelschotbeting

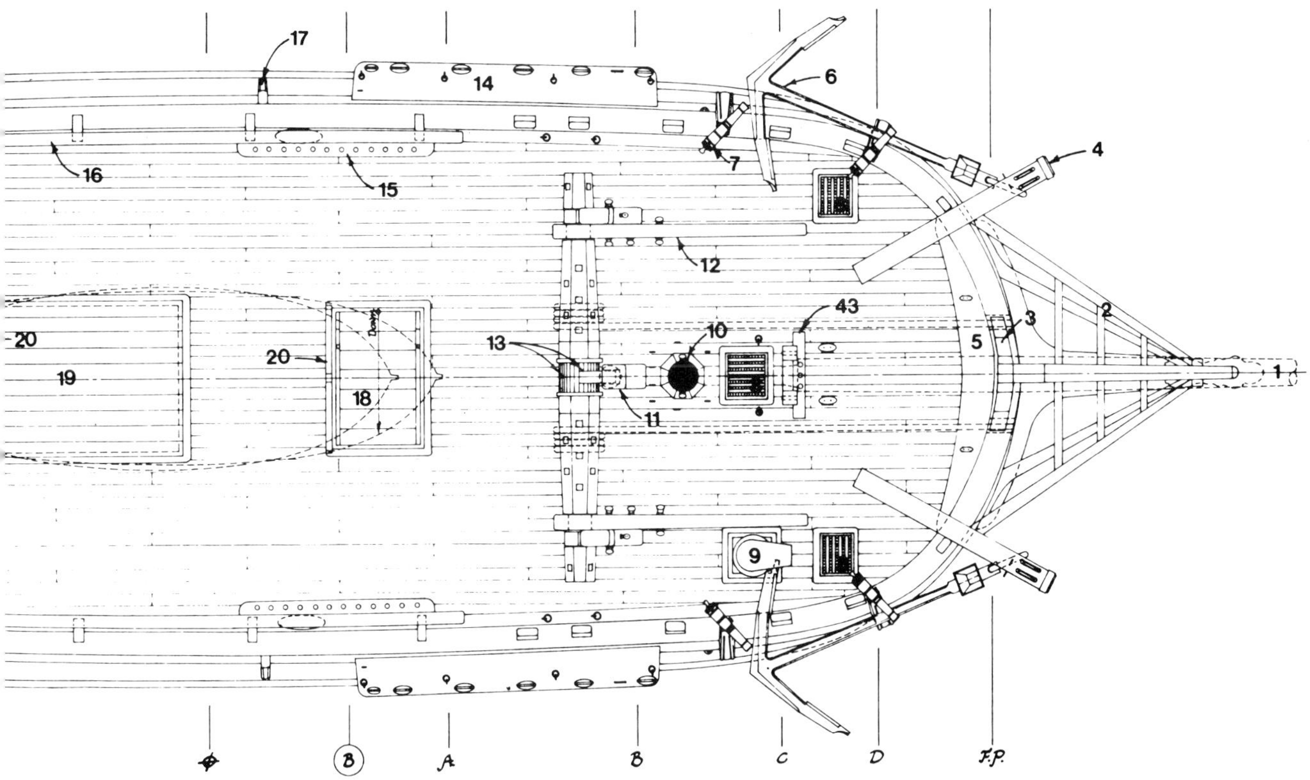

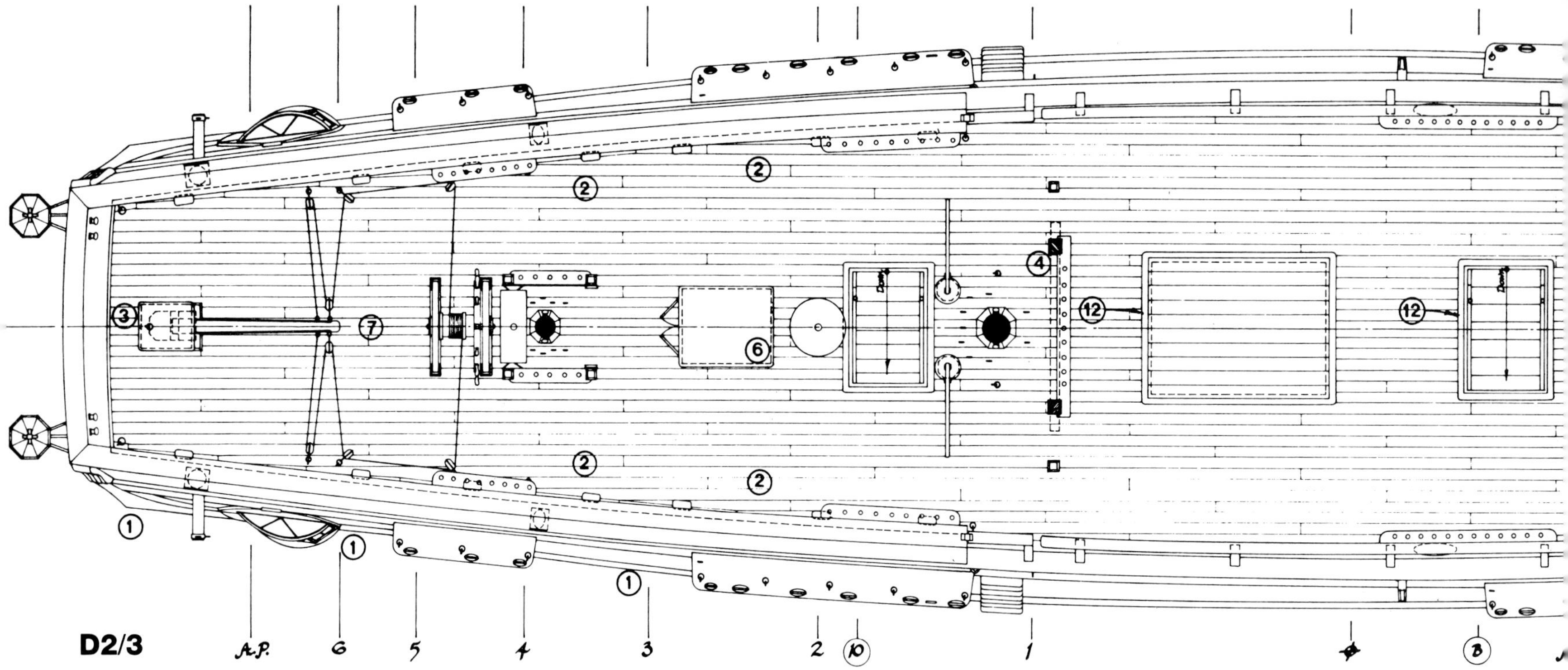

D2/3

D2/3 Oberdecksplan der Bethia mit den Änderungen (Maßstab 1:96)

1. Drehbassen und Pfosten hinzugefügt (je fünf an Back- und Steuerbord)
2. 4-Pfünder-Kanonen aufgestellt und Stückpforten ins Schanzkleid geschnitten (je zwei an Back- und Steuerbord)
3. Flaggenschrank eingebaut
4. Fockbrassenbeting geändert
5. Lüftungsluken auf der Back an Back- und Steuerbord
6. Deckskasten entfernt; Grätings eingebaut
7. Grätings achtern des Steuerrades eingebaut
8. Kombüsenherdkamin entfernt
9. Kombüsenherdkamin eingebaut
10. Poller am Kranbalken geändert
11. Änderungen an Glockengalgen und Bratspillbeting
12. Bootsklampen und Boote hinzugefügt

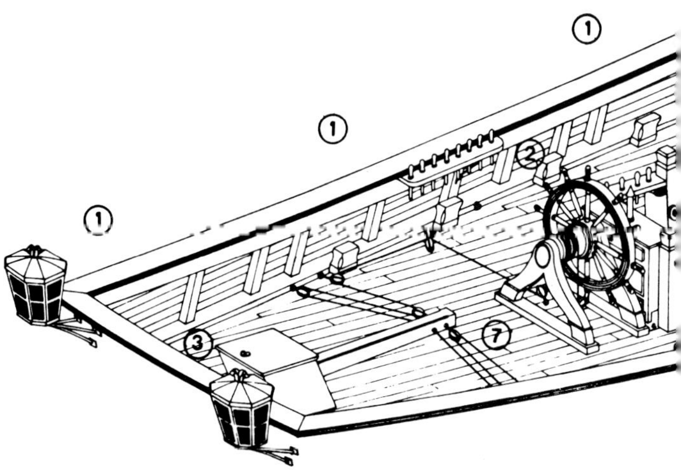

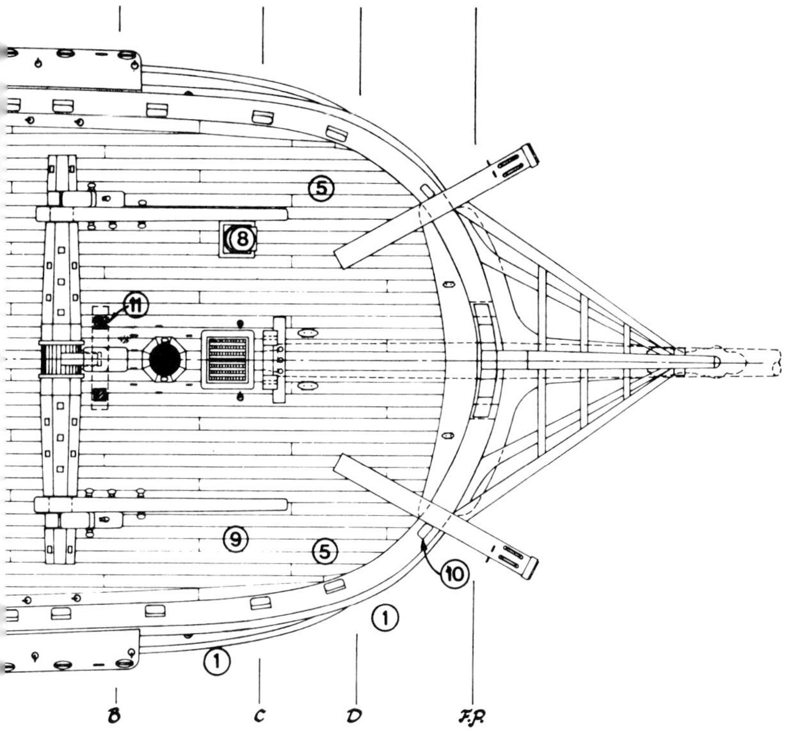

D2/4 Perspektivische Decksansicht der Bethia mit den Änderungen (ohne Maßstab)

1. Drehbassen und Pfosten hinzugefügt
2. 4-Pfünder-Kanonen aufgestellt und Stückpforten ins Schanzkleid geschnitten
3. Flaggenschrank eingebaut
4. Fockbrassenbeting geändert
5. Lüftungsluken auf der Back an Back- und Steuerbord
6. Deckskasten entfernt; Grätings eingebaut
7. Grätings achtern des Steuerrades eingebaut
8. Kombüsenherdkamin entfernt
9. Kombüsenherdkamin eingebaut
10. Poller am Kranbalken geändert
11. Glockengalgen geändert
12. Bootsklampen und Boote hinzugefügt
13. Türen an Luke und Niedergangssüll angebracht
14. Bugsprietwinkel verändert

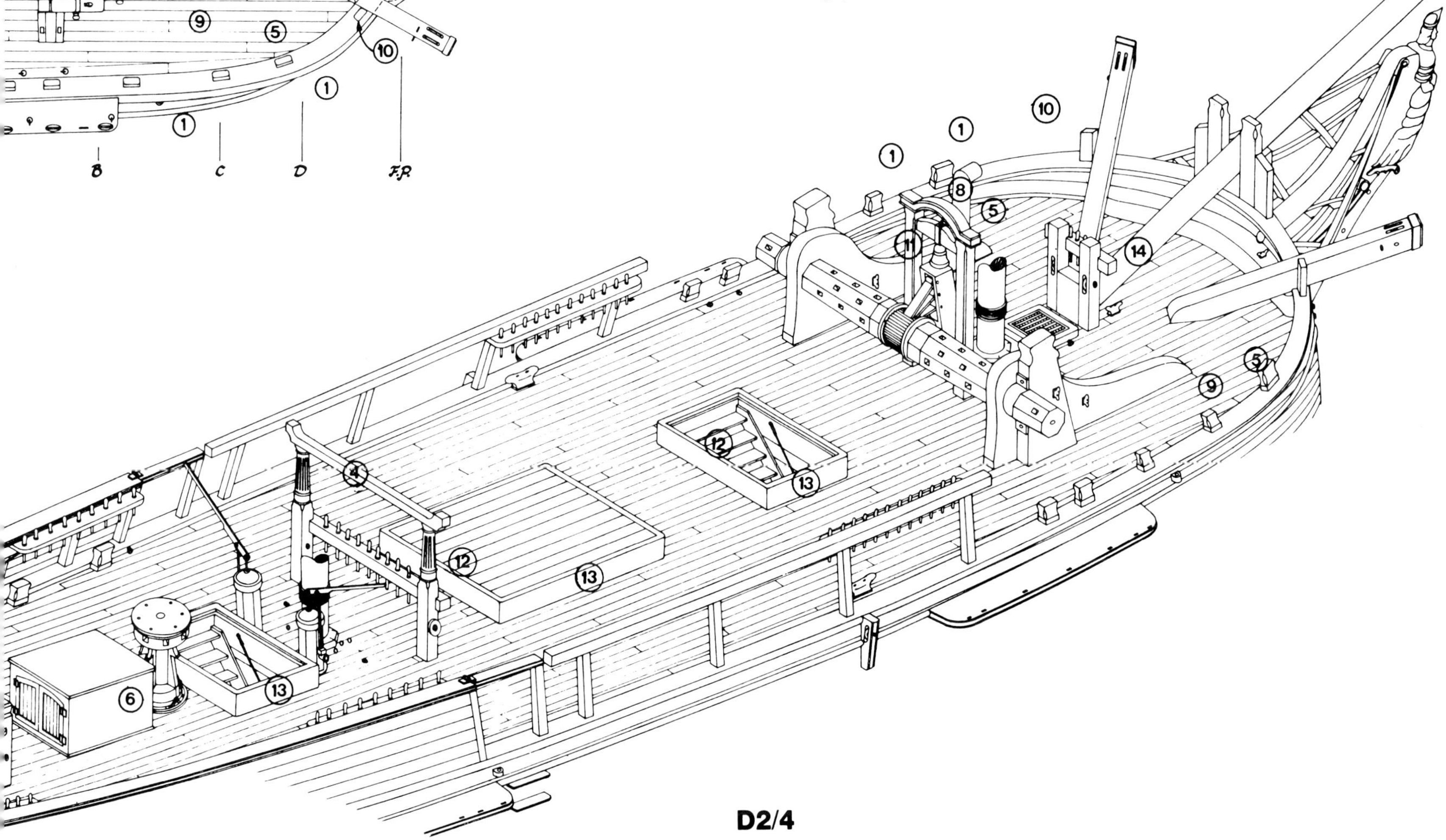

D2/4

D3 UNTERDECK

D3/1 Unterdecksspantenplan (Maßstab 1:96)

1. Galion
2. Totholz
3. Öffnung für Niedergang
4. Vordere Luke
5. Großluke
6. Großmast
7. Besanmast
8. Hintersteven
9. Horizontales Knie
10. Hängendes Knie
11. Decksbalken – Anzahl entsprechend den zugehörigen Spanten
12. Heckbalkenknie
13. Heckbalken
14. Gillungshölzer
15. Heckspanten
16. Längsschlingen
17. Querschlingen
18. Spanten
19. Unterdecksbalkweger

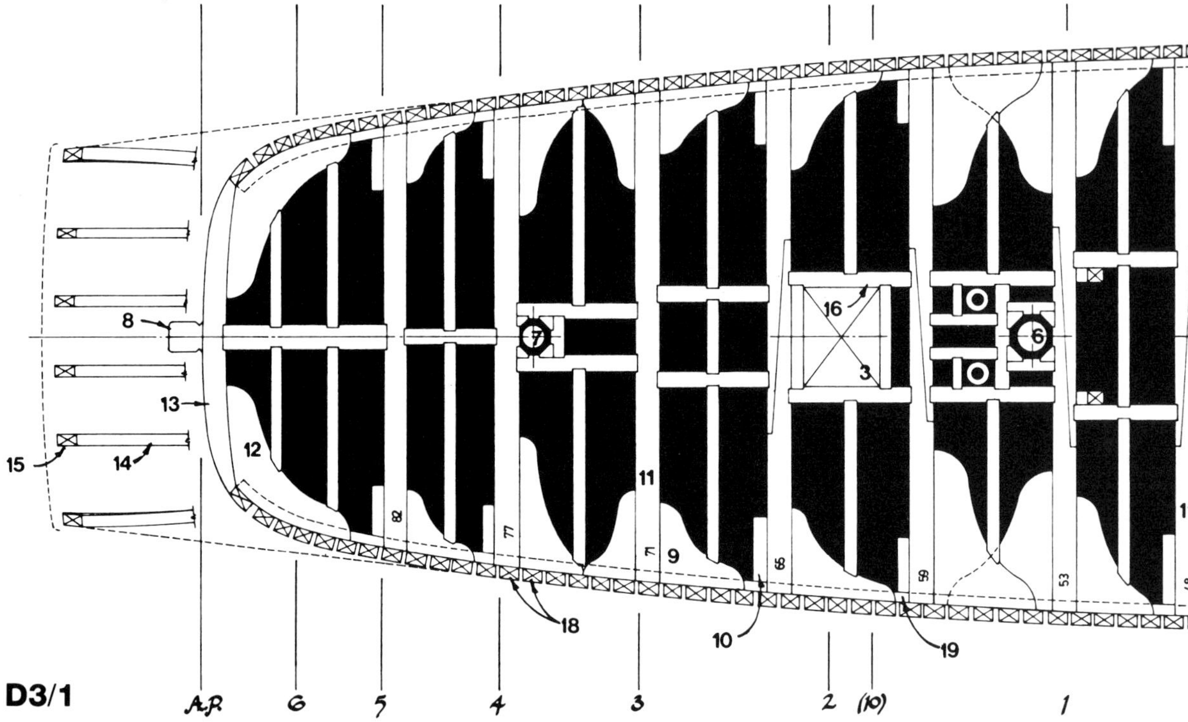

D3/1

D3/2 Unterdeck (Maßstab 1:96)

1. Galion
2. Pfosten für Marssegelschotbeting
3. Kombüsenherd
4. Fockmast
5. Pallenbetingpfosten
6. Niedergang
7. Vordere Luke
8. Großluke
9. Pantry
10. Speiseraum des Kapitäns
11. Pfosten für Fockbrassenbeting
12. Großmast
13. Elm-Tree-Pumpe
14. Kapitänskajüte
15. Vorraum
16. Steuermannskajüte
17. Garten (Große Kajüte)
18. Besanmast
19. Seitengalerie
20. Hintersteven
21. Ruder

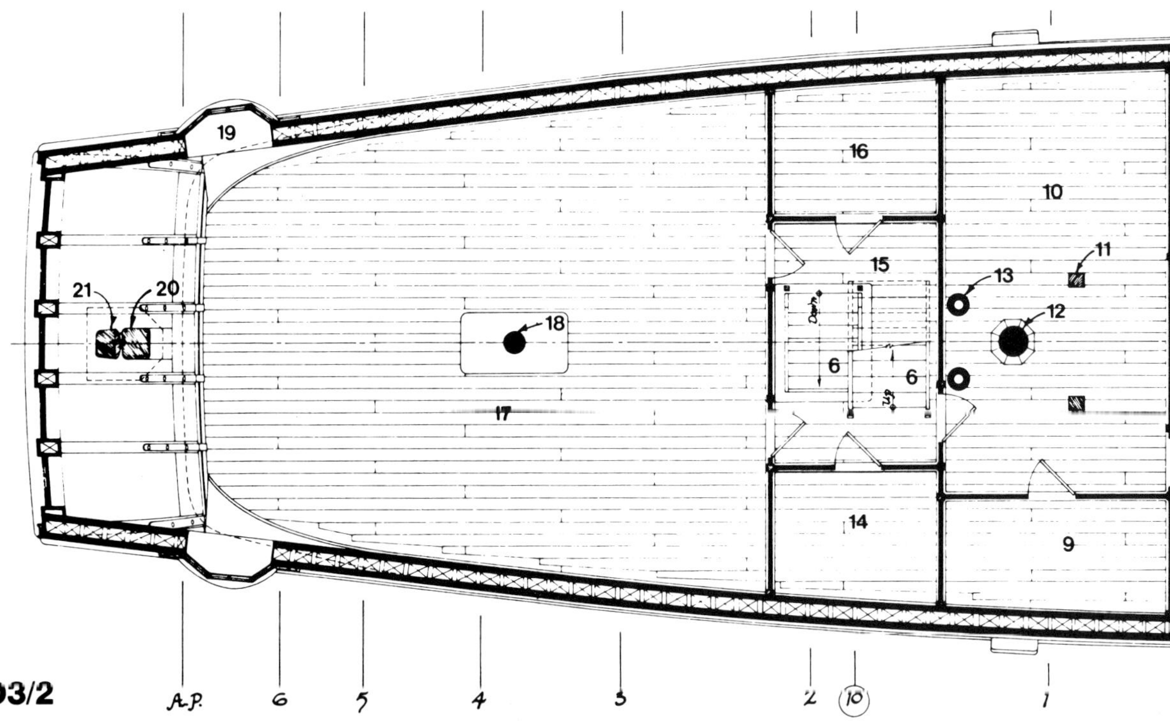

D3/2

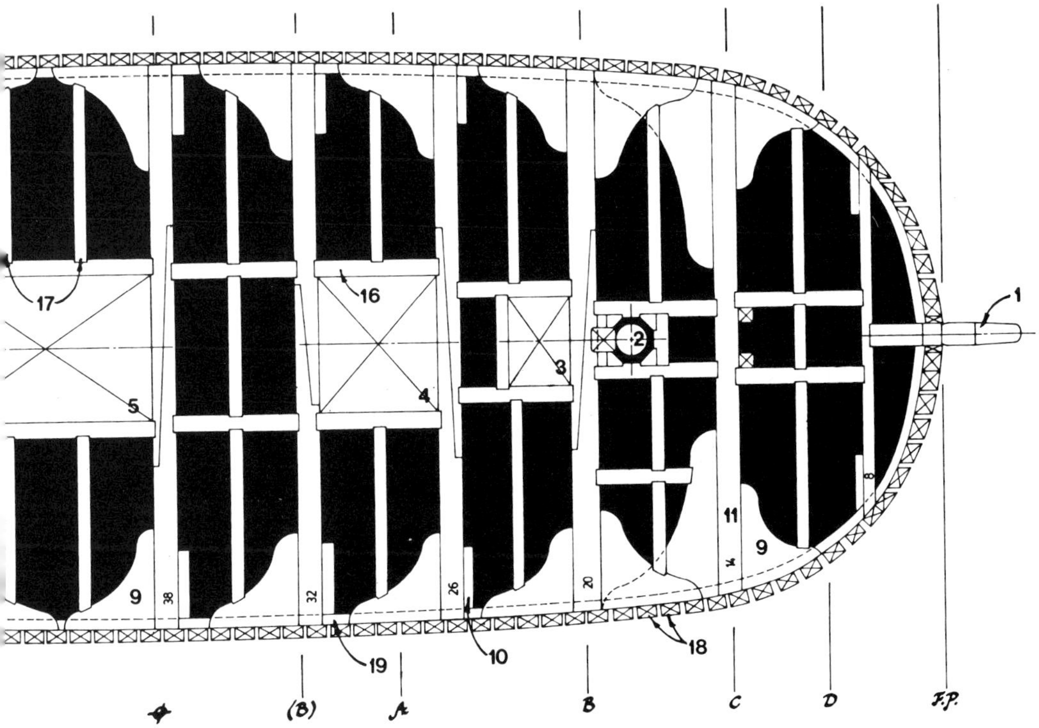
1
2
3
4
5
16
17
9
11
38
32
26
20
8
19
10
18
(B)
A
B
C
D
F.P.

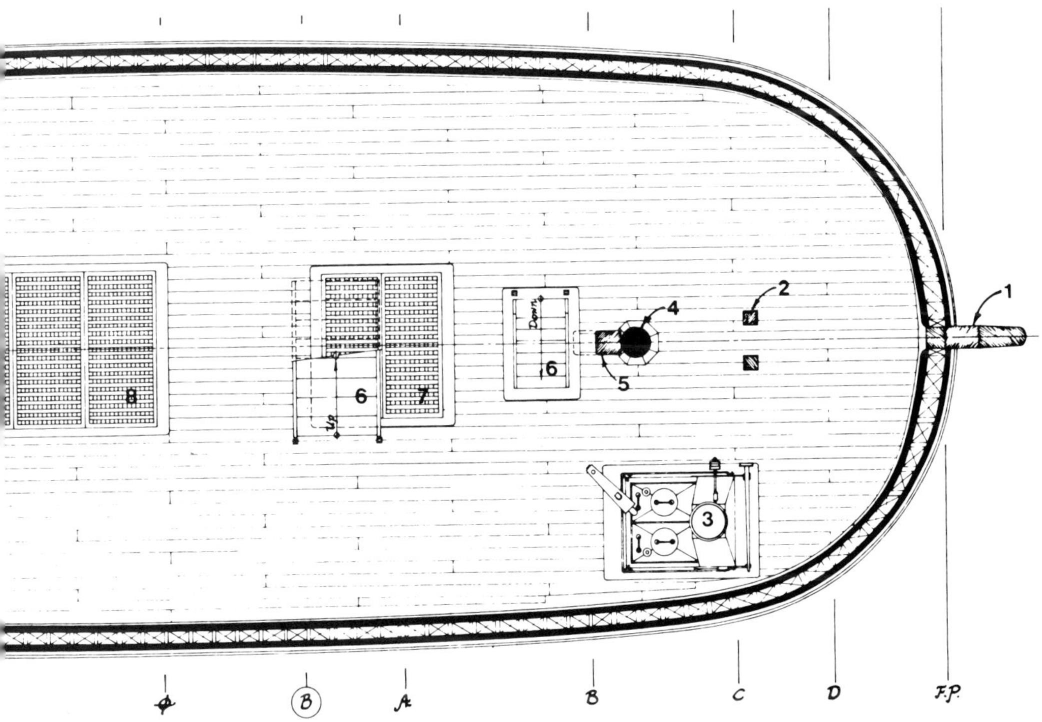
1
2
3
4
5
6
7
8
B
A
B
C
D
F.P.

D Innerer Rumpf

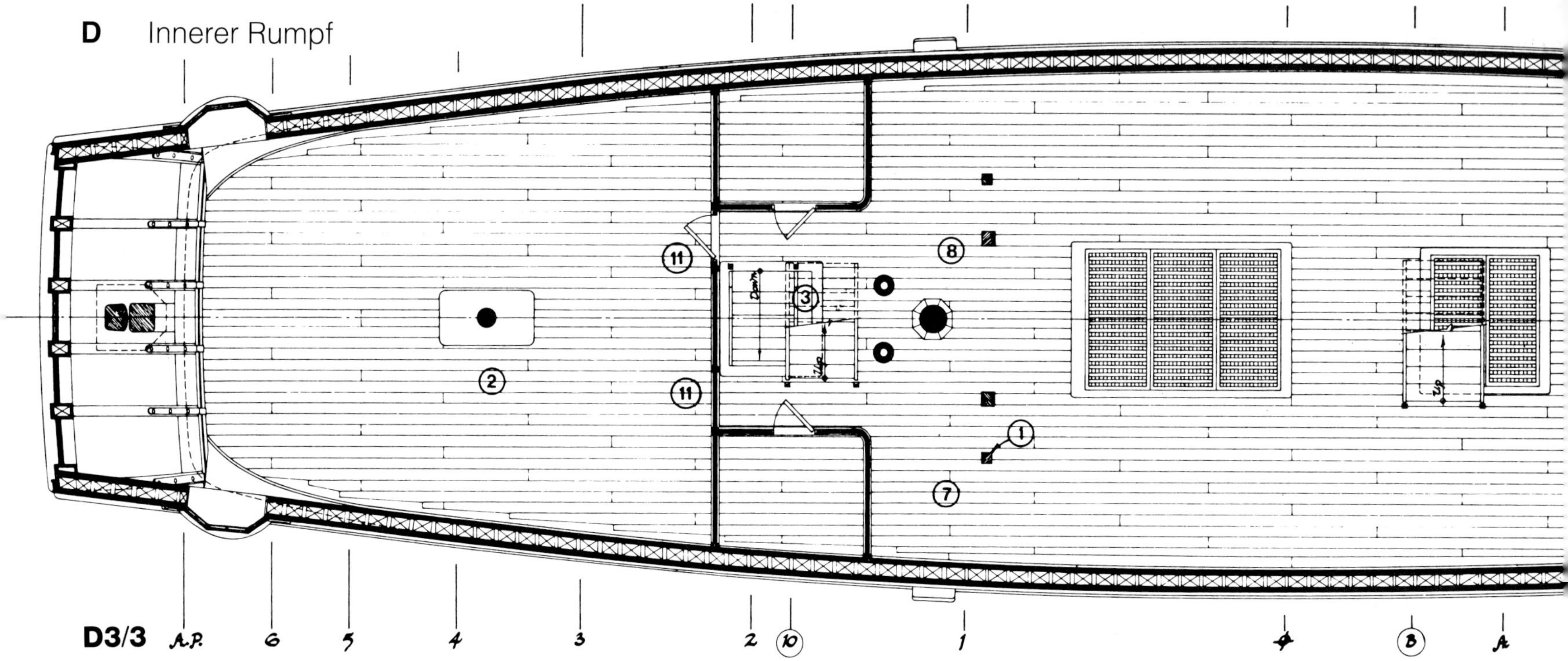

D3/3

D3/3 Unterdecksplan der Bethia mit den Änderungen (Maßstab 1:96)

1. Fockbrassenbeting geändert
2. Große Kajüte in Treibhaus umgebaut
3. Hinteren Niedergang verkleinert
4. Bootsmannskajüte entfernt
5. Zimmermannskajüte entfernt
6. Kleine Luke und Leiter zur Kombüse entfernt
7. Pantry eingebaut
8. Speiseraum des Kapitäns eingebaut
9. Kombüsenherdkamin entfernt
10. Kombüsenherdkamin eingebaut
11. Türen zur großen Kajüte (Garten) geändert
12. Niedergang zur vorderen Plattform eingebaut

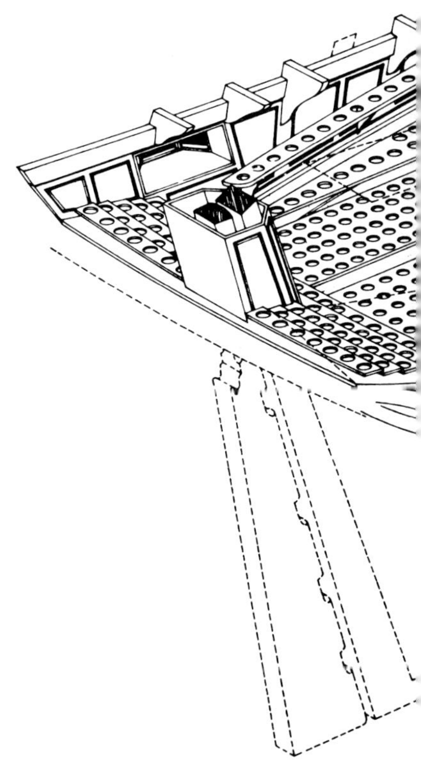

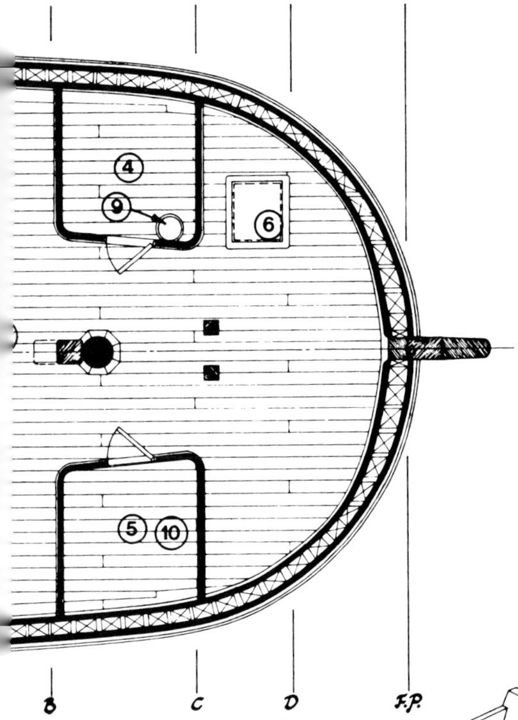

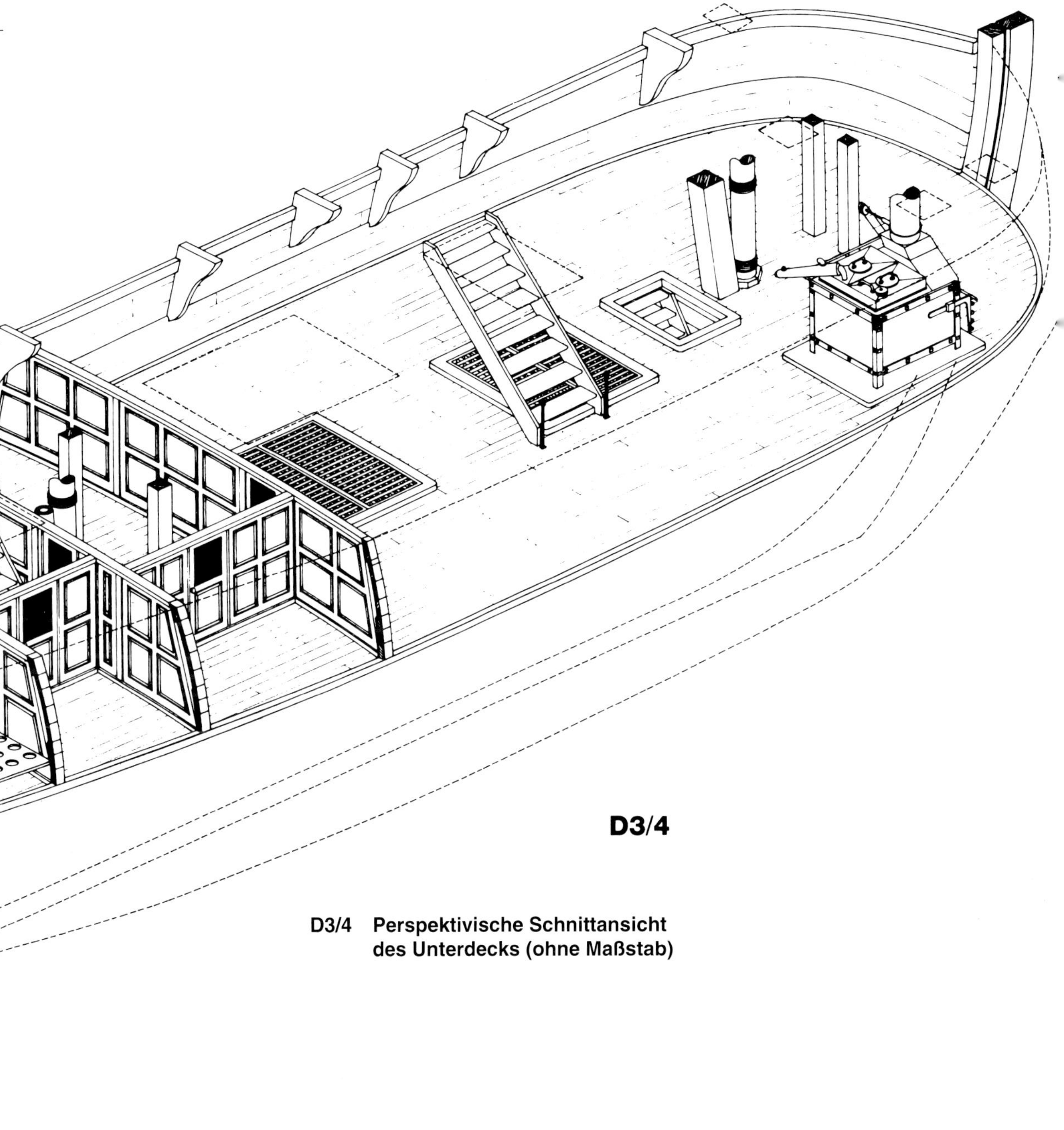

D3/4

D3/4 Perspektivische Schnittansicht des Unterdecks (ohne Maßstab)

D4 LADERAUM

D4/1 Plattformspanten (Maßstab 1:96)

1. Galion
2. Öffnungen für kleine Luken
3. Fockmast
4. Großmast
5. Besanmast
6. Balken (zur Stützung der darüberliegenden Kajüte)
7. Schlingen
8. Hintersteven
9. Balken (Stützen unterhalb beachten)
10. Spanten

D4/1

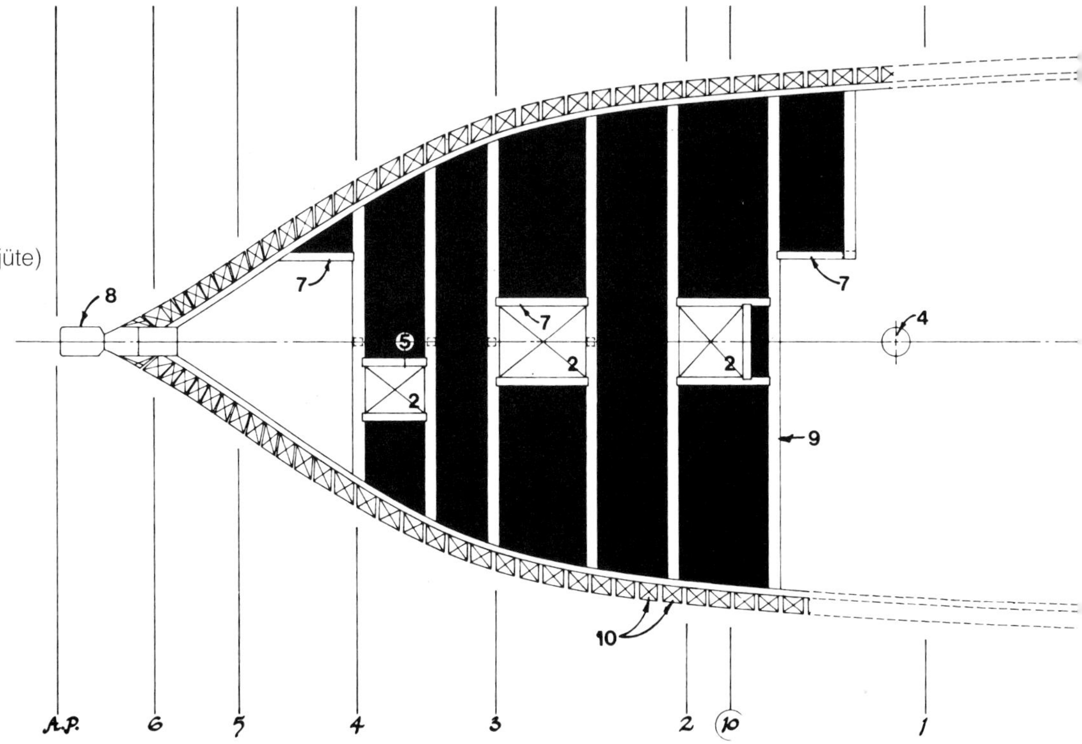

D4/2

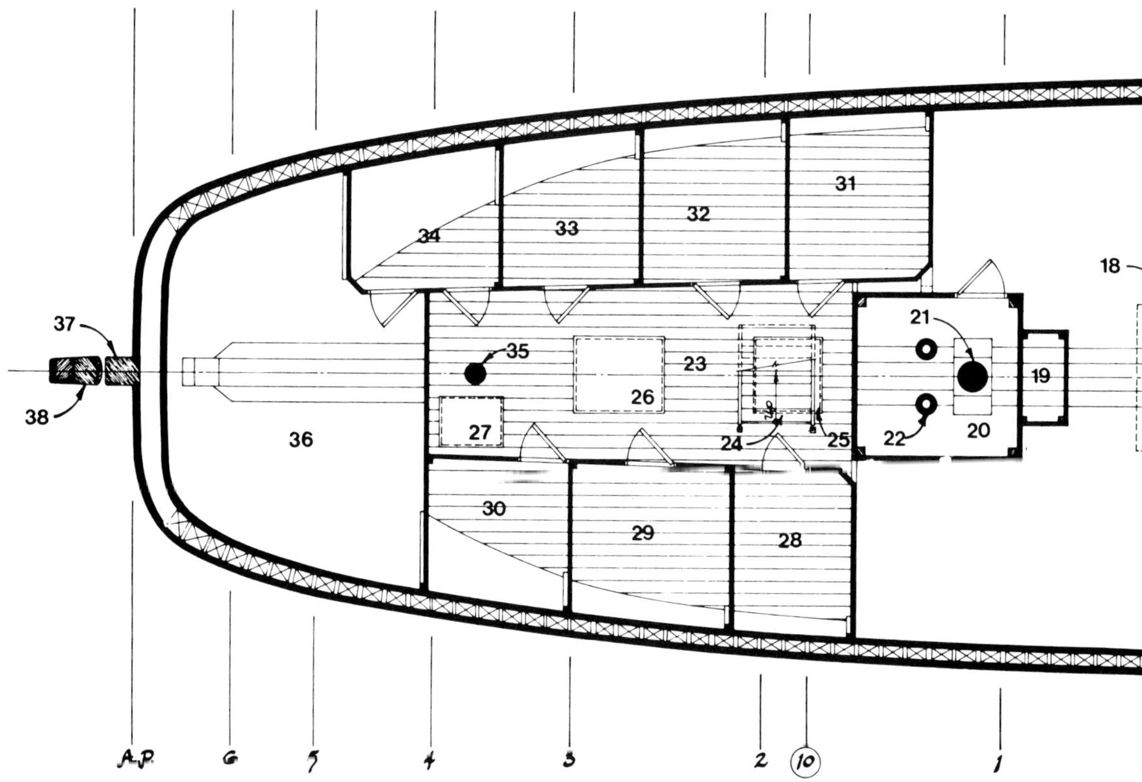

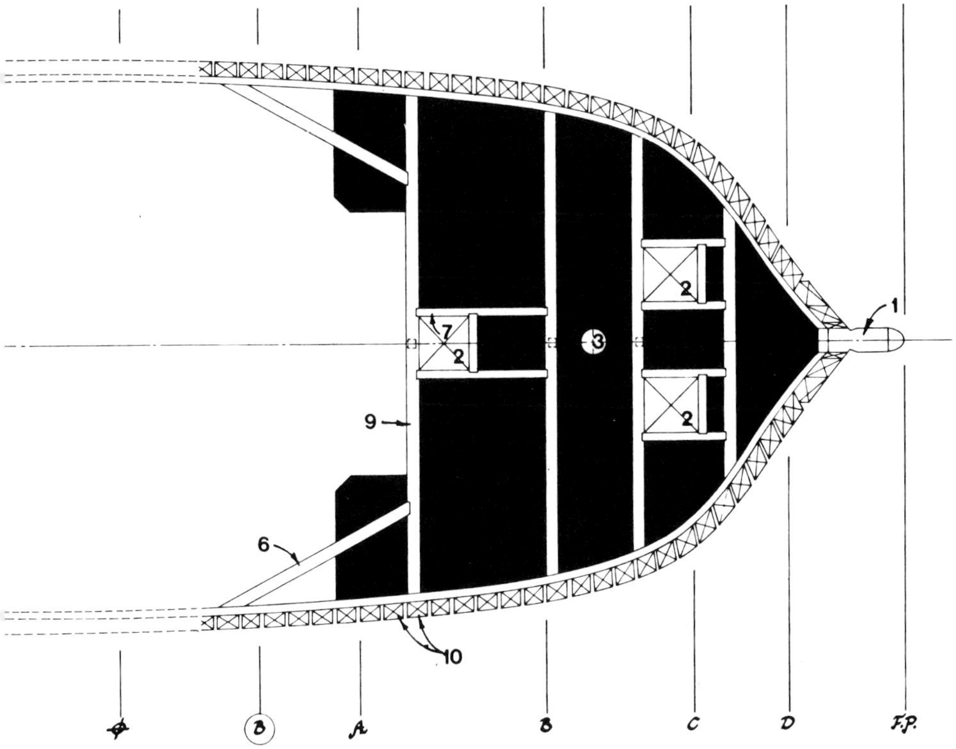

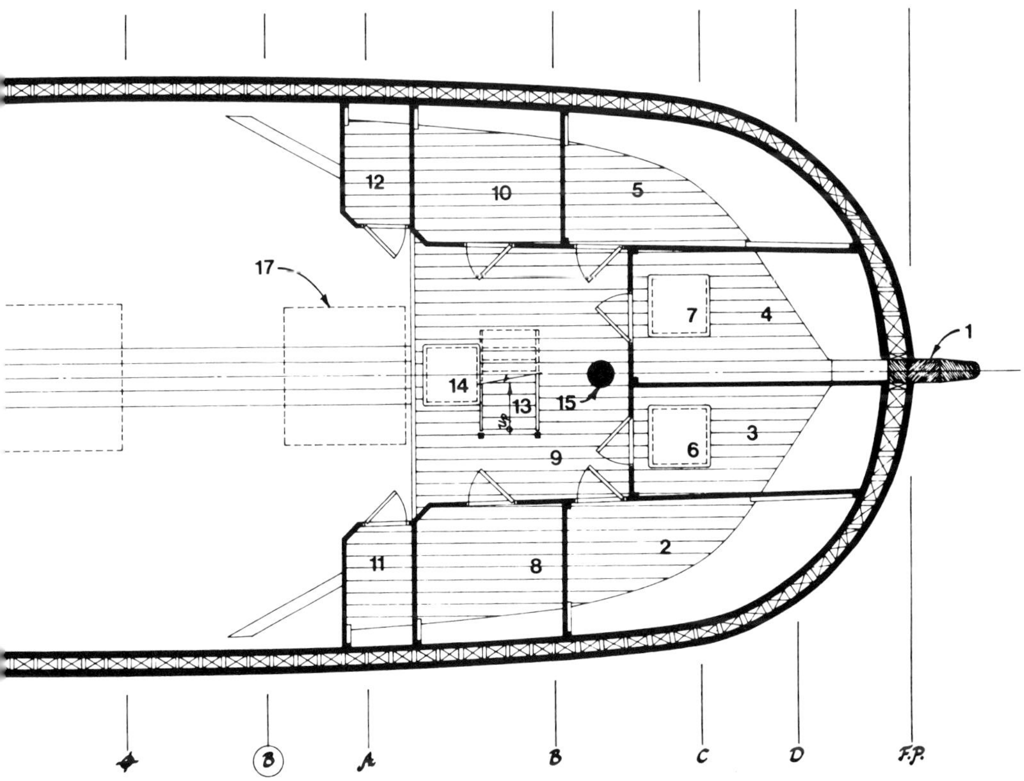

D4/2 Laderaum (Maßstab 1:96)

1. Galion
2. Lagerraum des Zimmermannes
3. Lagerraum des Artilleristen
4. Lagerraum des Bootsmannes
5. Segellast
6. Kleine Luke zum Magazin
7. Kleine Luke zu den Lagerräumen des Bootsmannes
8. Kajüte des Zimmermannes
9. Vordere Plattform
10. Kajüte des Bootsmannes
11. Pechraum
12. Blockraum
13. Niedergang
14. Kleine Luke zur Segellast
15. Fockmast
16. Laderaum
17. Vordere Luke oberhalb
18. Großluke oberhalb
19. Kugelkasten
20. Laderaumbrunnen oder Pumpenbrunnen
21. Großmast
22. Elm-Tree-Pumpen
23. Achtere Plattform
24. Niedergang
25. Kleine Luke zum Spirituosenraum
26. Kleine Luke zum Fischraum
27. Kleine Luke zum Magazin
28. Waschraum
29. Lagerraum des Kapitäns
30. Kajüte des Artilleristen
31. Kajüte des Botanikers
32. Kajüte des Schreibers
33. Kajüte des Arztes
34. Kajüte des Stewards
35. Besanmast
36. Brotraum
37. Hintersteven
38. Ruder

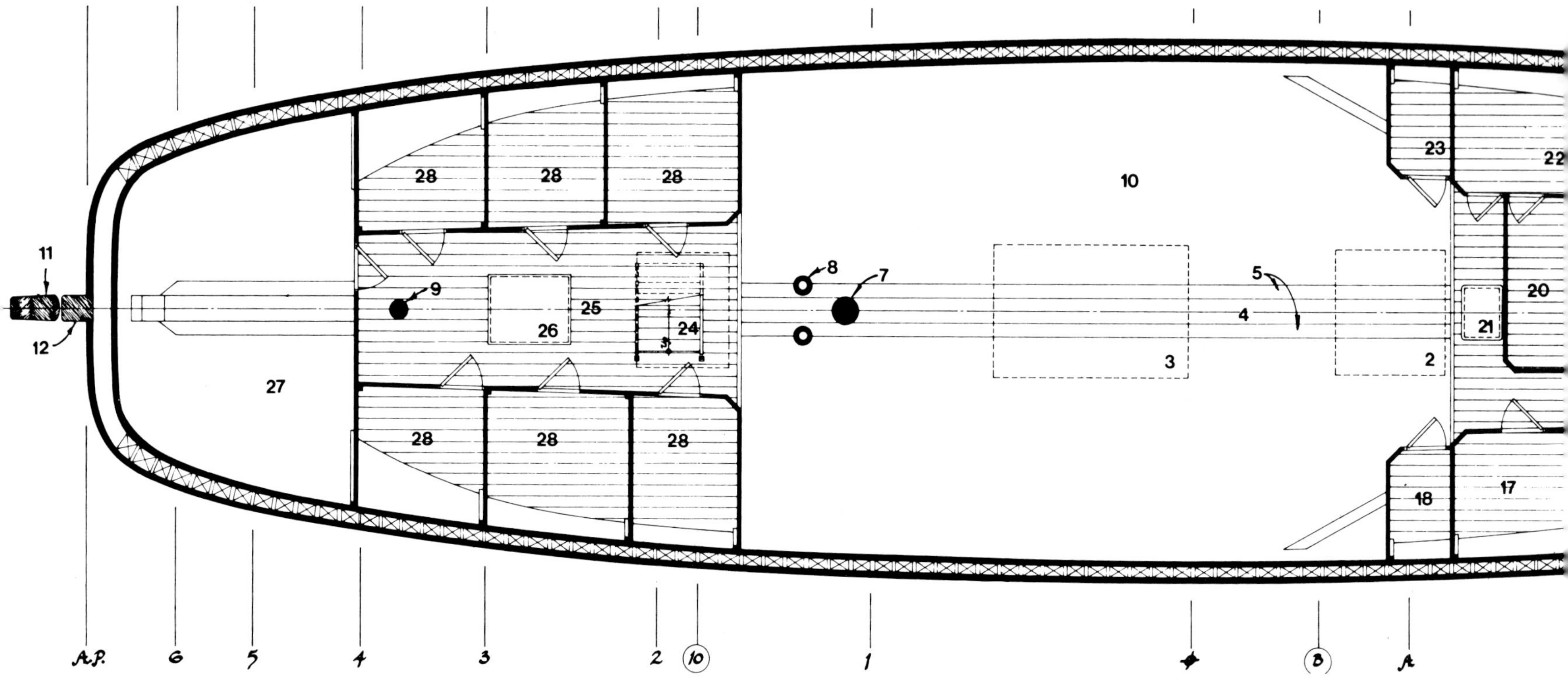

D4/3

D4/3 Laderaumplan der Bethia (Maßstab 1:96)

1. Galion
2. Vordere Luke oberhalb
3. Großluke oberhalb
4. Kielschwein
5. Füllungen
6. Fockmast
7. Großmast
8. Elm-Tree-Pumpen
9. Besanmast
10. Laderaum
11. Ruder
12. Hintersteven
13. Segellast
14. Kombüse
15. Kombüsenherd
16. Leiter (kleine Luke oberhalb)
17. Lagerraum des Zimmermannes
18. Pechraum
19. Durchgang
20. Segelraum
21. Kleine Luke
22. Lagerraum des Bootsmannes
23. Blockraum
24. Niedergang
25. Achtere Plattform
26. Kleine Luke
27. Brotraum
28. Kajüten und Lagerräume

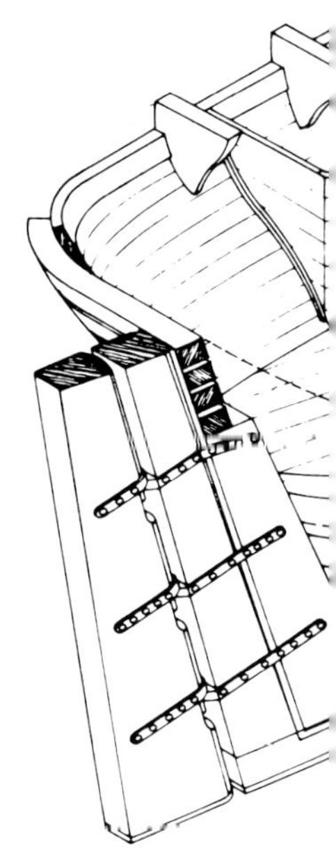

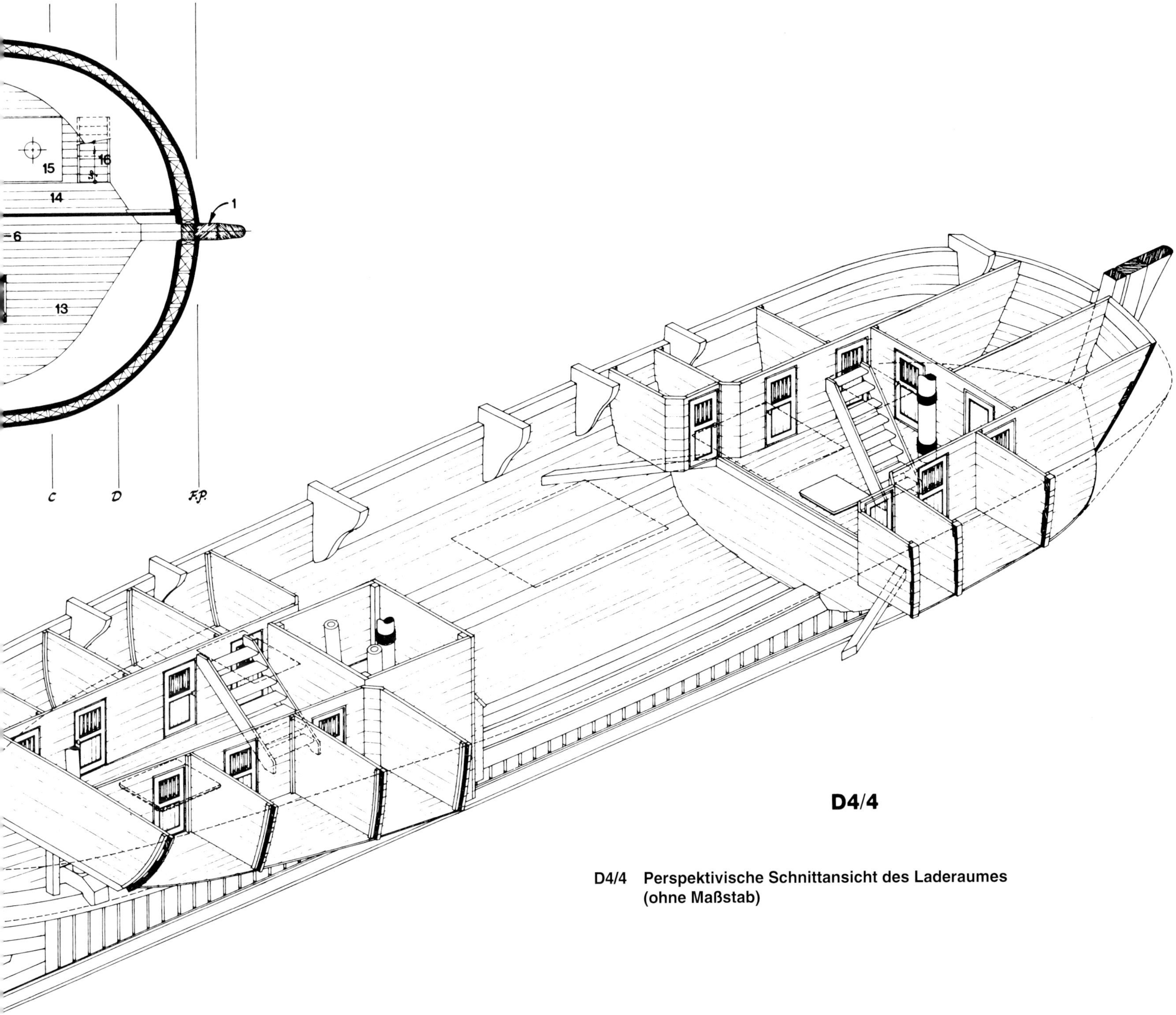

D4/4

D4/4 Perspektivische Schnittansicht des Laderaumes (ohne Maßstab)

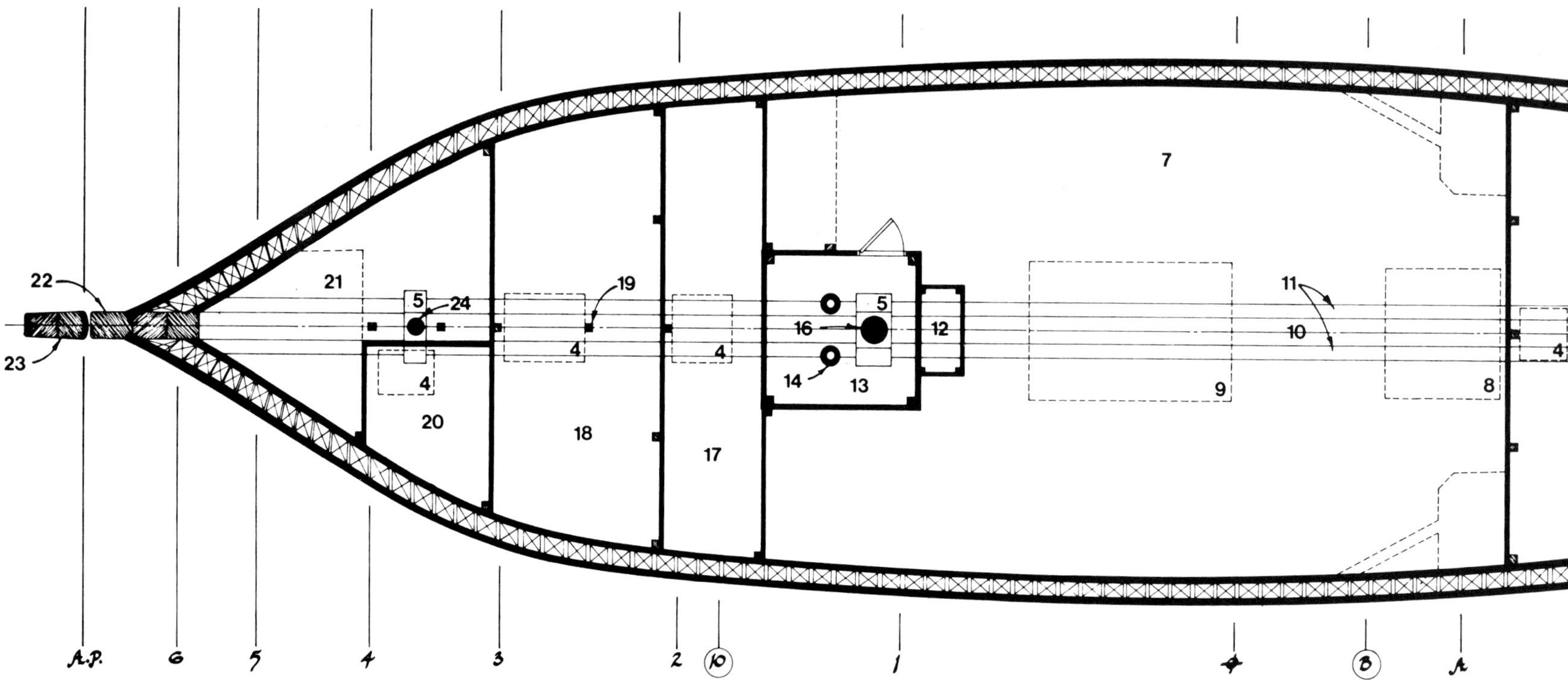

D4/5

D4/5 Laderaum (unterhalb der Palettierung) (Maßstab 1:96)

1. Galion
2. Vorderes Magazin
3. Lagerraum des Bootsmannes
4. Kleine Luke oberhalb
5. Mastspur
6. Segellast
7. Laderaum
8. Vordere Luke oberhalb
9. Großluke oberhalb
10. Kielschwein
11. Füllungen
12. Kugelkasten
13. Laderaumbrunnen
14. Elm-Tree-Pumpen
15. Fockmast
16. Großmast
17. Spirituosenraum
18. Fischraum
19. Pfosten
20. Achteres Magazin
21. Brotraum
22. Hintersteven
23. Ruder
24. Besanmast

D5 HECKGARTEN

D5/1 Draufsicht (Maßstab 1:96)

1. Kapitänskajüte
2. Vorplatz
3. Steuermannskajüte
4. Garten
5. Besanmast
6. Topfgestelle
7. Topfgestelle an der Schiffswand
8. Seitengalerie

D5/2 Seitenansicht (Maßstab 1:96)

1. Garten
2. Grätings
3. Sitz des Besanmastes
4. Topfgestelle

D5/3 Ansicht von achtern (Maßstab 1:96)

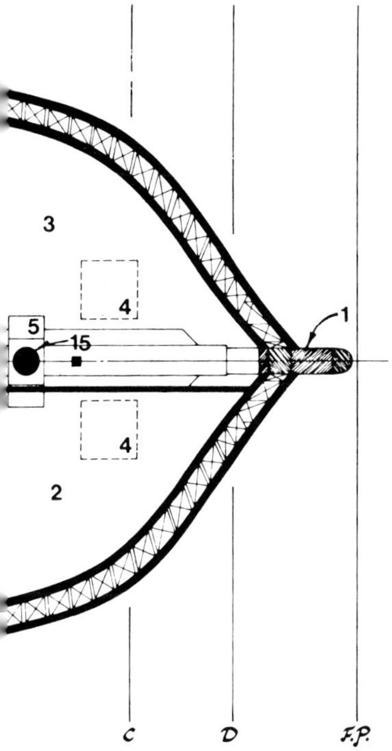

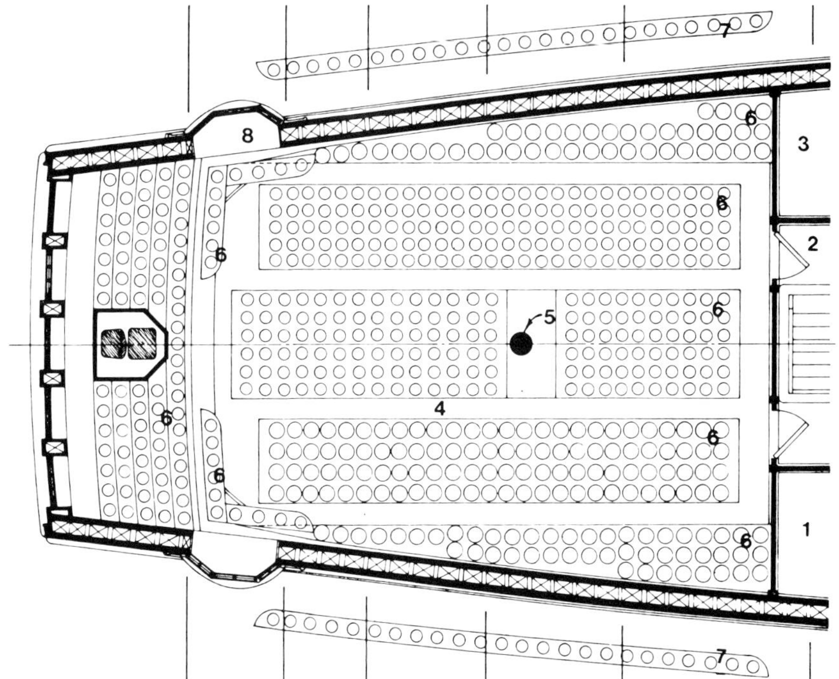

D5/1

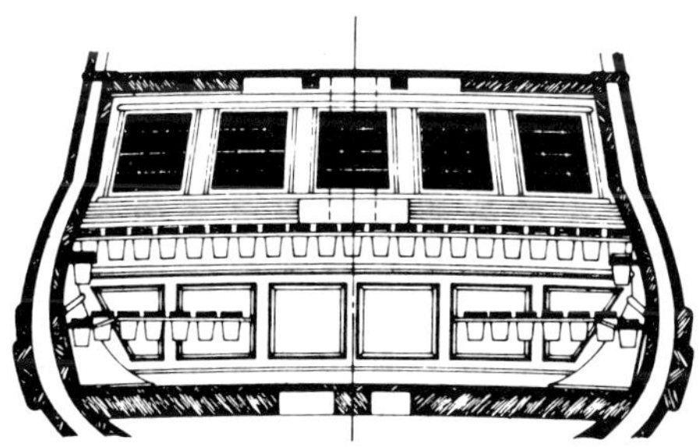

D5/3

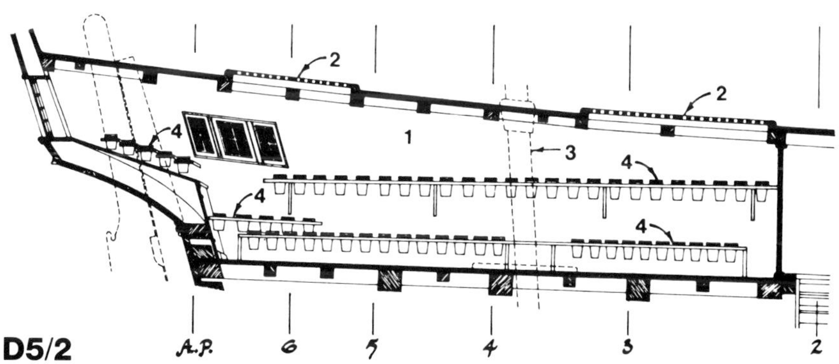

D5/2

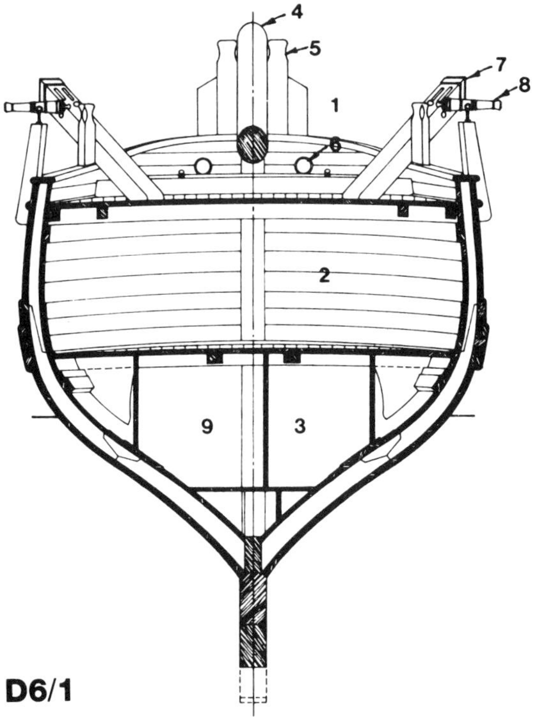

D6/1

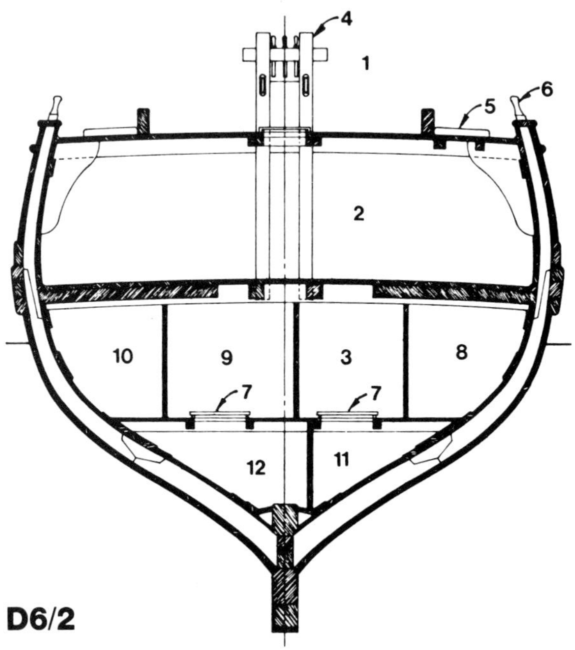

D6/2

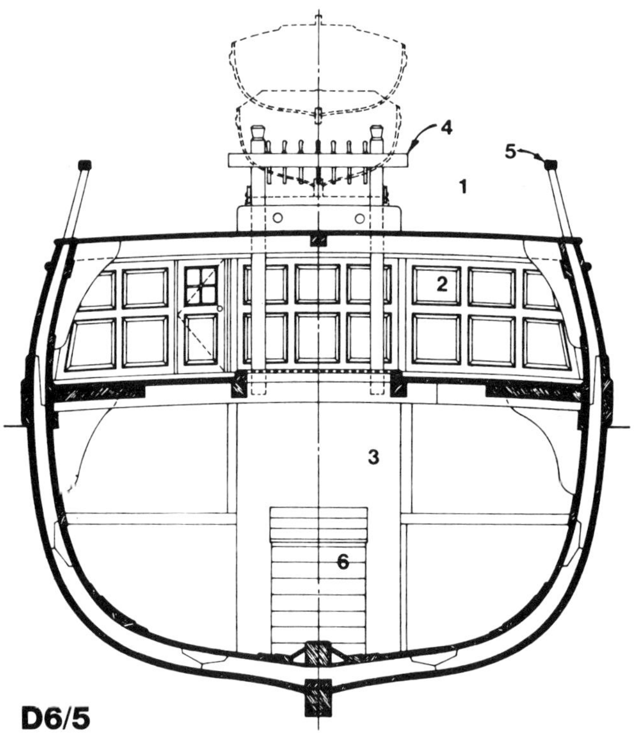

D6/5

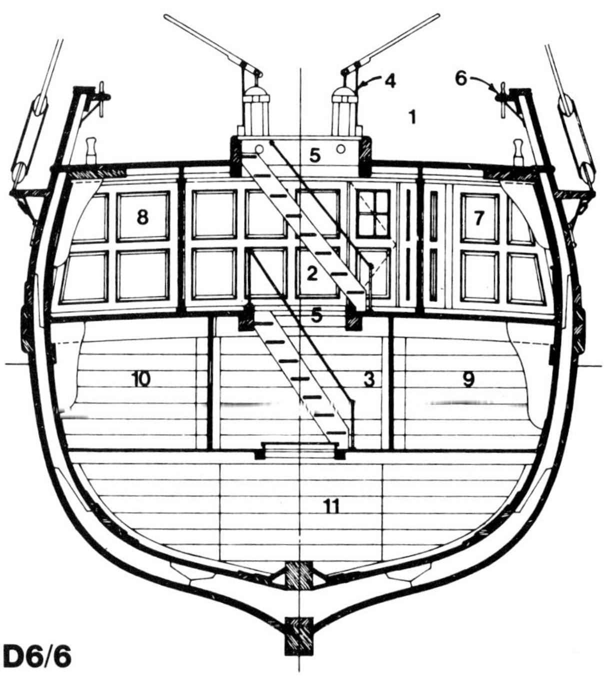

D6/6

D6 QUERSCHNITTE

D6/1 Schnitt an „D“ bugwärts (Maßstab 1:96)

1. Vordeck
2. Unterdeck
3. Laderaum (Lagerraum Artilleris
4. Bugspriet
5. Ohrholz
6. Ankerklüse
7. Kranbalken
8. Halbpfünder-Drehbasse
9. Lagerraum des Bootsmannes

D6/2 Schnitt an „C“ bugwärts (Maßstab 1:96)

1. Vordeck
2. Unterdeck
3. Laderaum (Lagerraum Artilleris
4. Fockmarssegelschotbeting
5. Kleine Luke
6. Poller
7. Kleine Luke
8. Lagerraum des Zimmermannes
9. Lagerraum des Bootsmannes
10. Segellast
11. Magazin
12. Lagerraum des Bootsmannes

D6/5 Schnitt an ⊕ achterwärts (Maßstab 1:96)

1. Oberdeck
2. Unterdeck
3. Laderaum
4. Fockbrassenbeting
5. Reling
6. Kugelkasten

D6/6 Schnitt an „10“ bugwärts (Maßstab 1:96)

1. Oberdeck
2. Unterdeck (Vorplatz)
3. Laderaum
4. Elm-Tree-Pumpe
5. Niedergang
6. Großnagelbank
7. Kapitänskajüte
8. Steuermannskajute
9. Waschraum
10. Kajüte des Botanikers
11. Spirituosenraum

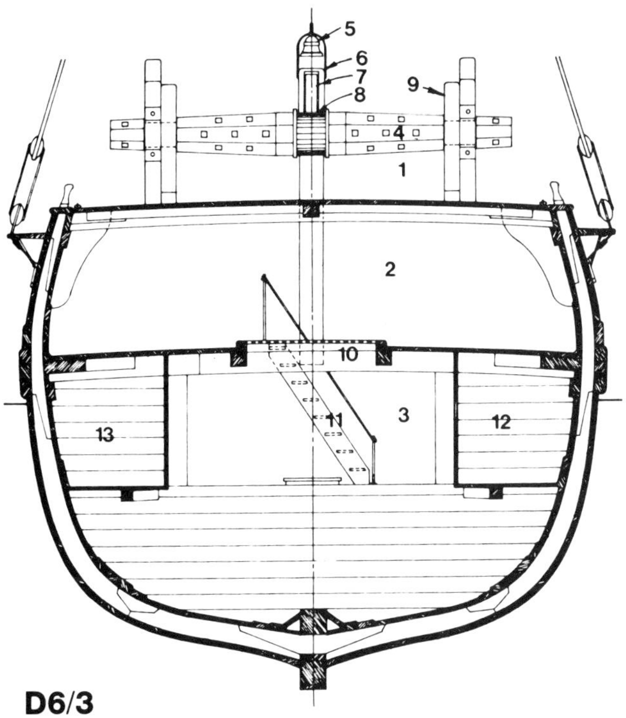

D6/3

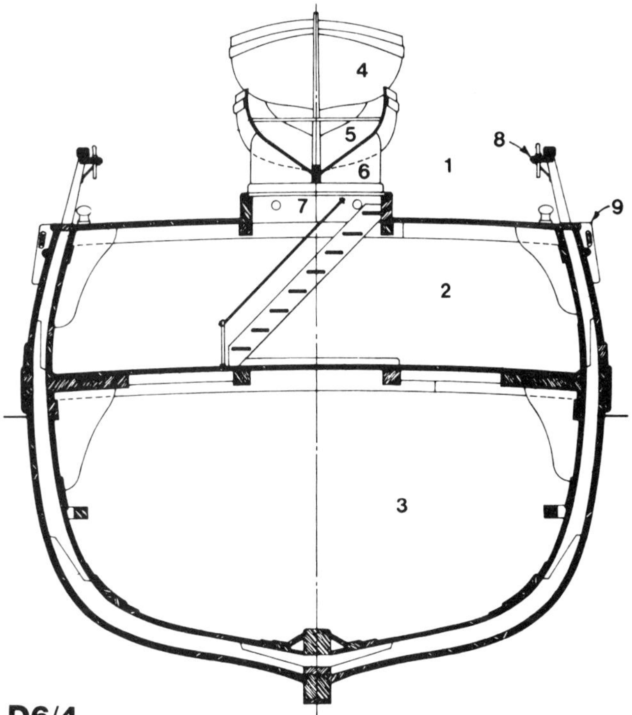

D6/4

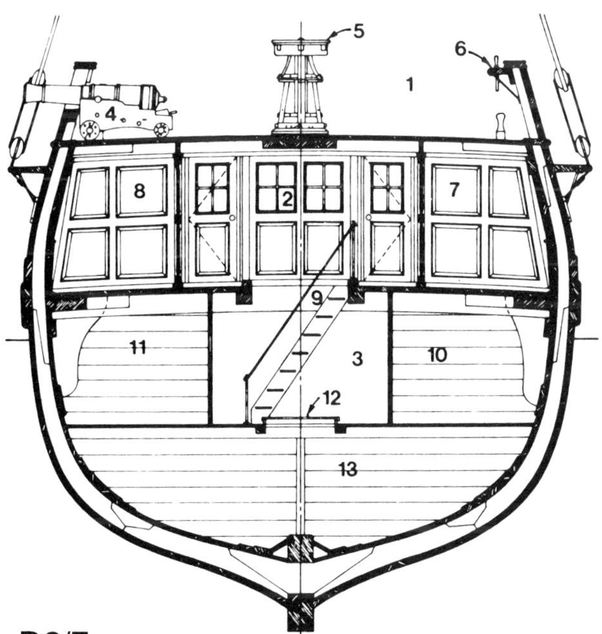

D6/7

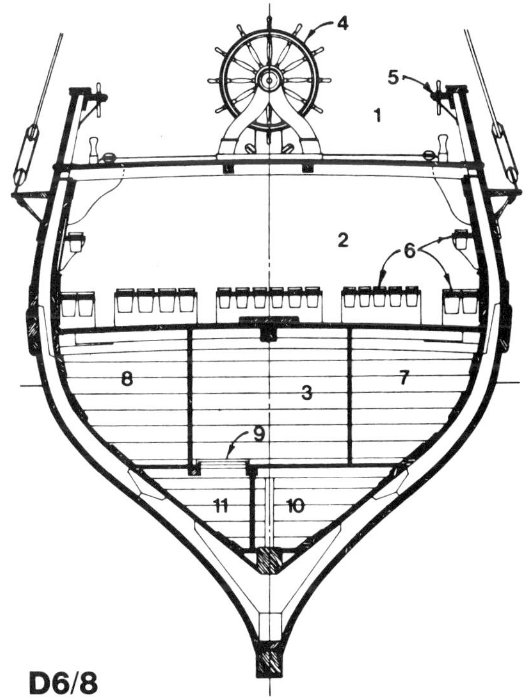

D6/8

D6/3 Schnitt an „A" bugwärts (Maßstab 1:96)

1. Vordeck
2. Unterdeck
3. Laderaum
4. Bratspill
5. Glocke
6. Pallenbetingpfosten
7. Pallen
8. Pallenkranz
9. Spillbeting
10. Vordere Luke
11. Niedergang
12. Pechraum
13. Blockraum

D6/4 Schnitt an „B" achterwärts (Maßstab 1:96)

1. Oberdeck
2. Unterdeck
3. Laderaum
4. Kutter
5. Launch
6. Bootsklampe
7. Niedergang
8. Focknagelbank
9. Halsklampe

D6/7 Schnitt an „2" achterwärts (Maßstab 1:96)

1. Oberdeck
2. Unterdeck (Vorplatz)
3. Laderaum (achtere Plattform)
4. 4-Pfünder-Kanone (kurz)
5. Gangspill
6. Großnagelbank
7. Steuermannskajüte
8. Kapitänskajüte
9. Niedergang
10. Kajüte des Schreibers
11. Waschraum
12. Kleine Luke
13. Spirituosenraum

D6/8 Schnitt an „4" achterwärts (Maßstab 1:96)

1. Achterdeck
2. Unterdeck (Garten)
3. Laderaum (achtere Plattform)
4. Steuerrad
5. Poopnagelbank
6. Topfgestelle
7. Raum des Stewards
8. Kajüte des Artilleristen
9. Kleine Luke
10. Brotraum
11. Achteres Magazin

D6/9 Schnitt an „5“ achterwärts (Maßstab 1:96)

1. Achterdeck
2. Unterdeck (Garten)
3. Laderaum (Brotraum)
4. Halbpfünder-Drehbasse
5. Topfgestelle

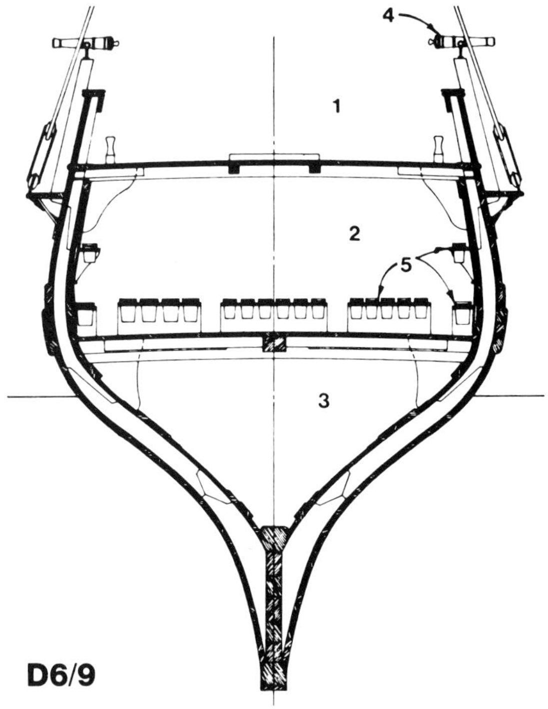

D6/9

D6/10 Schnitt an „6“ achterwärts (Maßstab 1:96)

1. Achterdeck
2. Unterdeck
3. Laderaum (Brotraum)
4. Halbpfünder-Drehbasse
5. Seitengalerie
6. Hecklaterne
7. Flaggenschrank
8. Ruderpinne
9. Gräting

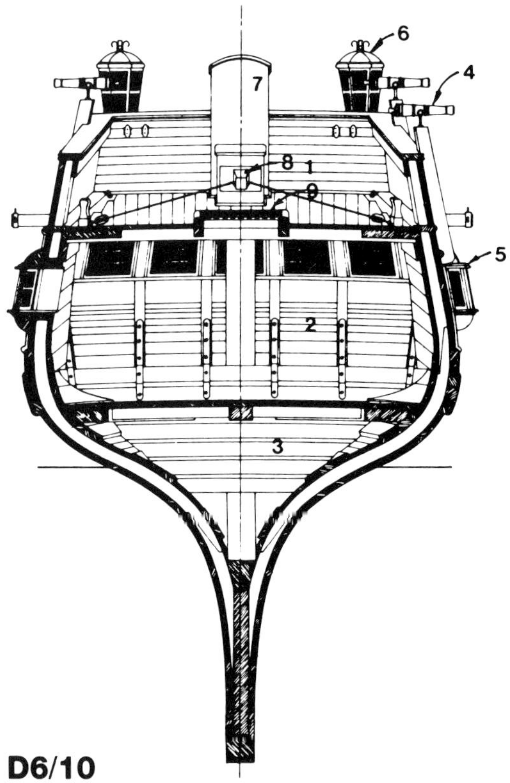

D6/10

E Ausrüstung

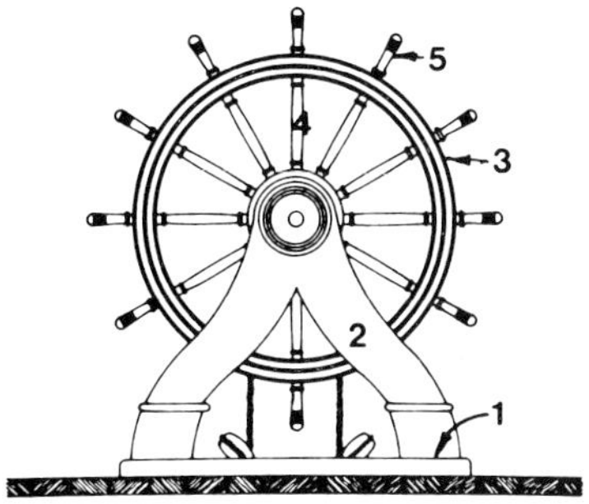

E1/1

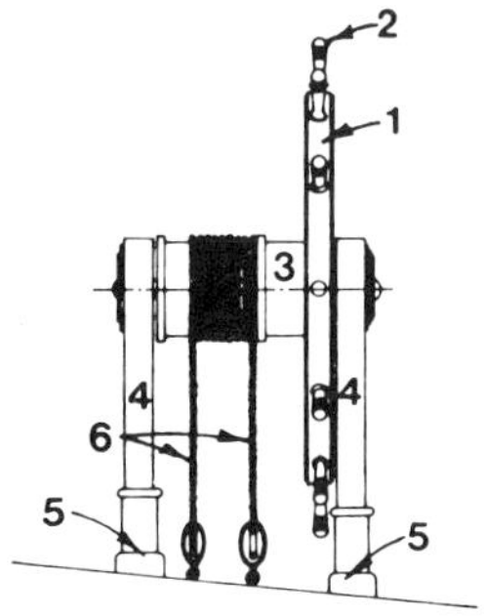

E1/2

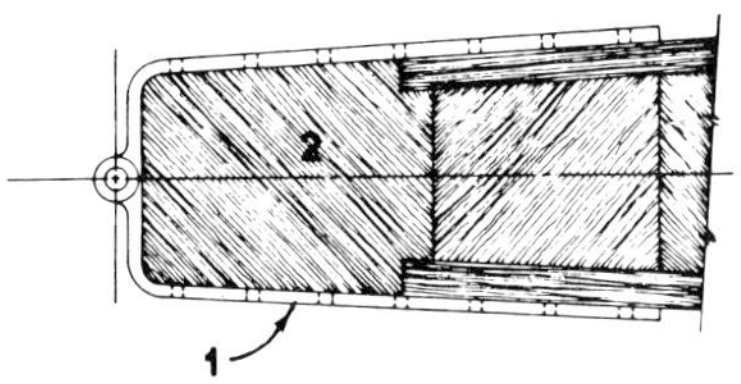

E1/3

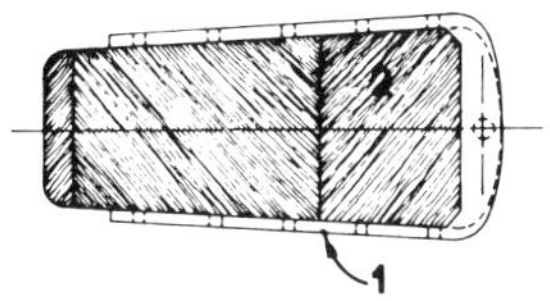

E1/4

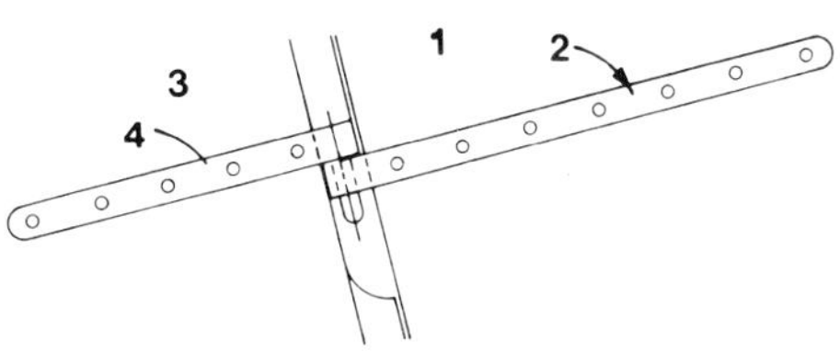

E1/5

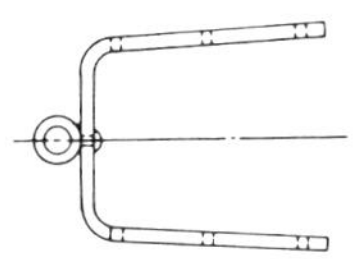

E1/6

E1/7

E1 STEUERVORRICHTUNG

E1/1 Vorderansicht (Maßstab 1:48)
1. Plattform
2. Sockel
3. Radlauf
4. Speiche
5. Handgriff

E1/2 Seitenansicht (Maßstab 1:48)
1. Radlauf
2. Handgriff
3. Trommel
4. Sockel
5. Plattform
6. Rudertaue

E1/3 Draufsicht des Ruderscharniers (Maßstab 1:32)
1. Fingerling
2. Hecksteven

E1/4 Draufsicht des Ruderscharniers (Maßstab 1:32)
1. Fingerling
2. Ruder

E1/5 Seitenansicht des Ruderscharniers (Maßstab 1:32)
1. Hintersteven
2. Fingerling
3. Ruder
4. Fingerling

E1/6 Draufsicht des Sorgleinenfingerlings

E1/7 Seitenansicht des Sorgleinenfingerlings

E2 KOMPASSHAUS

E2/1 Vorderansicht (Maßstab 1:48)
E2/2 Seitenansicht (Maßstab 1:48)
E2/3 Perspektivische Ansicht (ohne Maßstab)

E2/1

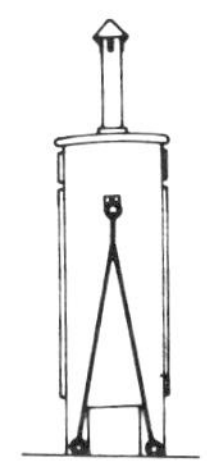

E2/2

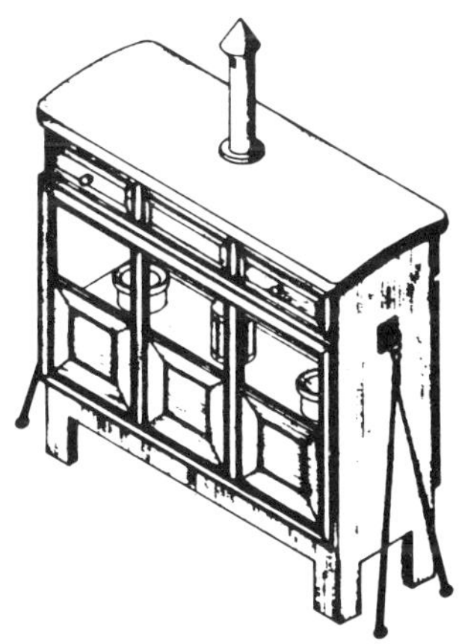

E2/3

E3 ACHTERDECKSAUSRÜSTUNG

E3/1 Skizze des Achterdecks mit Blick nach vorn – Ruderpinne, Steuerrad und Kompaßhaus (ohne Maßstab)

E3/1

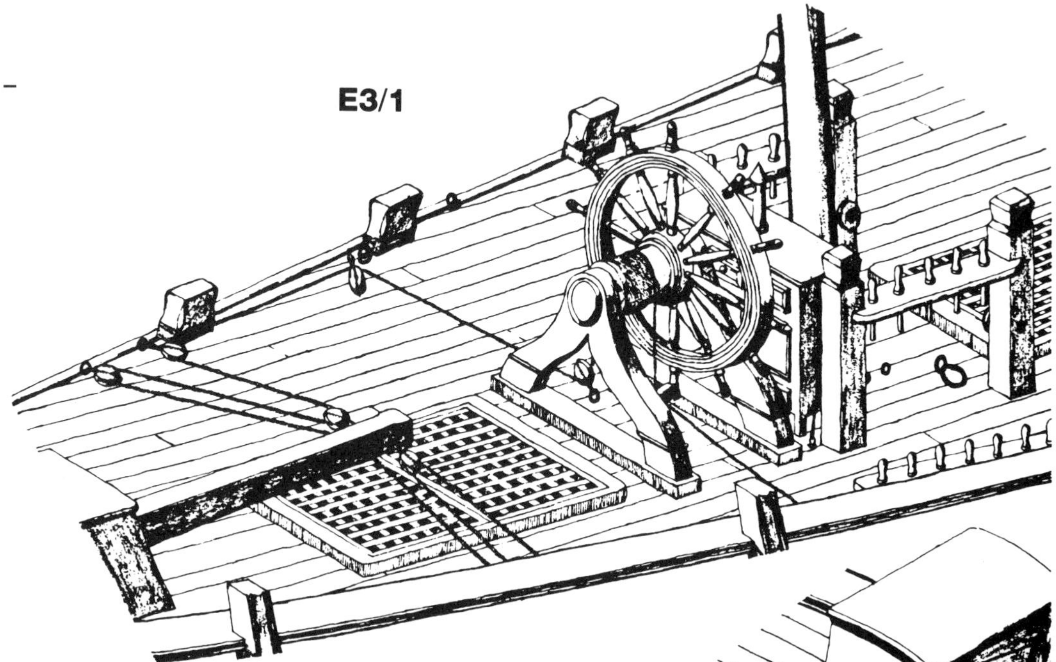

E3/2 Skizze des Achterdecks mit Blick nach achtern – Kompaßhaus, Steuerrad und Ruderpinne (ohne Maßstab)

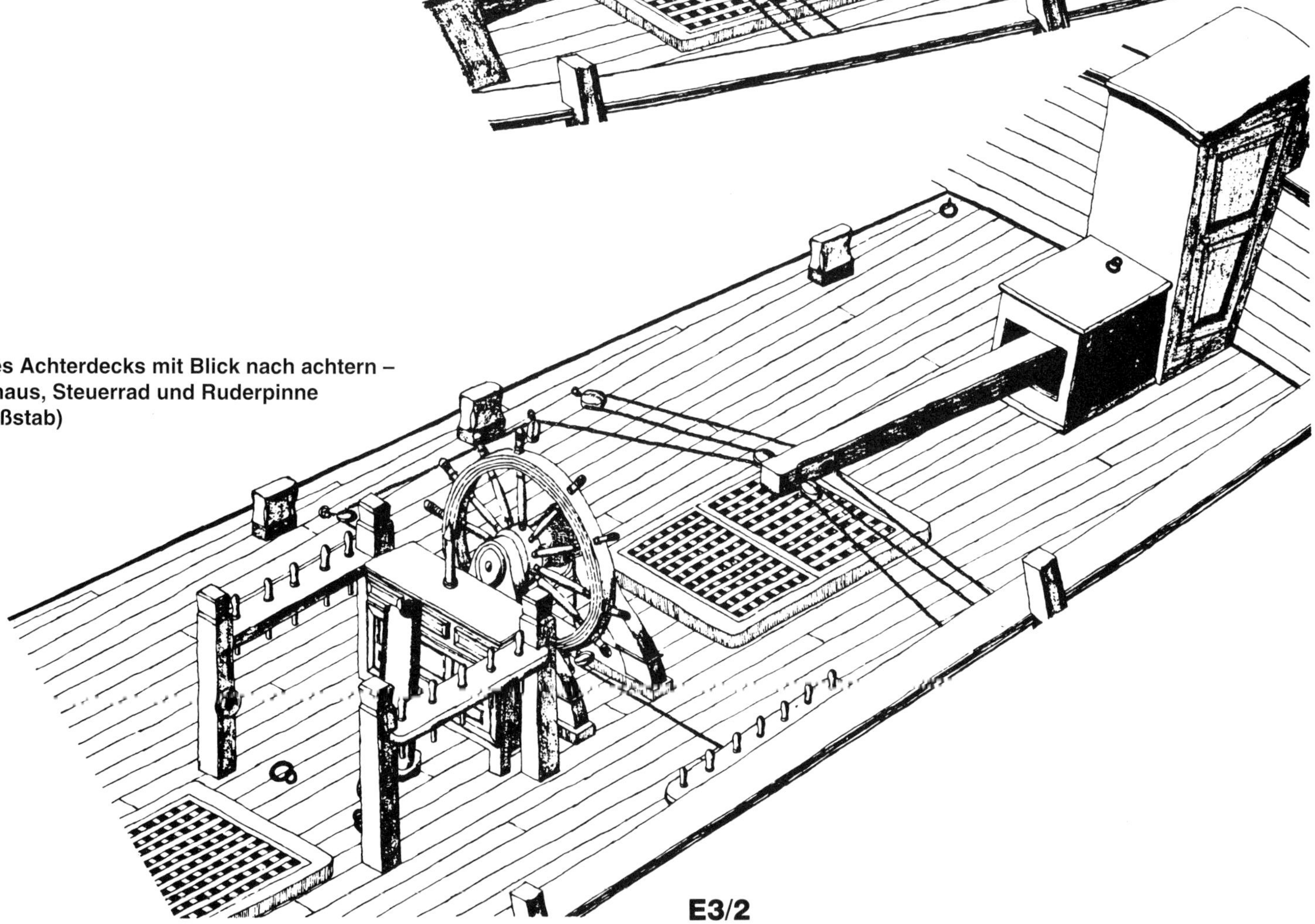

E3/2

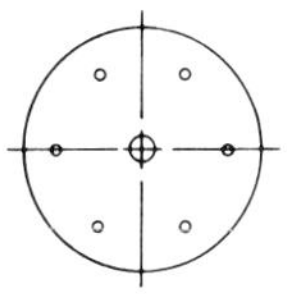

E4/1

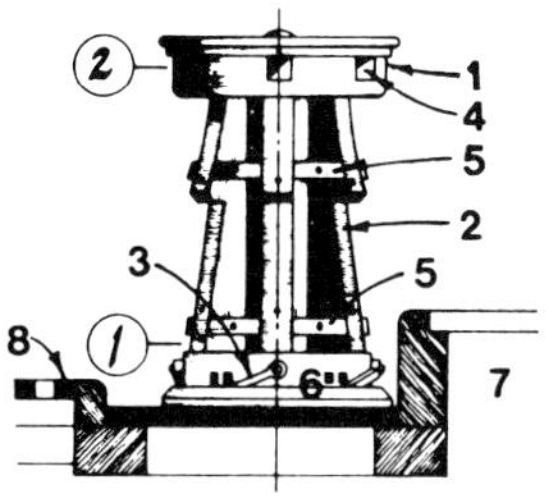

E4/2

E4/3

E4 GANGSPILL

E4/1 Draufsicht (Maßstab 1:48)

E4/2 Seitenansicht (Maßstab 1:48)

1. Gangspillkopf
2. Rippe
3. Palle
4. Spakenlöcher
5. Kalben
6. Pallring
7. Niedergang
8. Gräting

E4/3 Details (Maßstab 1:48)

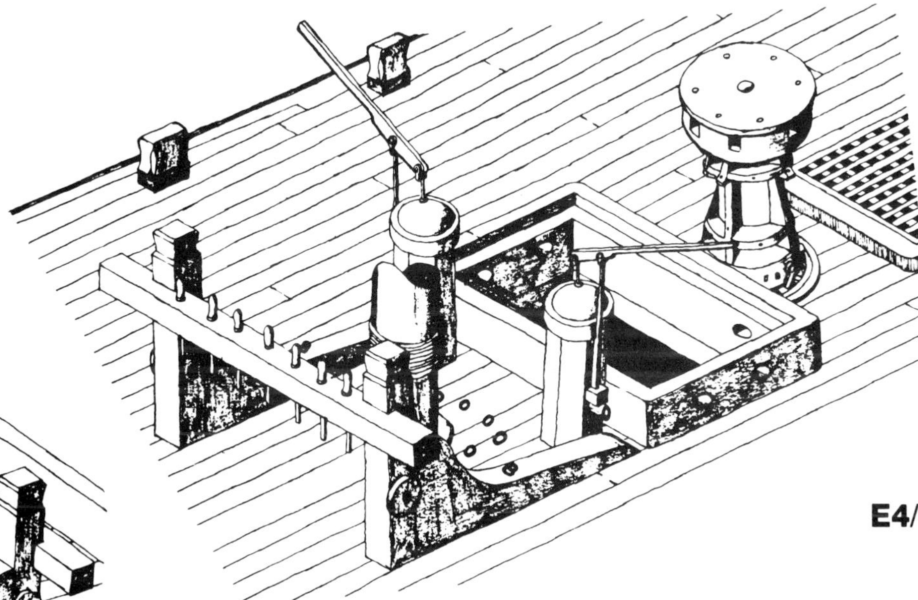

E4/4

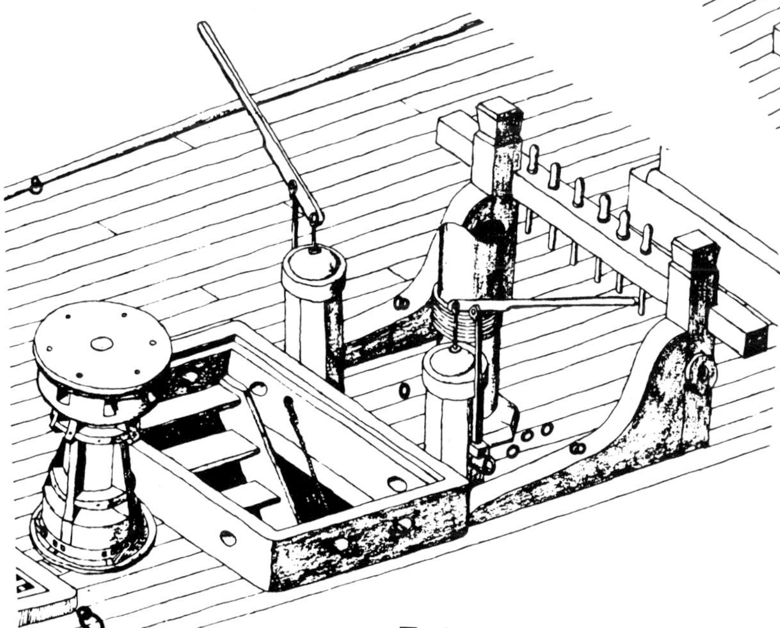

E4/5

E4/4 Skizze des Oberdecks – Fockbrassenbeting, Pumpen und Gangspill (ohne Maßstab)

E4/5 Skizze des Oberdecks nach vorn – Gangspill, Pumpen und Fockbrassenbeting (ohne Maßstab)

E5 LATERNE

E5/1 Draufsicht (Maßstab 1:32)

E5/2 Ansicht von hinten (Maßstab 1:32)

E5/3 Seitenansicht (Maßstab 1:32)

E5/4 Perspektivische Ansicht (ohne Maßstab)

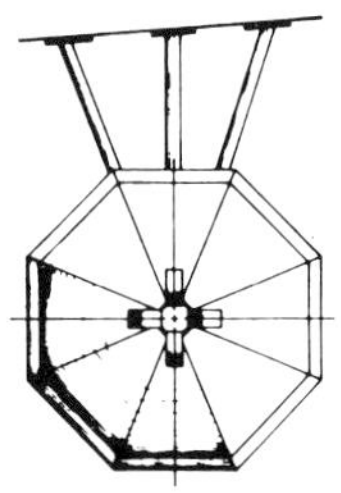

E5/1

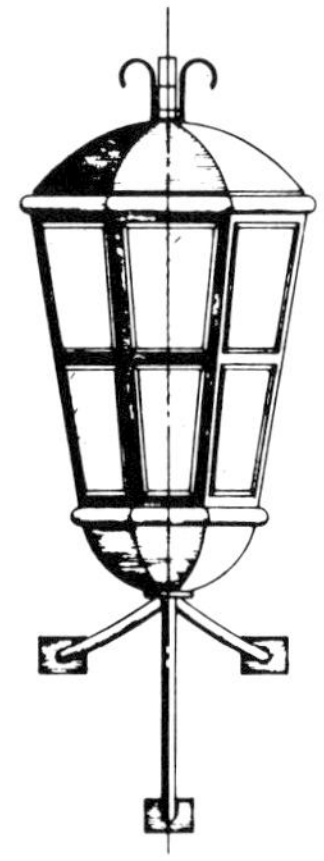

E5/2

E5/3

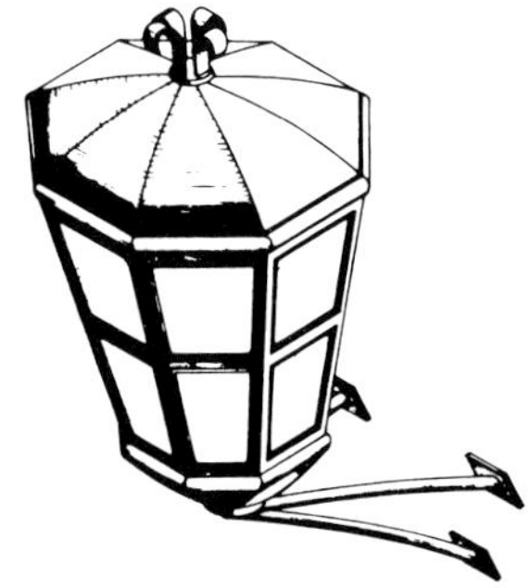

E5/4

E6 BRATSPILL

E6/1 Skizze des Vordecks nach achtern gesehen – Bratspill (ohne Maßstab)

E6/2 Skizze des Vordecks nach vorn gesehen – Bratspill (ohne Maßstab)

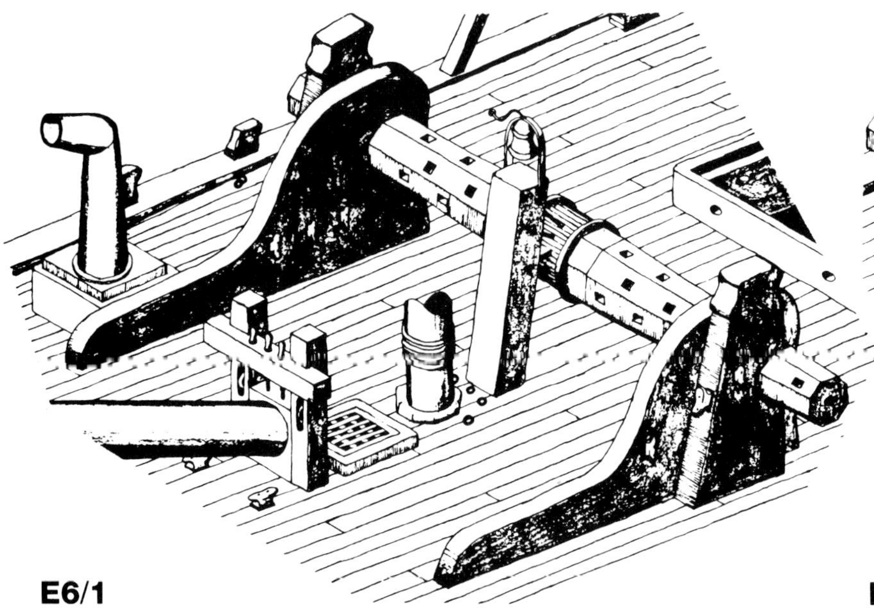

E6/1

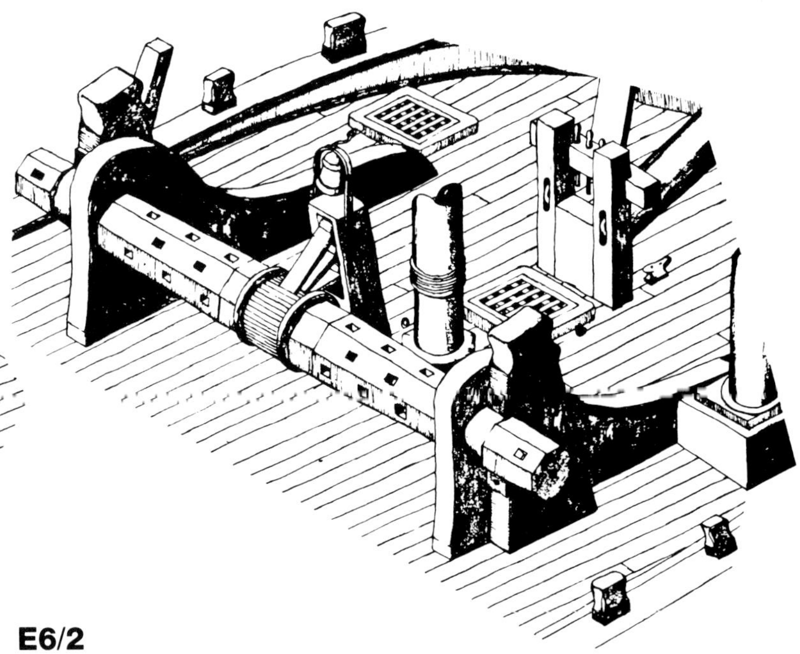

E6/2

E7/1

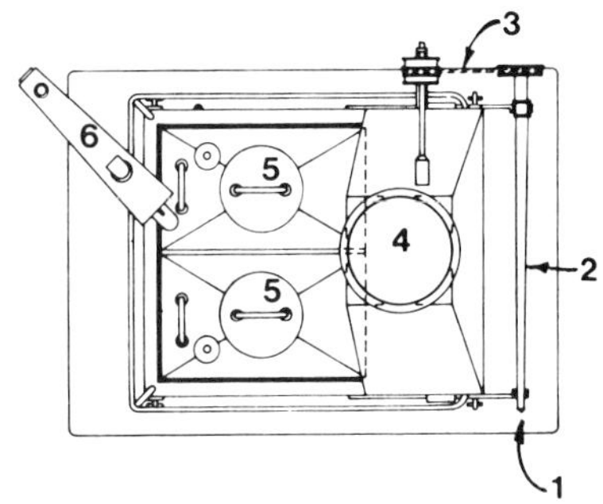

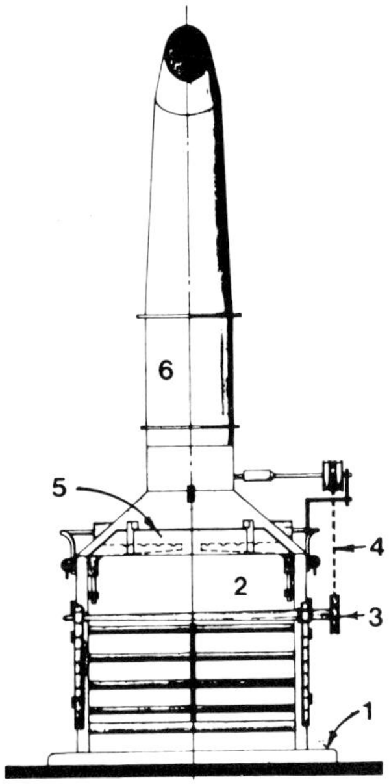

E7/2

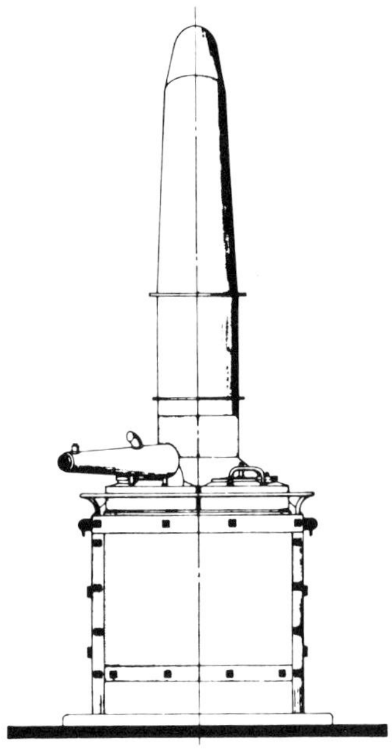

E7/3

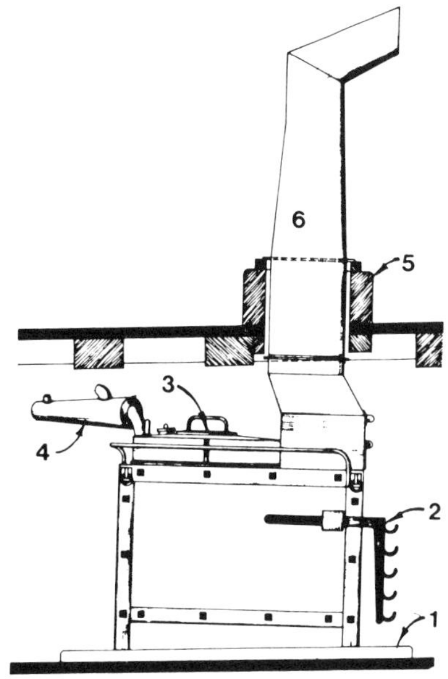

E7/4

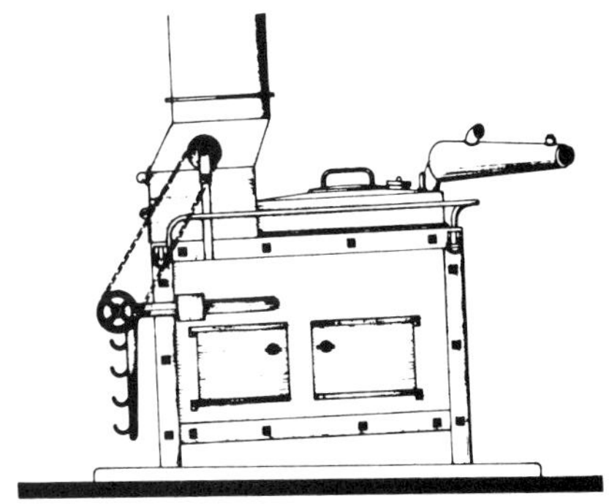

E7/5

E7/6

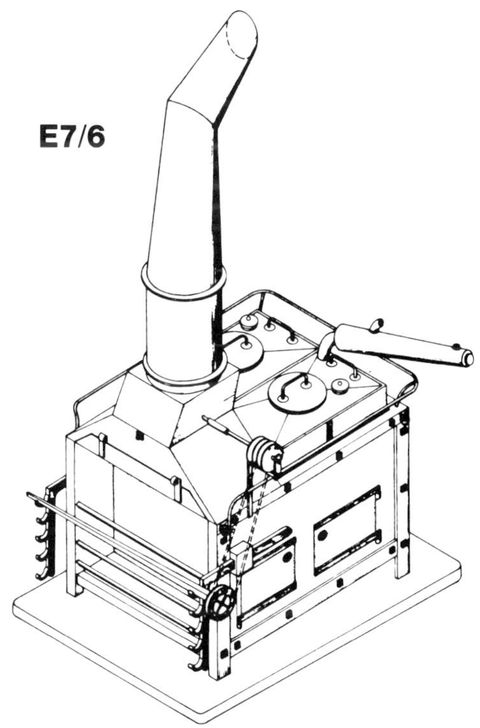

E7 KOMBÜSENHERD

E7/1 Draufsicht (Maßstab 1:48)
1. Bodenplatte
2. Bratspieß
3. Antriebskette
4. Kamin
5. Kessel
6. Kondensator

E7/2 Vorderansicht (Maßstab 1:48)
1. Bodenplatte
2. Feuerstelle
3. Bratspieß
4. Antriebskette
5. Ofenklappe
6. Kamin

E7/3 Ansicht von hinten (Maßstab 1:48)

E7/4 Steuerbordansicht (Maßstab 1:48)
1. Bodenplatte
2. Spießhalterung
3. Kessel
4. Kondensator
5. Verkleidung
6. Kamin

E7/5 Backbordansicht (Maßstab 1:48)

E7/6 Perspektivische Ansicht (ohne Maßstab)

E8 ANKER

E8/1 Buganker: Draufsicht (Maßstab 1:96)

1. Ring
2. Eckiger Schaft
3. Nut (innen)
4. Stock
5. Stockband

E8/2 Buganker: Seitenansicht (Maßstab 1:96)

1. Ring
2. Eckiger Schaft
3. Stock
4. Schaft
5. Flügel
6. Spitzenformung
7. Blatt
8. Arm
9. Kreuz
10. Small

E8/3 Buganker: Vorderansicht (Maßstab 1:96)

1. Ring
2. Eckiger Schaft
3. Stock
4. Schaft
5. Flügel
6. Arm
7. Nut (innen)
8. Stockband
9. Small

E8/4 Stromanker: Seitenansicht (Maßstab 1:96)

1. Ring
2. Eckiger Schaft
3 Auge
4. Small
5. Schaft
6. Flügel
7. Spitzenformung
8. Blatt
9. Arm
10. Kreuz

E8/5 Stromanker: Vorderansicht (Maßstab 1:96)

1. Ring
2. Eckiger Schaft
3. Eisenstock
4. Ringsplint
5. Small
6. Schaft
7. Flügel
8. Arm

E8/6 Warpanker: Seitenansicht (Maßstab 1:96)

E8/7 Warpanker: Vorderansicht (Maßstab 1:96)

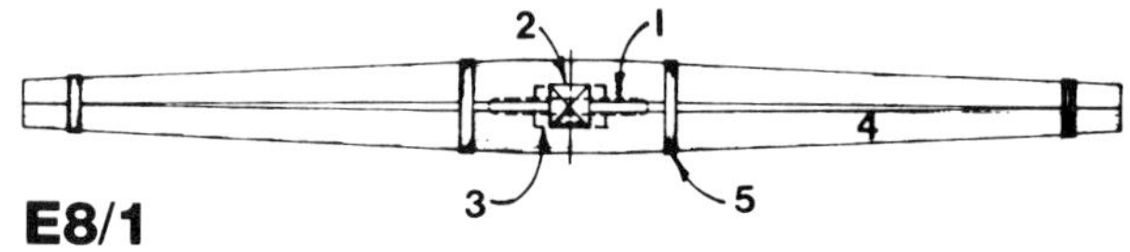

E8/1

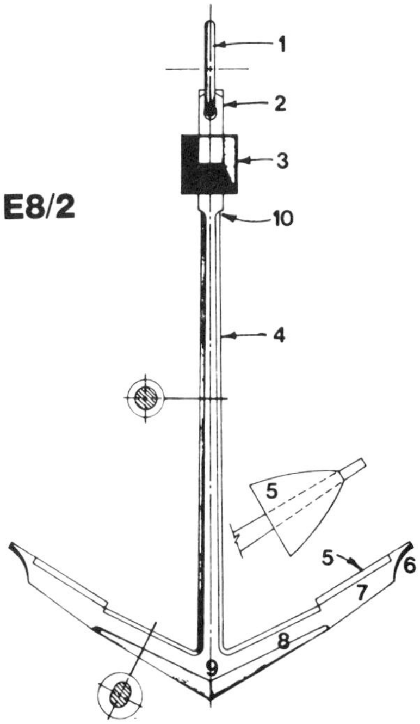

E8/2

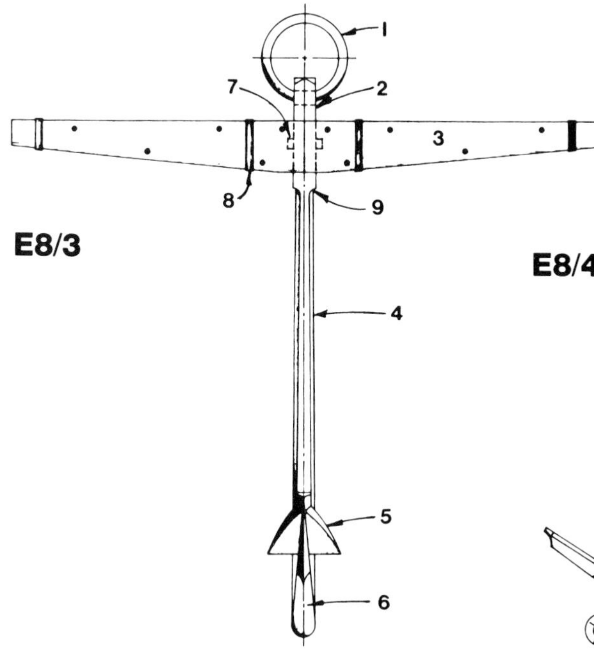

E8/3

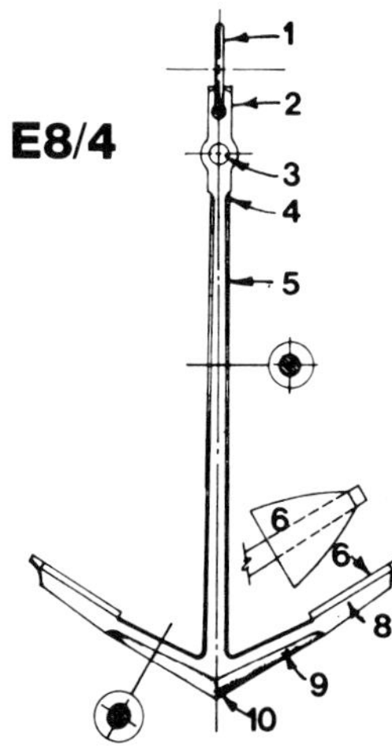

E8/4

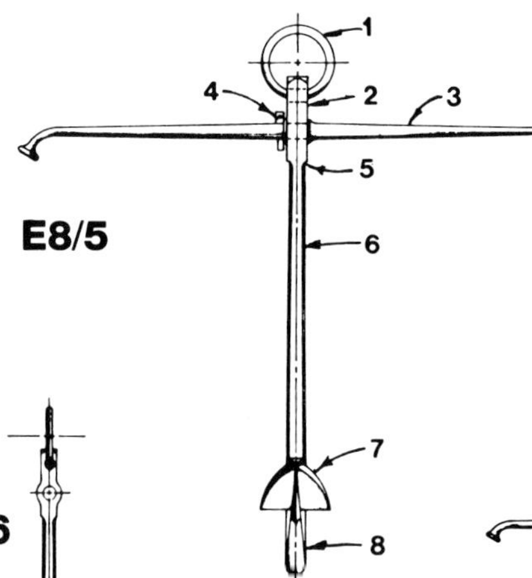

E8/5

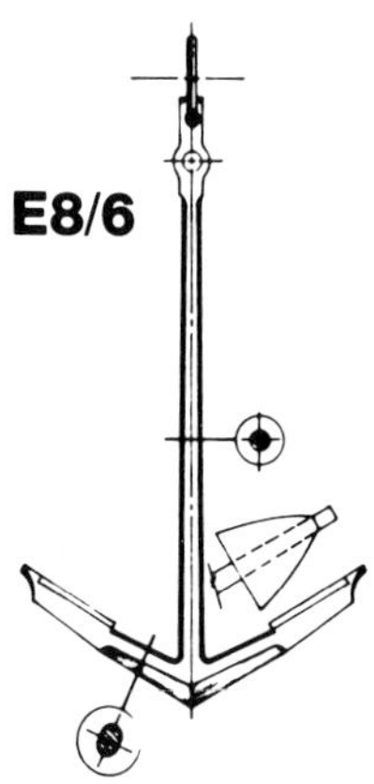

E8/6

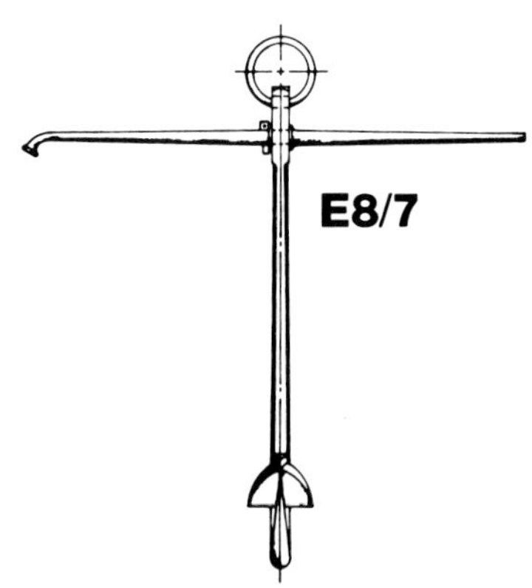

E8/7

F Bewaffnung

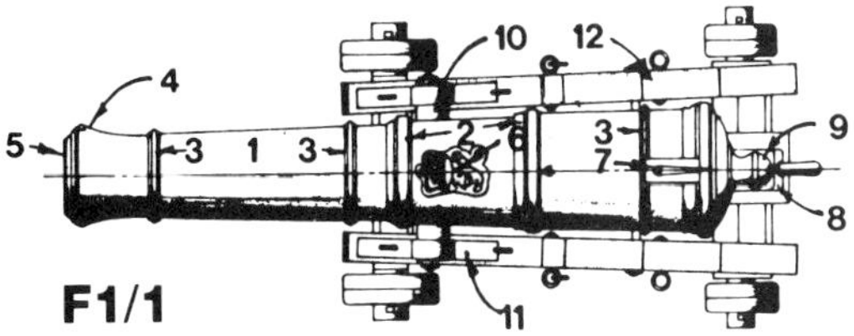
F1/1

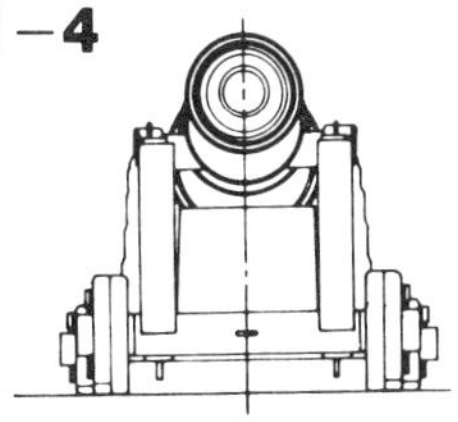
F1 – 4

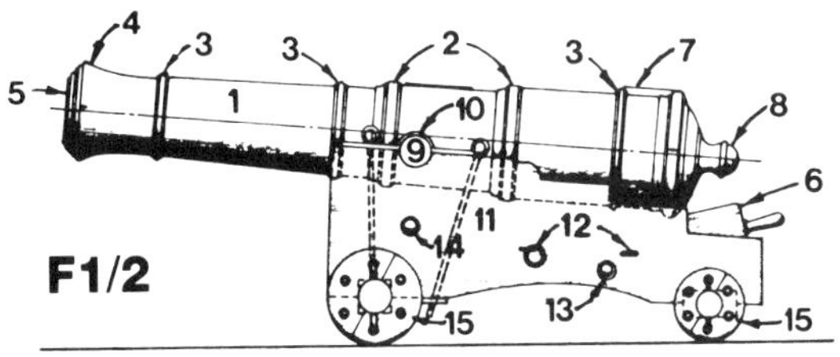
F1/2

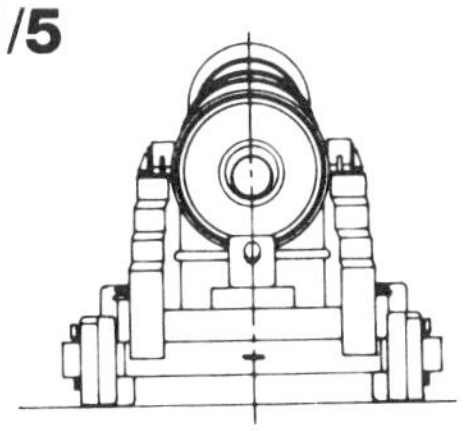
F1/5

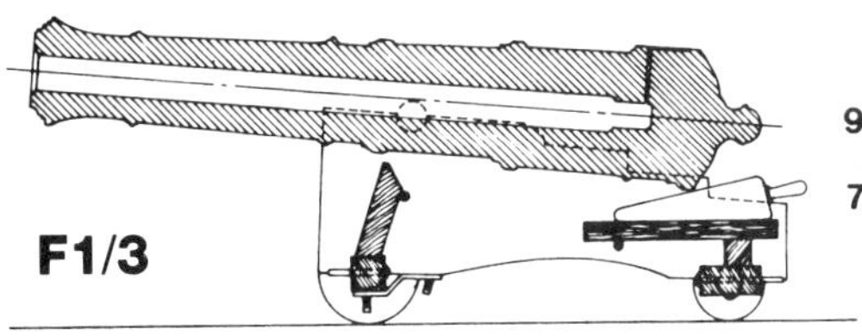
F1/3

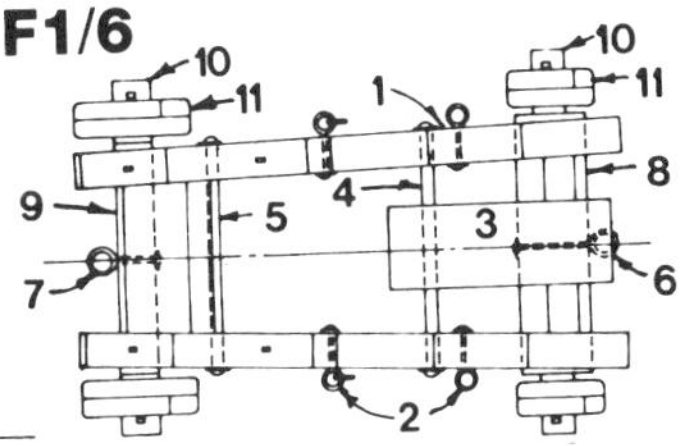
F1/6

F1/7

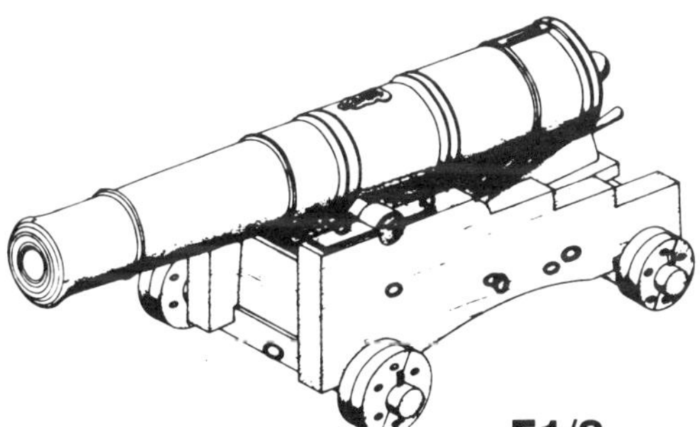
F1/8

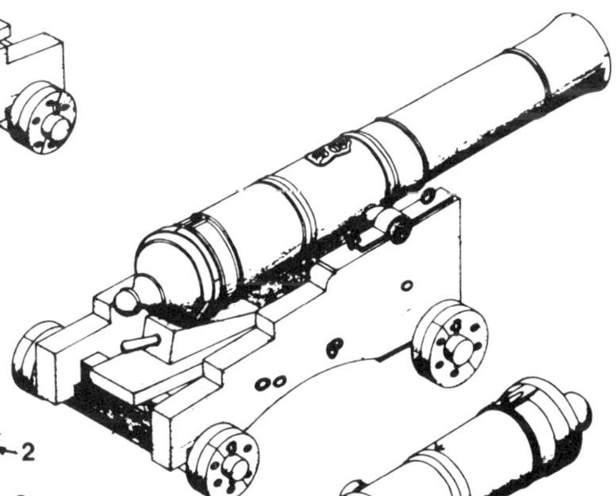

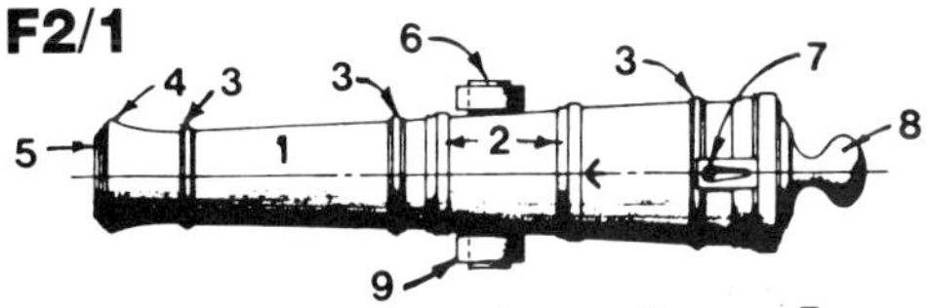
F2/1

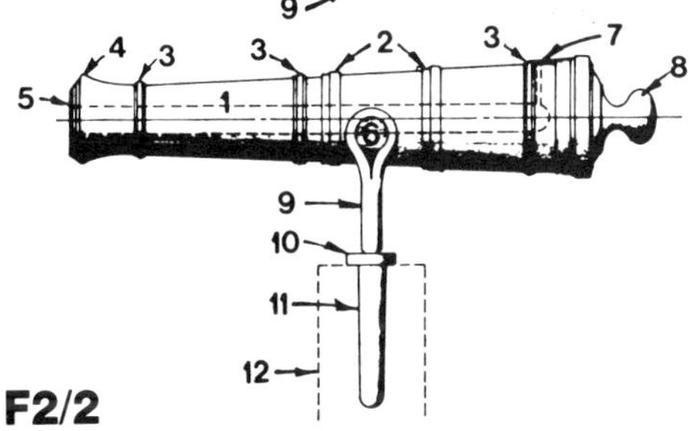
F2/2

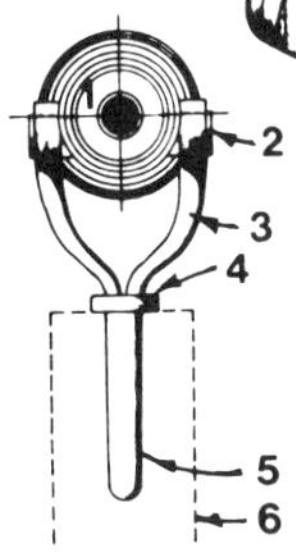
F2/3

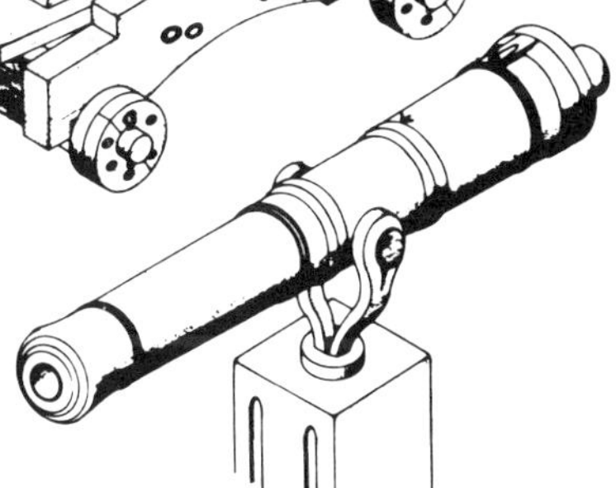
F2/4

F1 4-PFÜNDER-KANONE

F1/1 Draufsicht (Maßstab 1:32)
1. Rohr
2. Verstärkungsringe
3. Halbrunde Ringe
4. Mündungsschlund
5. Mündung
6. Monogramm
7. Zündpfanne
8. Richtkeil
9. Knauf
10. Schildzapfen
11. Schildzapfenverschluß
12. Lafette

F1/2 Seitenansicht (Maßstab 1:32)
1. Rohr
2. Verstärkungsringe
3. Halbrunde Ringe
4. Mündungsschlund
5. Mündung
6. Richtkeil
7. Zündpfanne
8. Knauf
9. Schildzapfen
10. Schildzapfenverschluß
11. Seitenwange (Stützplatte)
12. Ringe
13. Bettbolzen
14. Balkenbolzen
15. Rad

F1/3 Querschnitt (Maßstab 1:32)

F1/4 Vorderansicht mit Mündung (Maßstab 1:32)

F1/5 Hinteransicht mit Bodenstück (Maßstab 1:32)

F1/6 Draufsicht der 4-Pfünder-Lafette (Maßstab 1:32)
1. Seitenwange (Stützplatte)
2. Ringe für Seitentakel
3. Stuhlbett
4. Bettbolzen
5. Balkenbolzen
6. Ring für Rücklauftakel
7. Ring
8. Hinterachse
9. Balken
10. Achse
11. Rad

F1/7 Monogramm (ohne Maßstab)

F1/8 Perspektivische Aufsicht der 4-Pfünder-Kanone (ohne Maßstab)

F2 HALBPFÜNDER-KANONE

F2/1 Draufsicht (Maßstab 1:16)
1. Rohr
2. Verstärkungsringe
3. Halsreifen
4. Mündungsschlund
5. Mündung
6. Schildzapfen
7. Zündpfanne
8. Knauf
9. Gabel

F2/2 Seitenansicht (Maßstab 1:16)
1. Rohr
2. Verstärkungsringe
3. Halsreifen
4. Mündungsschlund
5. Mündung
6. Schildzapfen
7. Zündpfanne
8. Knauf
9. Gabel
10. Scheibe
11. Dorn
12. Stütze

F2/3 Vorderansicht (Maßstab 1:16)
1. Mündung
2. Schildzapfen
3. Gabel
4. Scheibe
5. Dorn
6. Stütze

F2/4 Perspektivische Ansicht der Halbpfünder-Drehbasse (ohne Maßstab)

G1 ALLGEMEINER AUFBAU

G1/1 Perspektivische Ansicht der Masten und Spieren (ohne Maßstab)

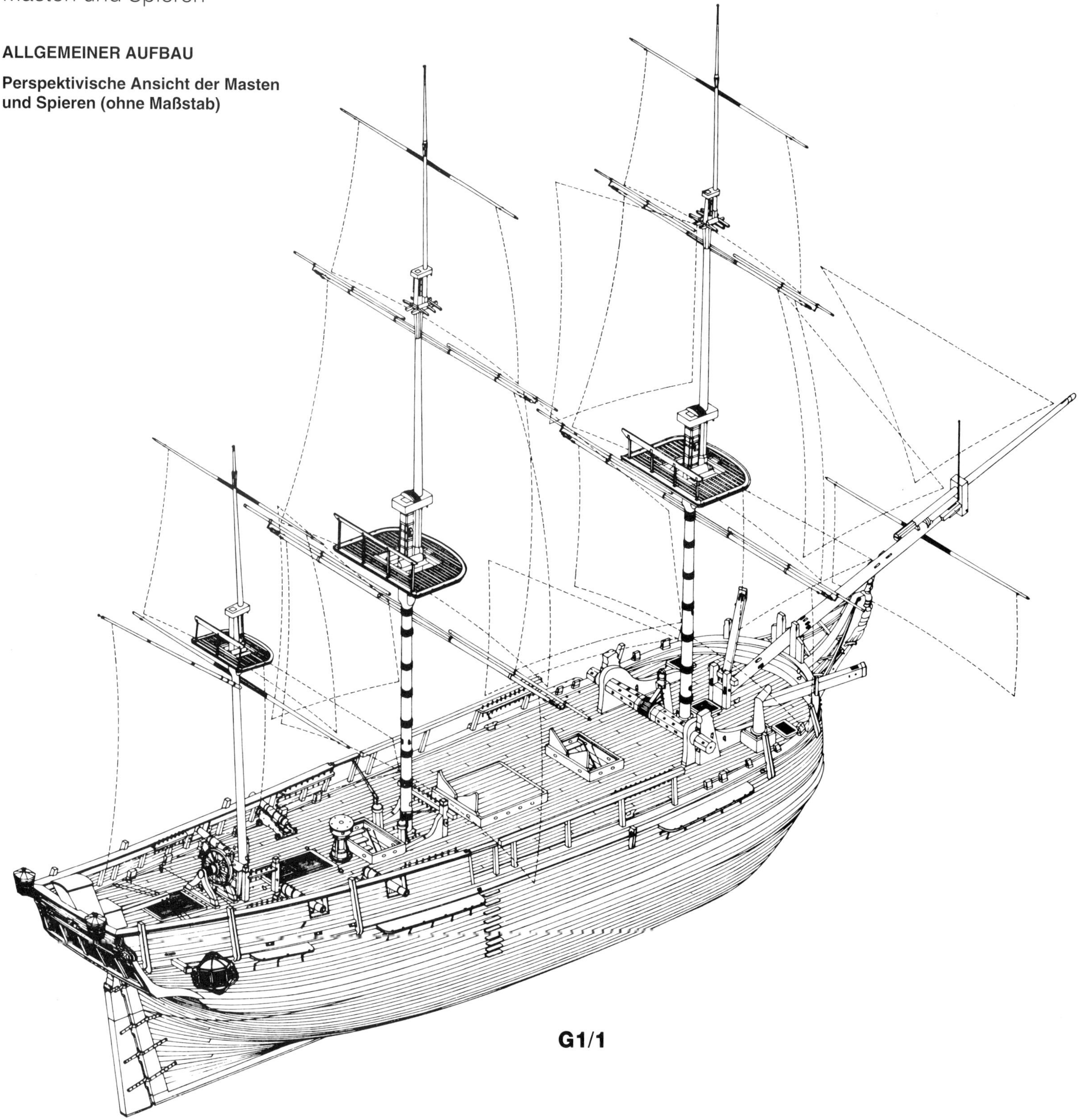

G1/1

G2 BUGSPRIET

G2/1 Draufsicht (Maßstab 1:96)

G2/2 Seitenansicht (Maßstab 1:96)

G2/3 Bugspriet (Maßstab 1:96)

G2/4 Klüverbaum (Maßstab 1:96)

G2/5 Blinderah (Maßstab 1:96)

G2/6 Fischdavit – Draufsicht und Seitenansicht (Maßstab 1:96)

G2/1

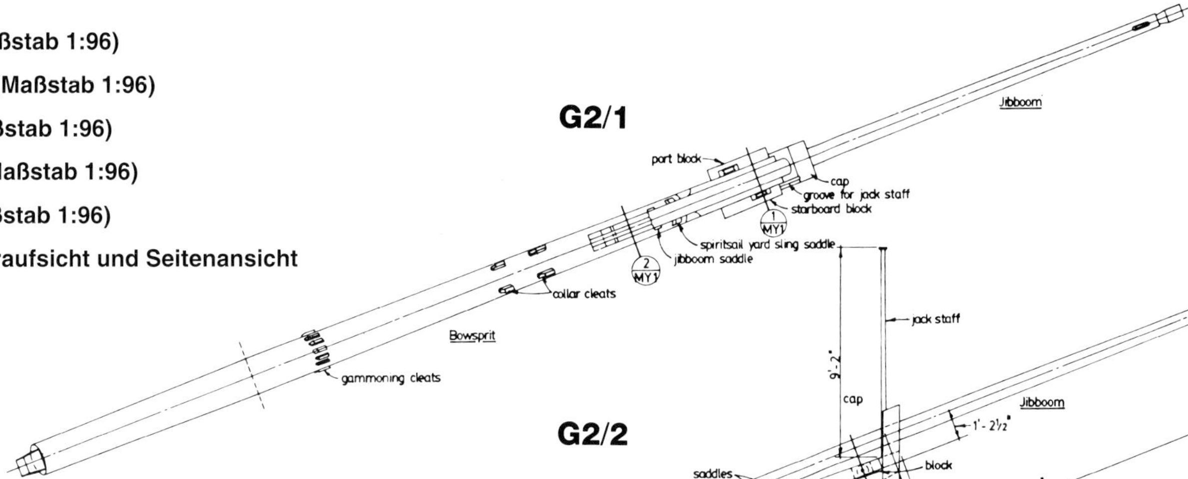

G2/2

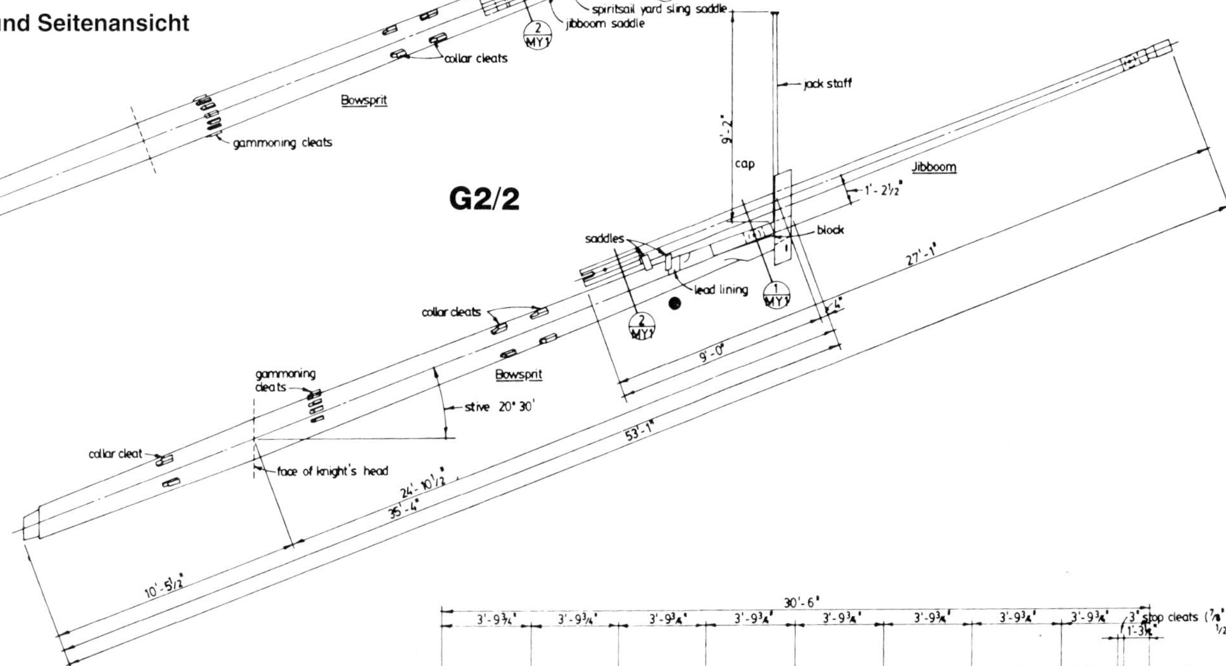

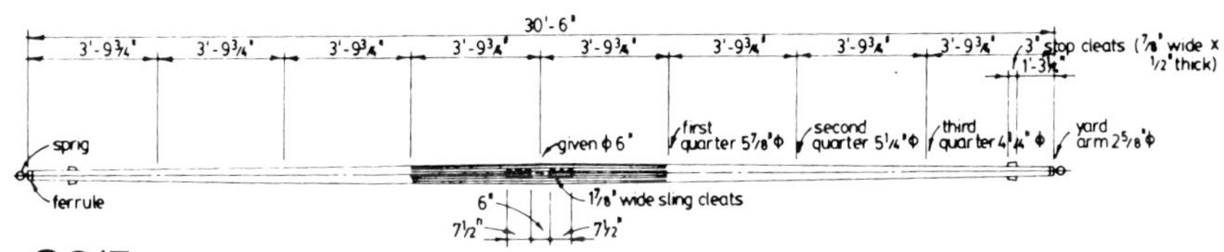

G2/5

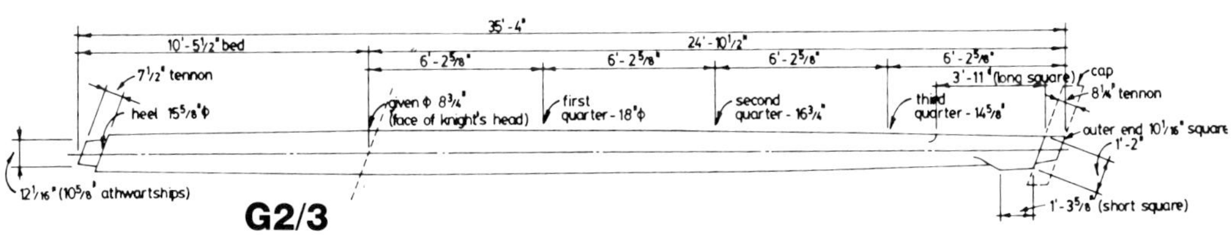

G2/3

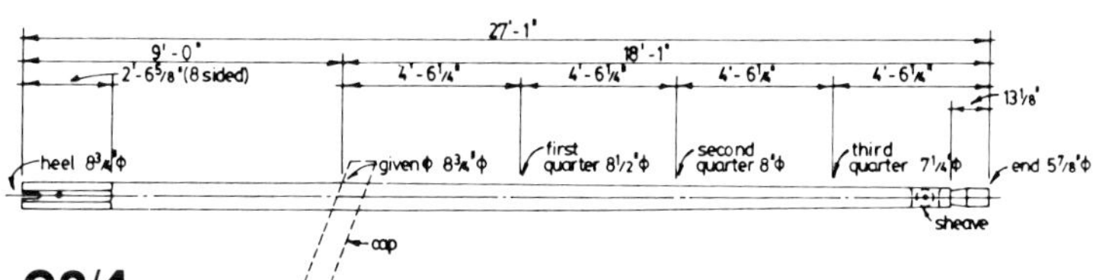

G2/4

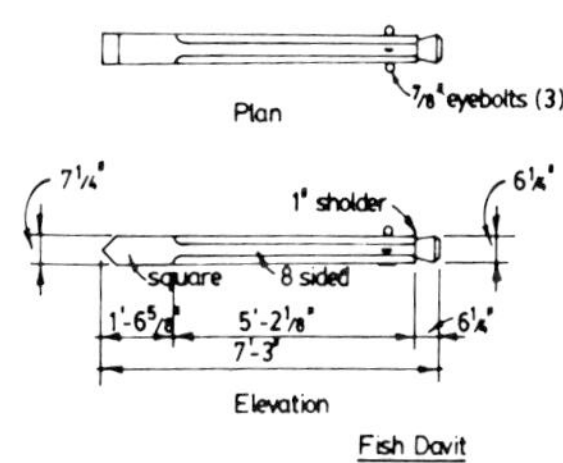

G2/6

Die Übersetzungen der englischen Bezeichnungen in den Plänen auf den Seiten 85 bis 93 finden Sie auf den Seiten 94 bis 97.

G2/7

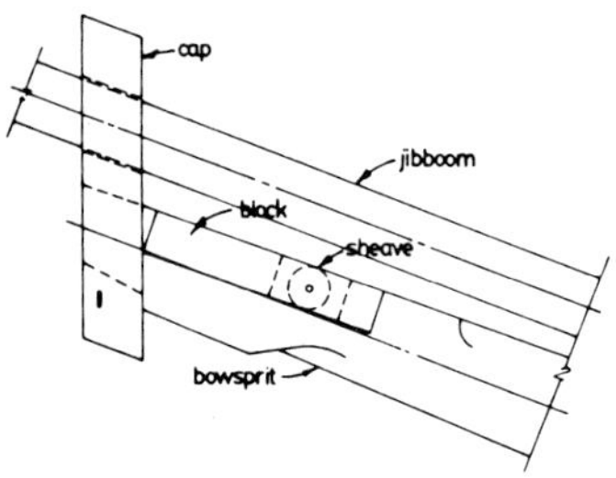

G2/8

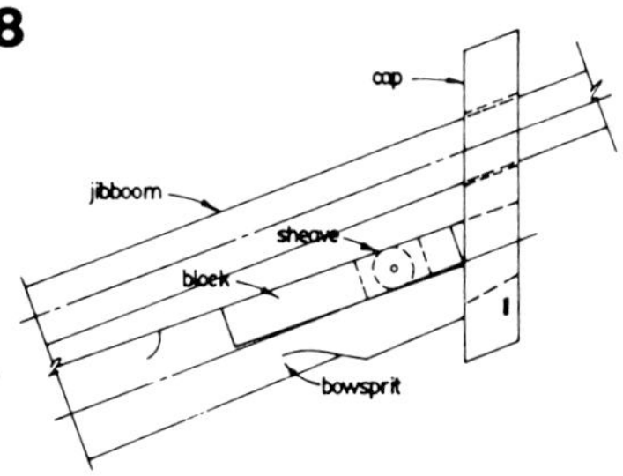

G2/9

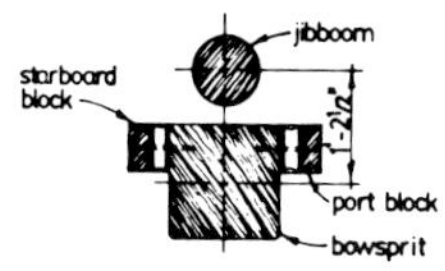

G2/10

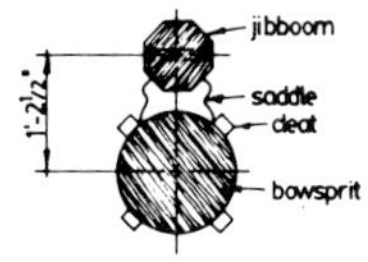

G2/11

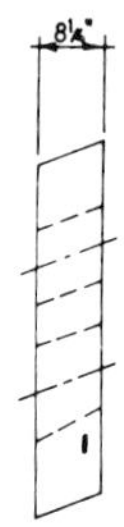

G2/12

G2/7 **Blockdetail Backbord (Maßstab 1:48)**

G2/8 **Blockdetail Steuerbord (Maßstab 1:48)**

G2/9 **Detail der Bugsprietblöcke (Maßstab 1:48)**

G2/10 **Bugspriet- und Klüverbaumdetails (Maßstab 1:48)**

G2/11 **Bugsprieteselshaupt Seitenansicht (Maßstab 1:48)**

G2/12 **Bugsprieteselshaupt Vorderansicht (Maßstab 1:48)**

G2/13

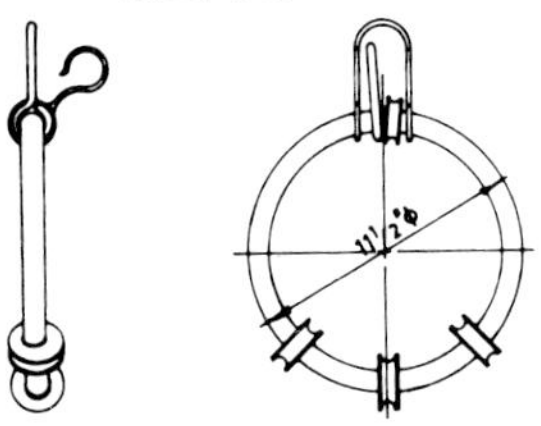

G2/14

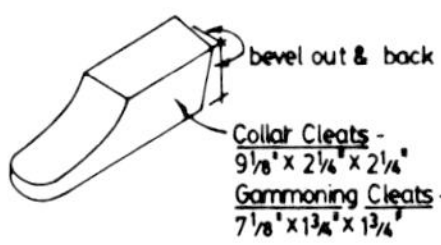

G2/15

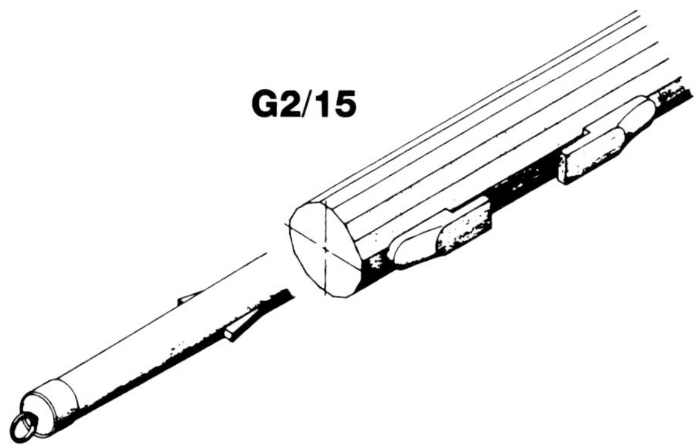

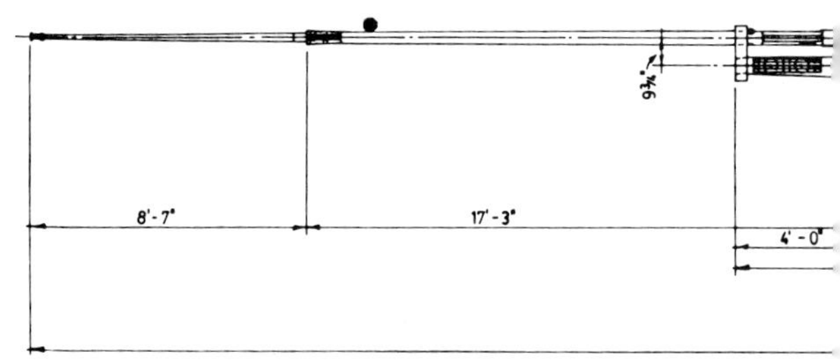

G2/17

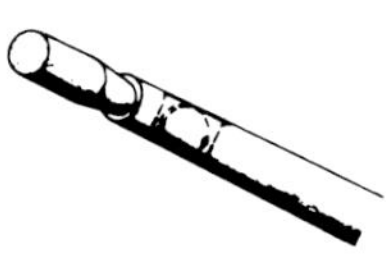

G2/16

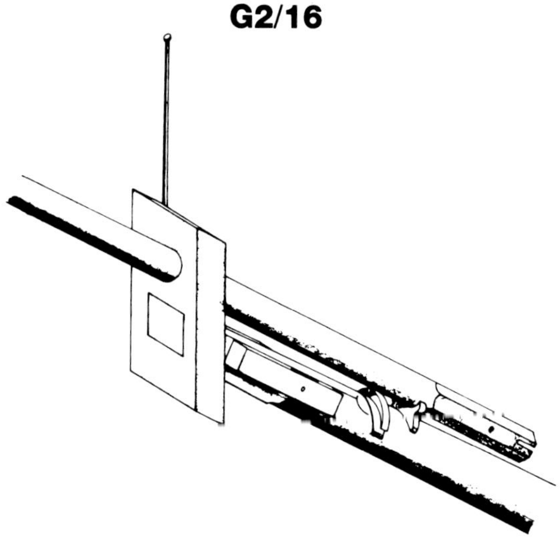

G2/18

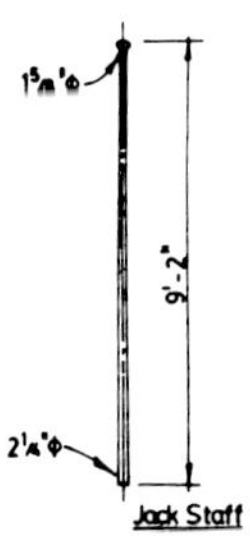

G3/4

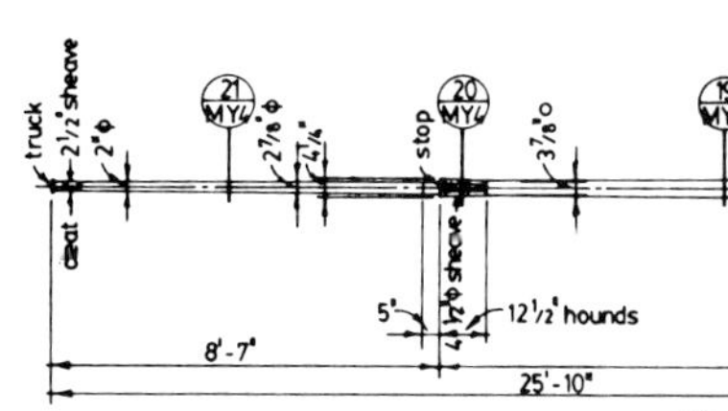

G3/3

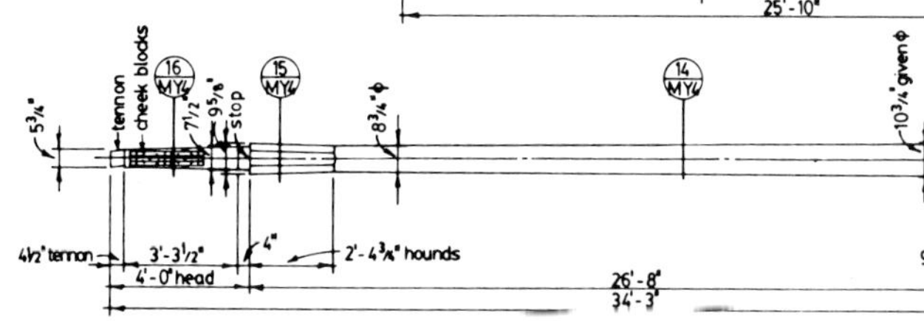

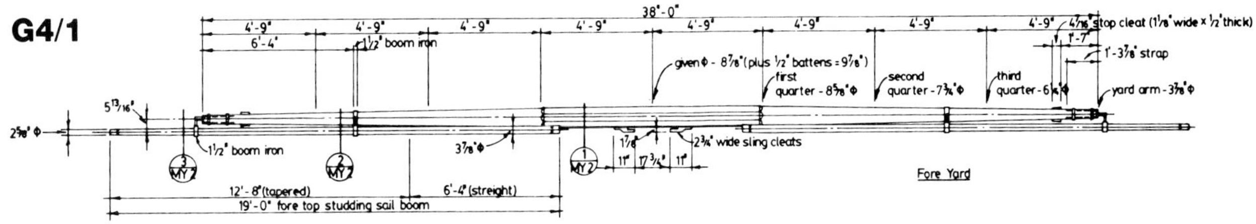

G4/1

G2/13 Klüverausholring – Vorder- und Seitenansicht (Maßstab 1:16)

G2/14 Kragen- und Wuhlingklampen (ohne Maßstab)

G2/15 Spitze der Blinderah (ohne Maßstab)

G2/16 Spitze des Bugspriets (ohne Maßstab)

G2/17 Spitze des Klüverbaumes (ohne Maßstab)

G2/18 Göschstock (Maßstab 1:96)

G3 FOCKMAST

G3/1 Aufbau des Fockmastes (Maßstab 1:96)

G3/2 Untermast – Vorder- und Seitenansicht (Maßstab 1:96)

G3/3 Vormarsstenge (Maßstab 1:96)

G3/4 Vorbramstenge und Flaggenstock (Maßstab 1:96)

G4 FOCKRAHEN

G4/1 Fockrah (Maßstab 1:96)

G4/2 Vormarsrah (Maßstab 1:96)

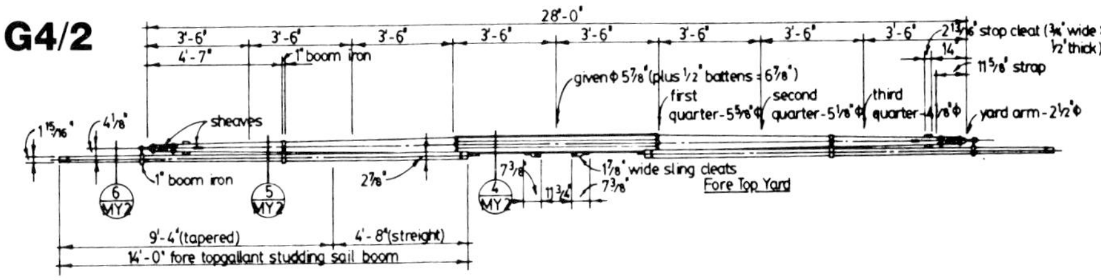

G4/2

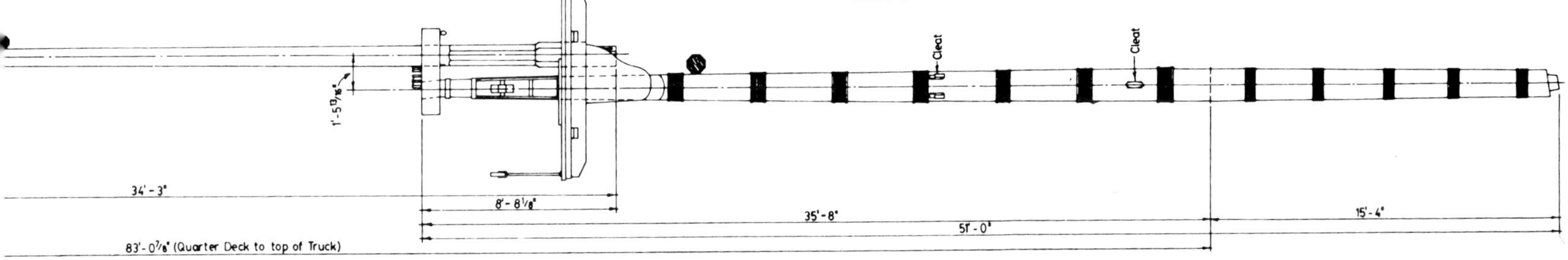

G3/1

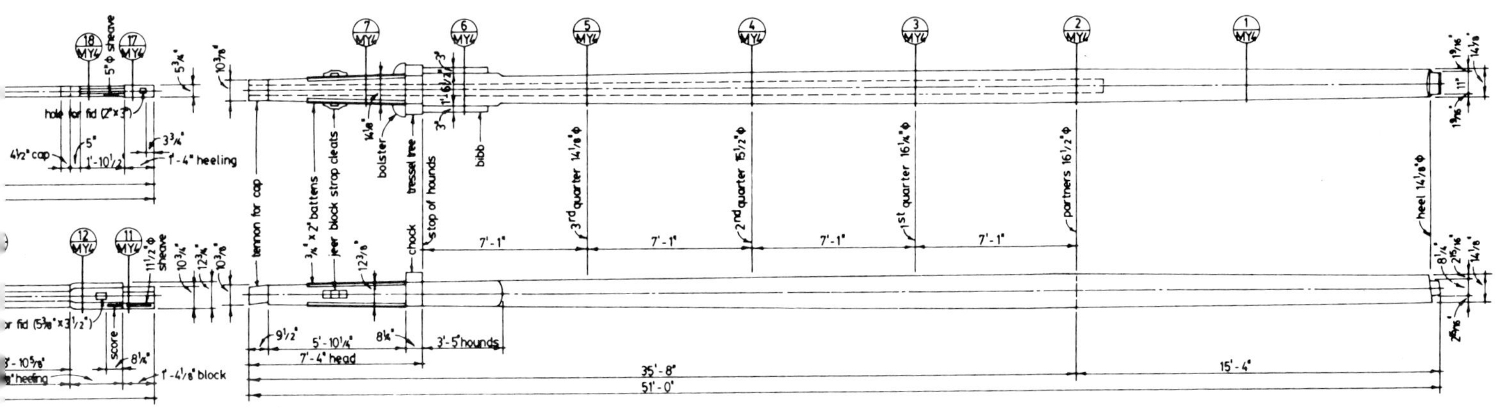

G3/2

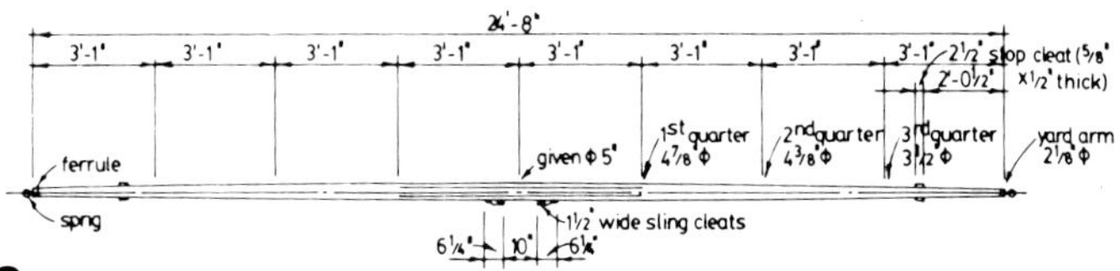

G4/3

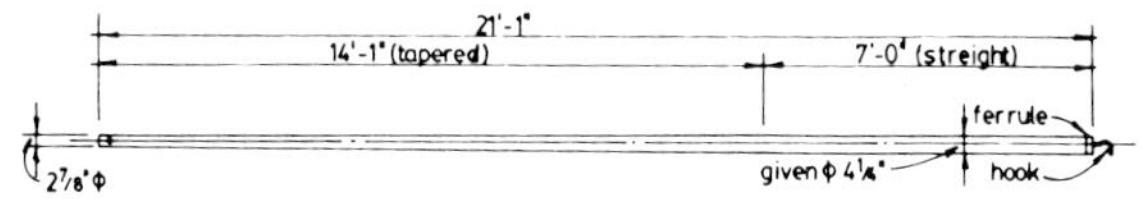

G4/4

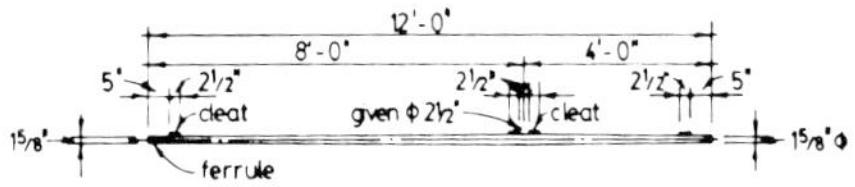

G4/5

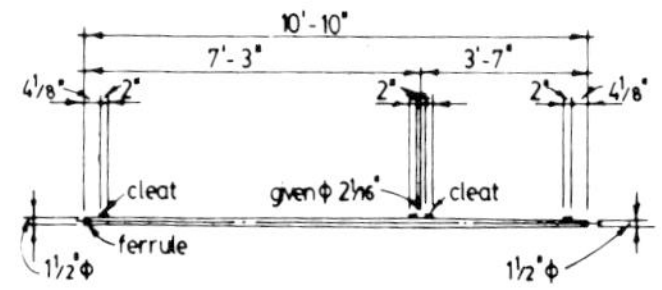

G4/6

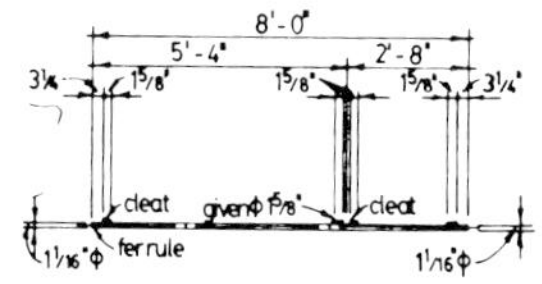

G4/7

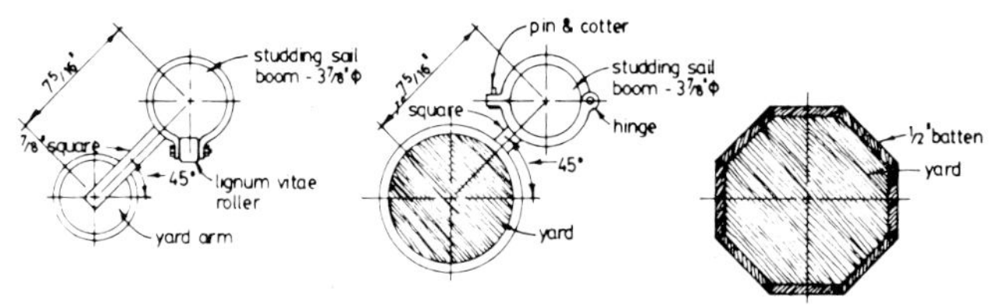

G4/8 1 2 3

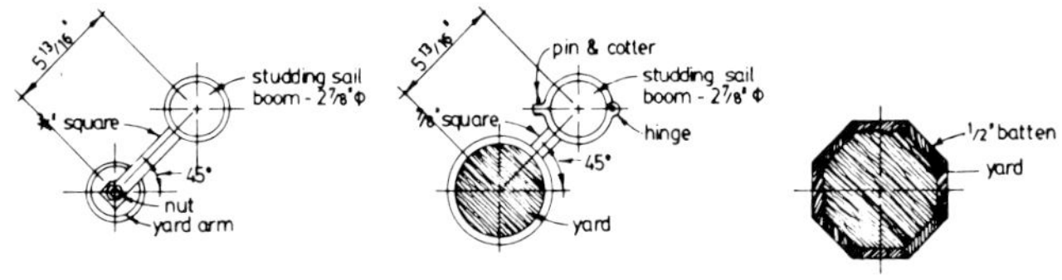

G4/9 1 2 3

G4/3 Vorbramrah (Maßstab 1:96)

G4/4 Vorunterleesegelbaum (Maßstab 1:96)

G4/5 Vorleesegelrah (Maßstab 1:96)

G4/6 Vormarsleesegelrah (Maßstab 1:96)

G4/7 Vorbramleesegelrah (Maßstab 1:96)

G4/8 Fockrahdetails (Maßstab 1:16)
1. Fockrah
2. Inneres Leesegeleisen
3. Äußeres Leesegeleisen

G4/9 Vormarsrahdetails (Maßstab 1:16)
1. Vormarsrah
2. Inneres Leesegeleisen
3. Äußeres Leesegeleisen

G5 FOCKMARSE

G5/1 Draufsicht der Marssaling (Maßstab 1:96)

G5/2 Draufsicht des Marses (Maßstab 1:96)

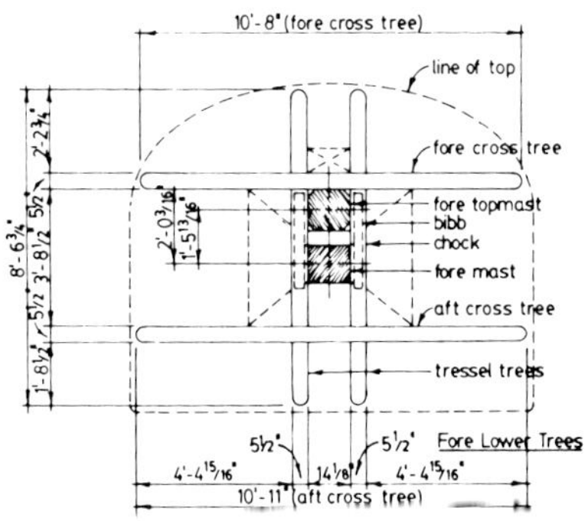

G5/1

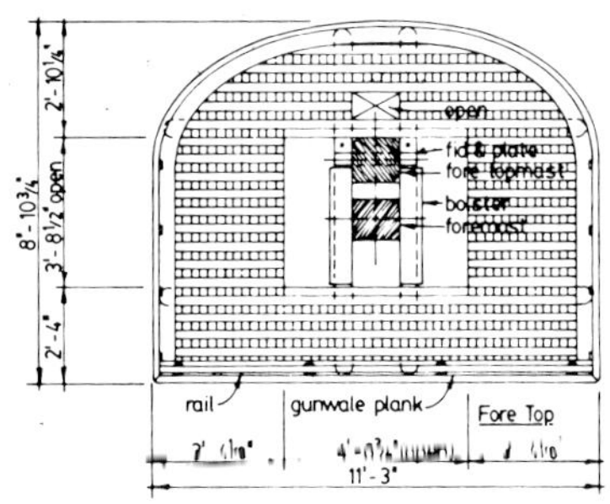

G5/2

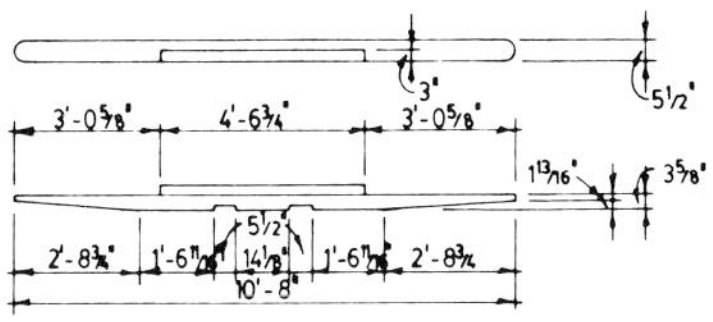

G5/3

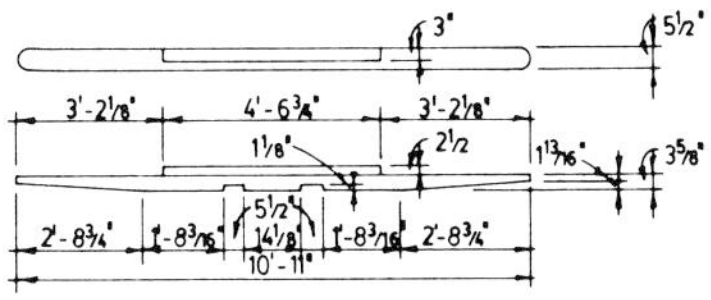

G5/4

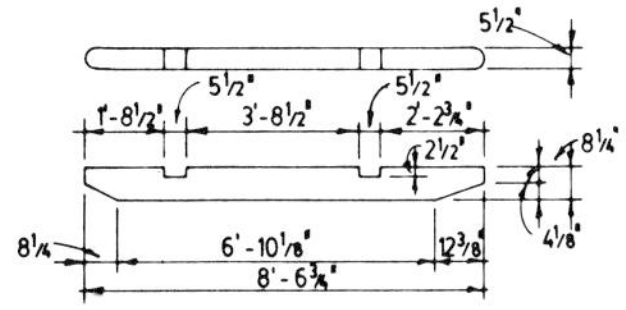

G5/5

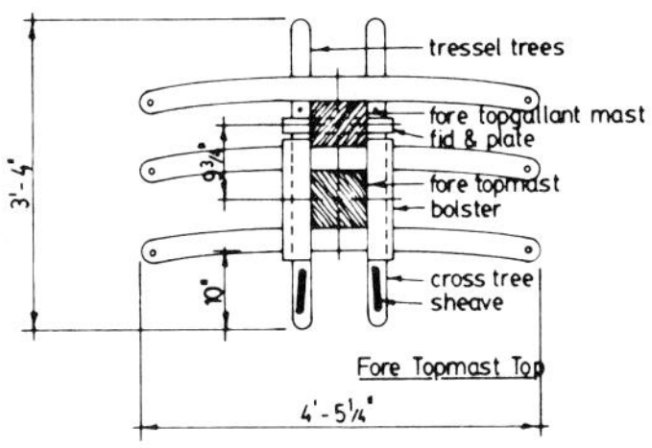

G5/6

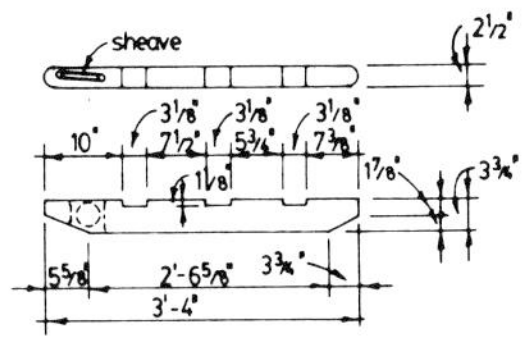

G5/7

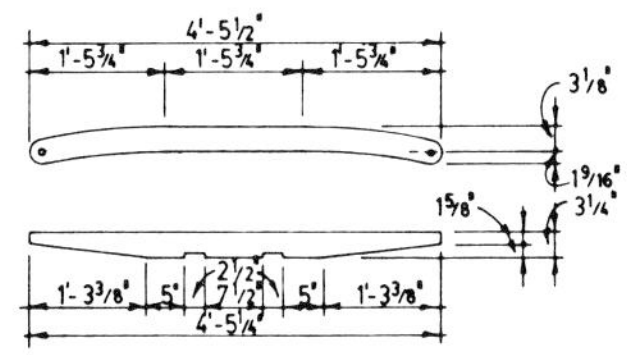

G5/8

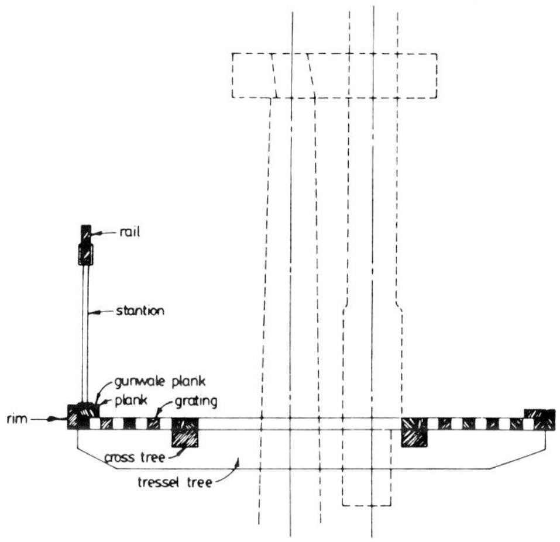

G5/9

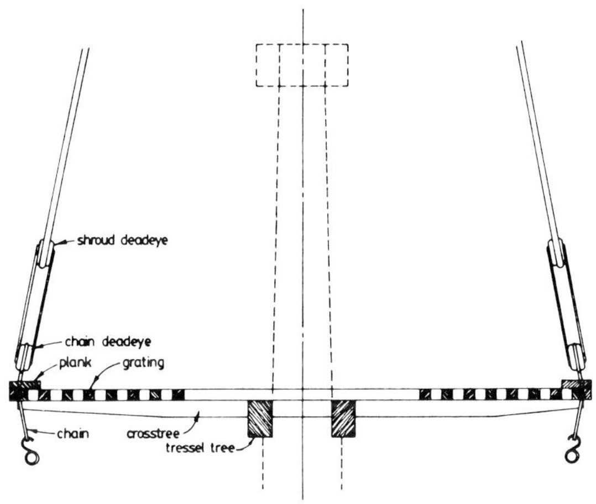

G5/10

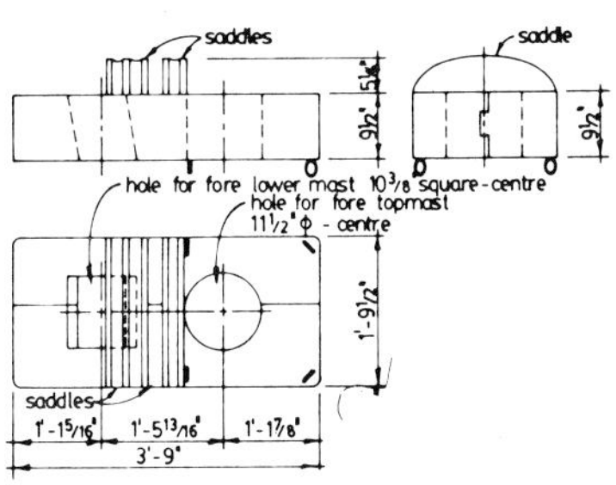

G6/1

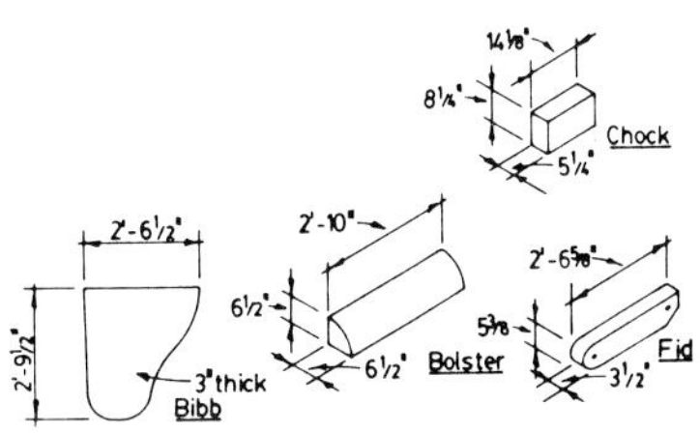

G6/2

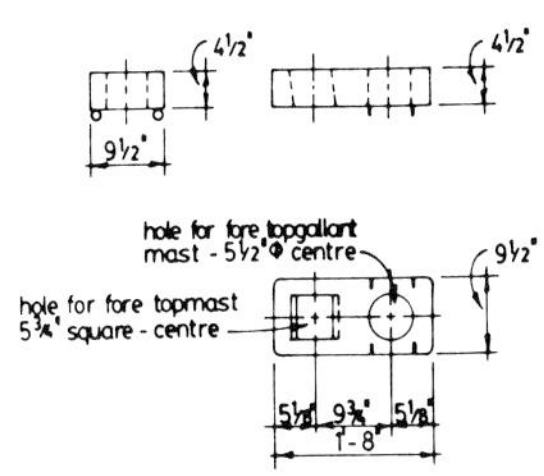

G6/3

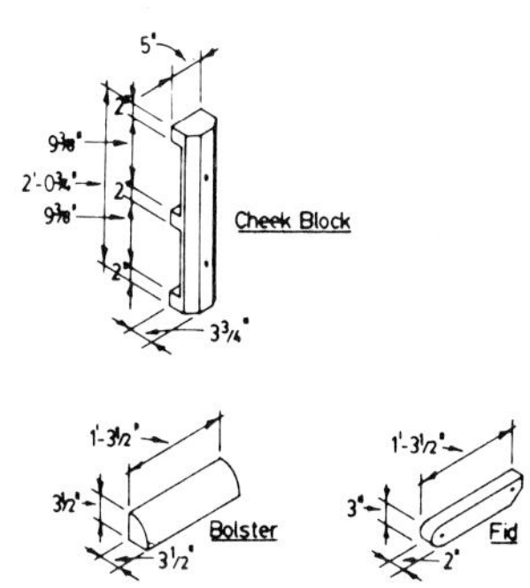

G6/4

G5/3 Draufsicht und Seitenansicht der Fockmarsquersaling (von vorn) (Maßstab 1:96)

G5/4 Draufsicht und Seitenansicht der Fockmarsquersaling (von achtern) (Maßstab 1:96)

G5/5 Draufsicht und Seitenansicht der Fockmarslängssaling (Maßstab 1:96)

G5/6 Draufsicht der Vorbramsaling (Maßstab 1:48)

G5/7 Draufsicht und Seitenansicht der Vorbramlängssaling (Maßstab 1:96)

G5/8 Draufsicht und Seitenansicht der Vorbramquersaling (Maßstab 1:96)

G5/9 Schnitt des Fockmarses (längsschiffs) (Maßstab 1:48)

G5/10 Schnitt des Fockmarses (querschiffs) (Maßstab 1:48)

G6 FOCKMASTDETAILS

G6/1 Fockmasteselshaupt – Draufsicht, Seitenund Vorderansicht (Maßstab 1:48)

G6/2 Fockmast – Schloßholz, Kalbe, Aufklotzung und Mastbacke (Maßstab 1:48)

G6/3 Vormarsstengeneselshaupt – Draufsicht, Seiten- und Vorderansicht (Maßstab 1:48)

G6/4 Fockmast – Schloßholz, Kalbe und Wangenblock (Maßstab 1:48)

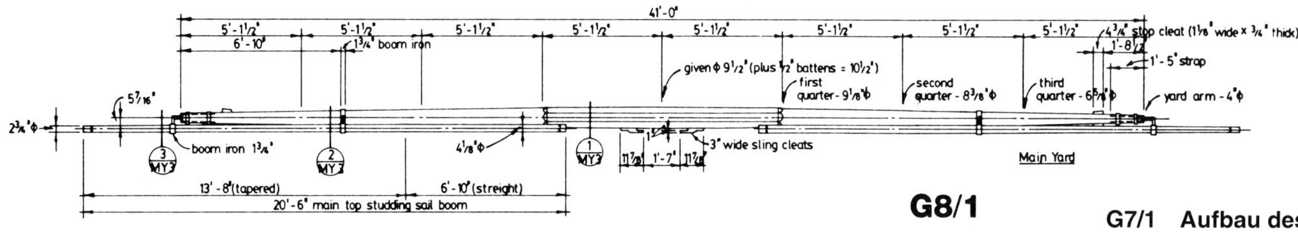

G8/1

G7/1 Aufbau des Großmastes (Maßstab 1:96)
G7/2 Großmast – Draufsicht und Vorderansicht (Maßstab 1:96)
G7/3 Großmarsstenge (Maßstab 1:96)
G7/4 Großbramstenge und Flaggenstock (Maßstab 1:96)
G8 GROSSMASTRAHEN
G8/1 Großrah (Maßstab 1:96)
G8/2 Großmarsrah (Maßstab 1:96)
G8/3 Großbramrah (Maßstab 1:96)
G8/4 Großunterleesegelbaum (Maßstab 1:96)
G8/5 Großleesegelrah (Maßstab 1:96)
G8/6 Großmarsleesegelrah (Maßstab 1:96)
G8/7 Großbramleesegelrah (Maßstab 1:96)

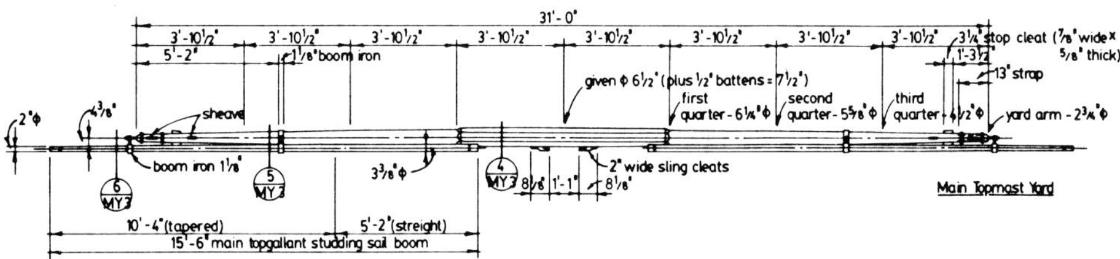

G8/2

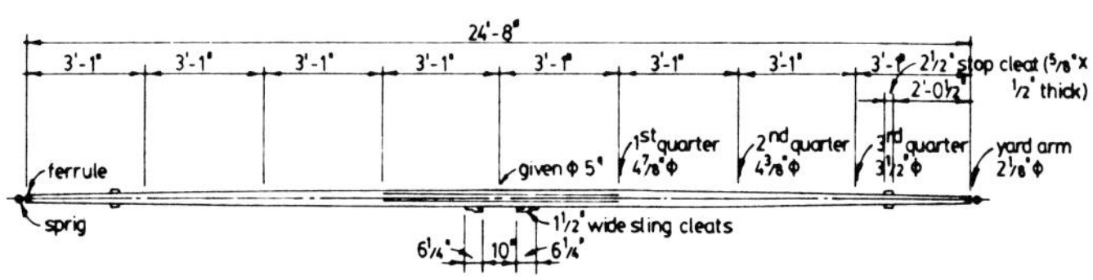

G8/3

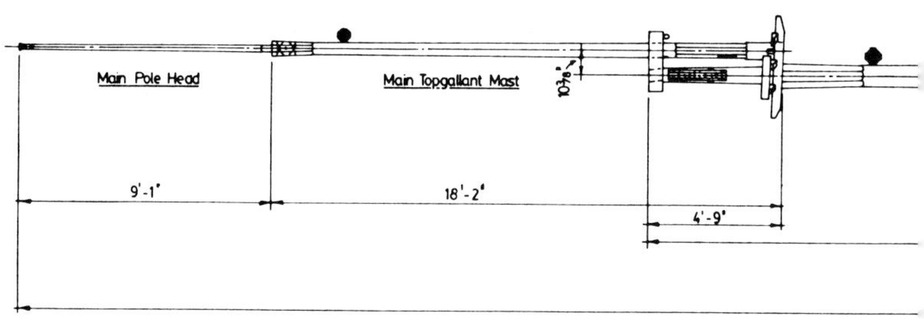

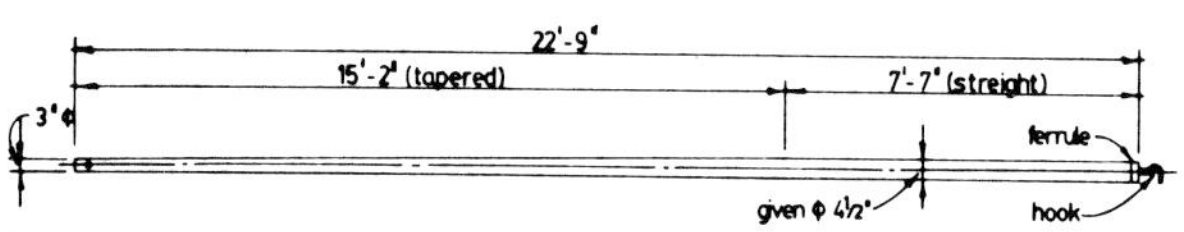

G8/4

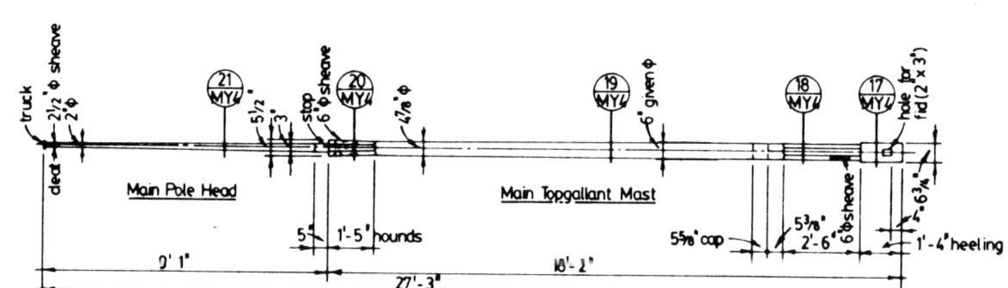

G7/4

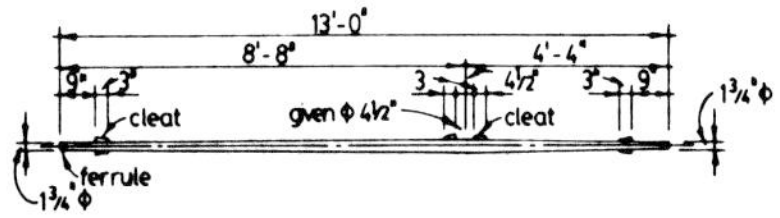

G8/5

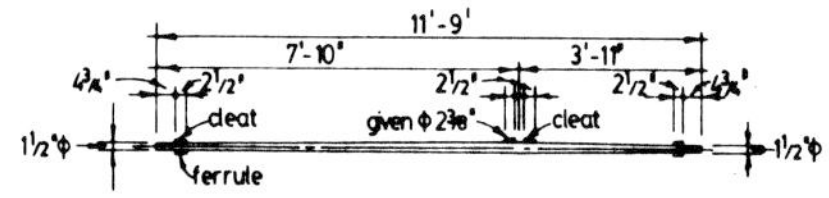

G8/6

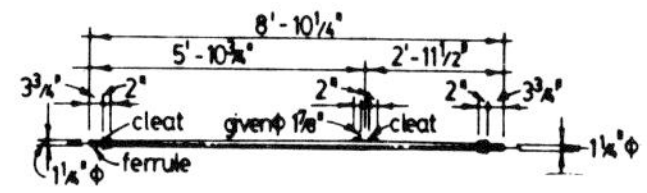

G8/7

G8/8 Details der Großrah (Maßstab 1:16)

1. Großrah
2. Inneres Leesegeleisen
3. Äußeres Leesegeleisen

G8/9 Details der Großmarsrah (Maßstab 1:16)

4. Großmarsrah
5. Inneres Leesegeleisen
6. Äußeres Leesegeleisen

G7/2

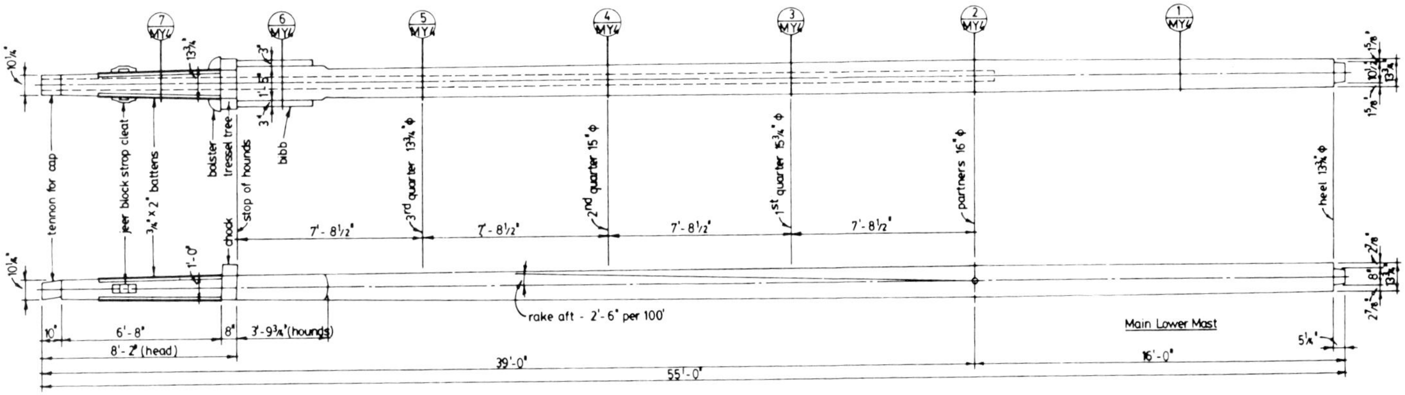

G7/1

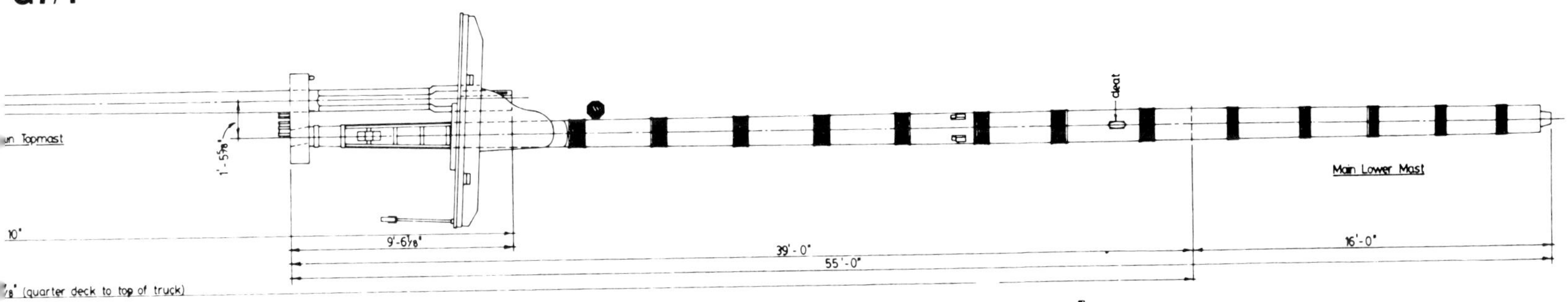

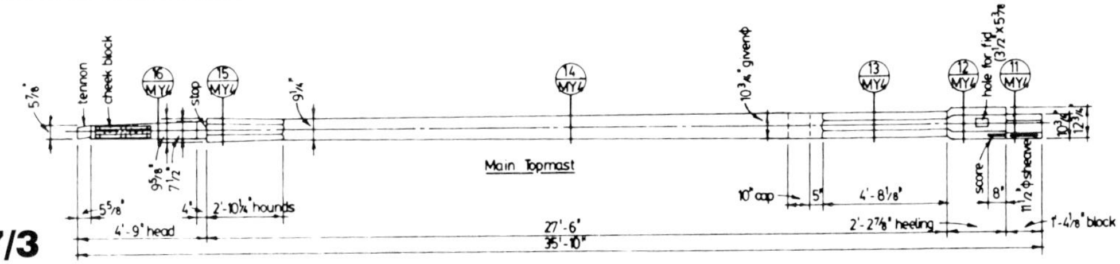

G7/3

G8/8

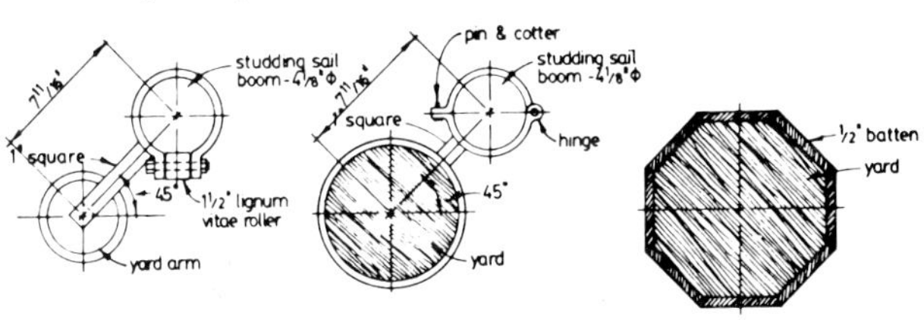

1 2 3

G8/9

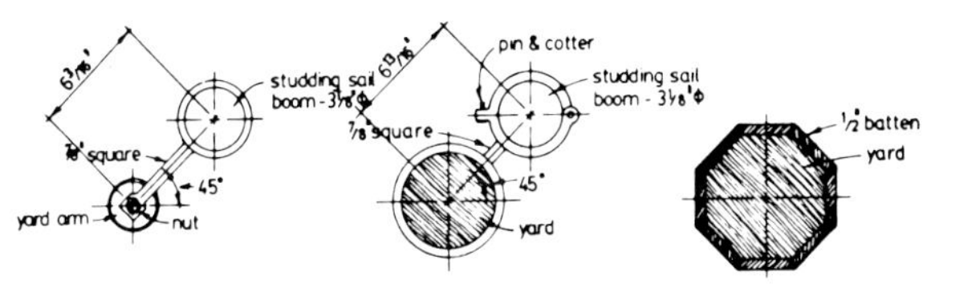

4 5 6

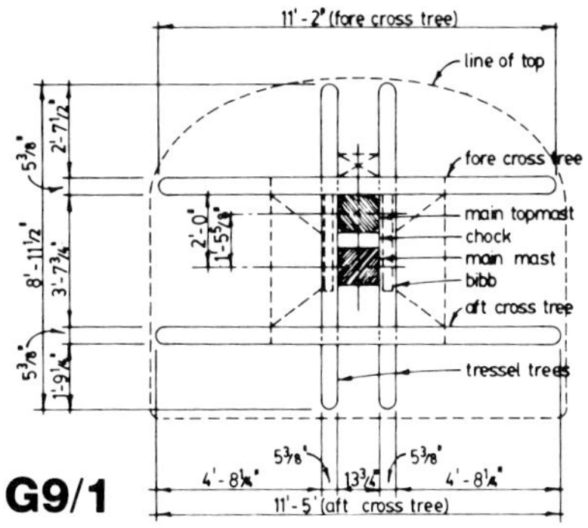

G9/1

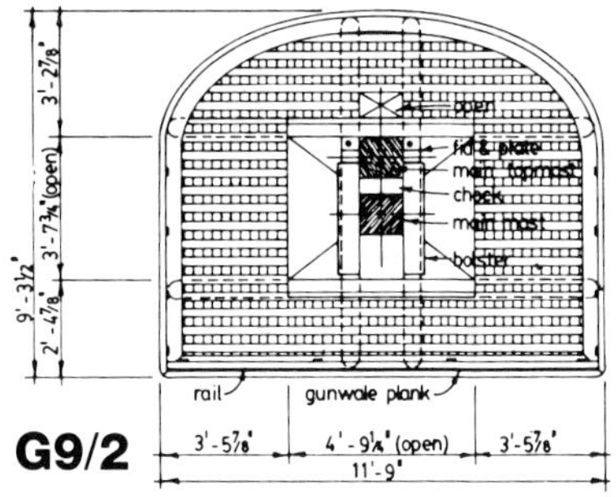

G9/2

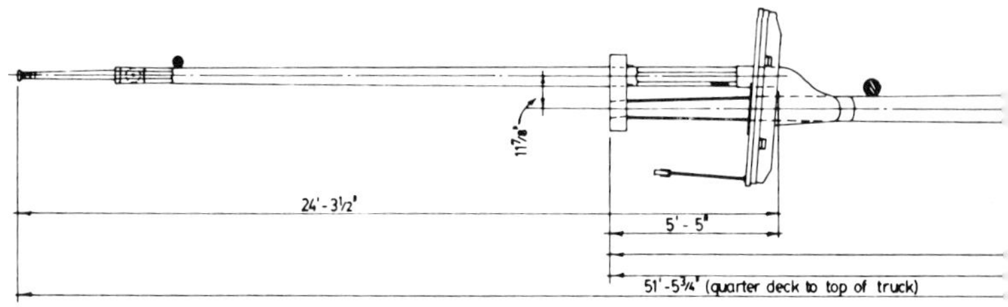

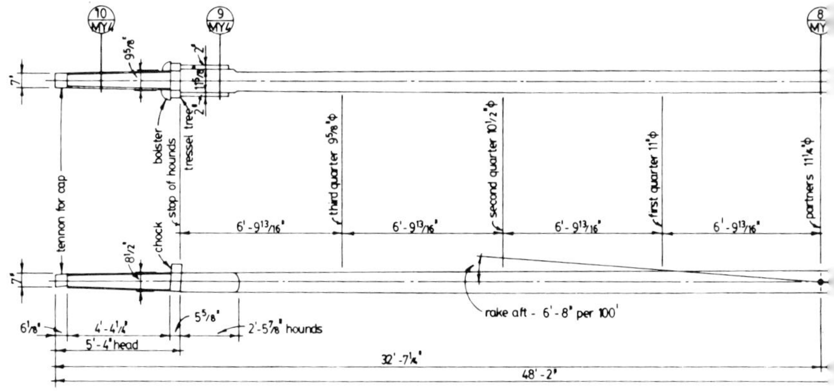

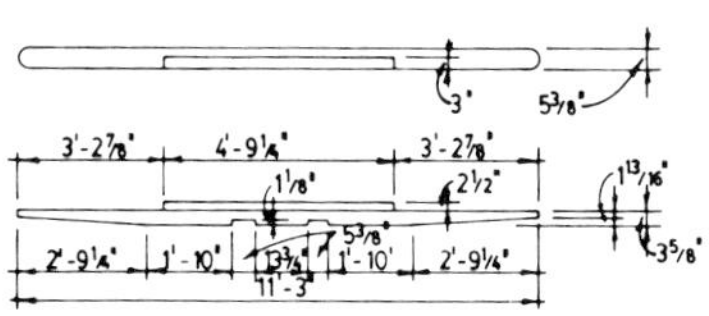

G9/3

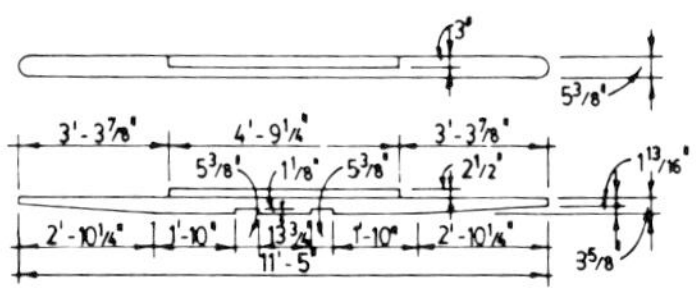

G9/4

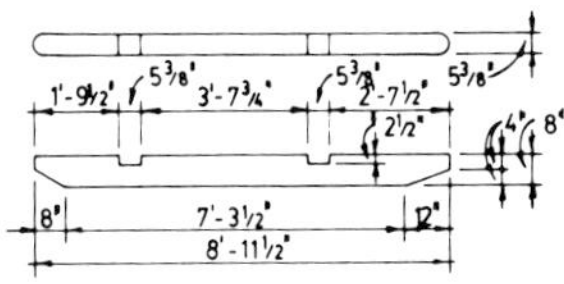

G9/5

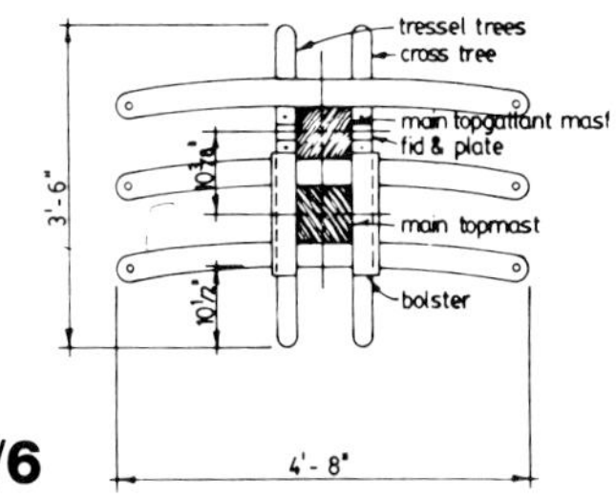

G9/6

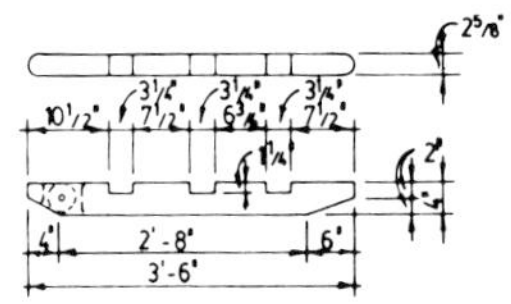

G9/7

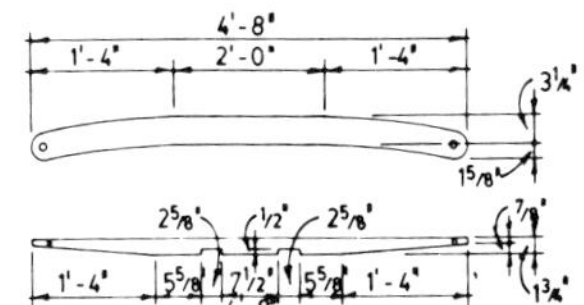

G9/8

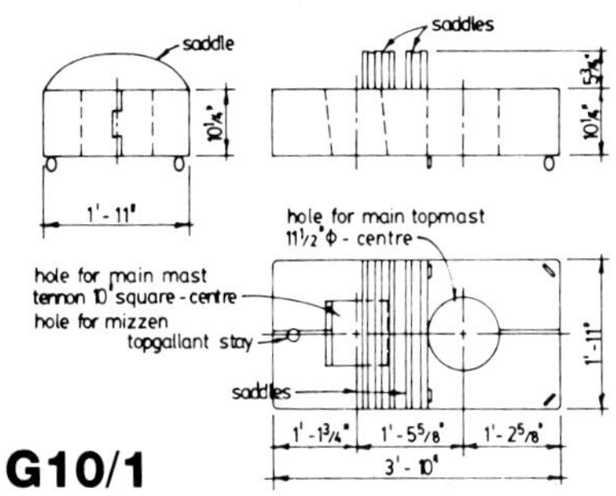

G10/1

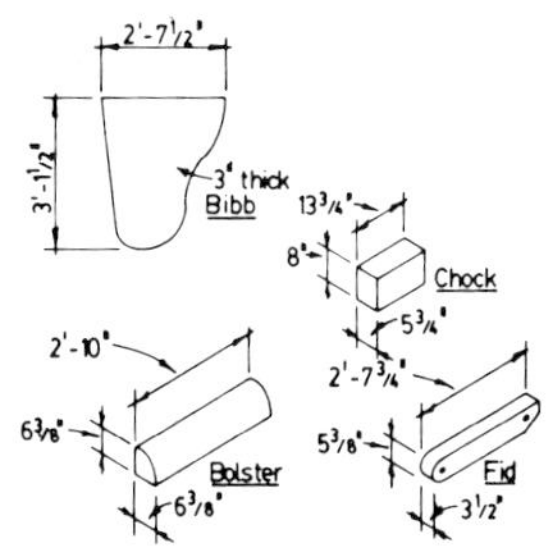

G10/2

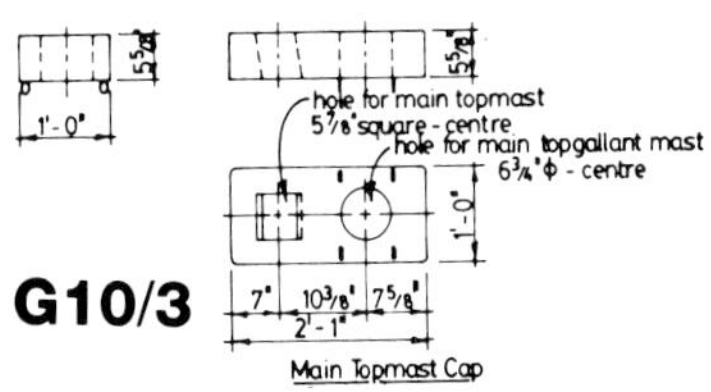

G10/3

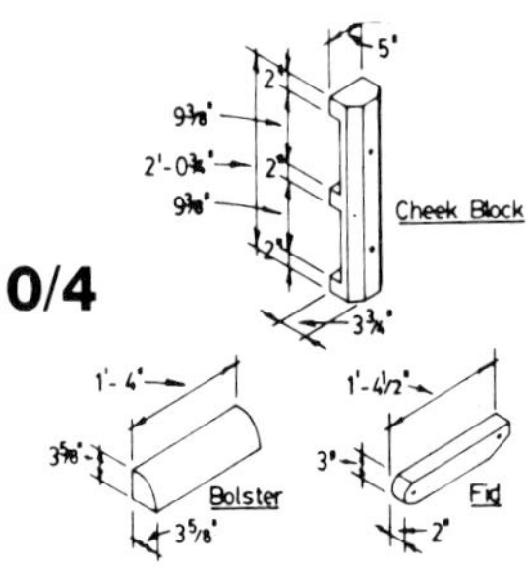

G10/4

G9/1 Draufsicht der Großmarssaling (Maßstab 1:96)

G9/2 Draufsicht des Großmarses (Maßstab 1:96)

G9/3 Draufsicht und Seitenansicht der Großmarsquersaling (von vorn) (Maßstab 1:96)

G9/4 Draufsicht und Seitenansicht der Großmarsquersaling (von achtern) (Maßstab 1:96)

G9/5 Draufsicht und Seitenansicht der Großmarslängssaling (Maßstab 1:96)

G9/6 Draufsicht und Seitenansicht der Großmarsstengensaling (Maßstab 1:48)

G9/7 Draufsicht und Seitenansicht der Großmarsstengenlängssaling (Maßstab 1:48)

G9/8 Draufsicht und Seitenansicht der Großmarsstengenquersaling (Maßstab 1:48)

G10 GROSSMASTDETAILS

G10/1 Großmasteselshaupt – Draufsicht, Seiten- und Vorderansicht (Maßstab 1:48)

G10/2 Untermast – Schloßholz, Kalbe, Aufklotzung und Mastbacke (Maßstab 1:96)

G10/3 Großmarsstengeneselshaupt – Draufsicht, Seiten- und Vorderansicht (Maßstab 1:48)

G10/4 Großmarsstenge – Schloßholz, Kalbe, Aufklotzung und Mastbacke (Maßstab 1:48)

G11 BESANMAST

G11/1 Aufbau des Besanmastes (Maßstab 1:96)

G11/2 Untermast – Vorder- und Seitenansicht (Maßstab 1:96)

G11/3 Besanmarsstenge (Maßstab 1:96)

G11/1

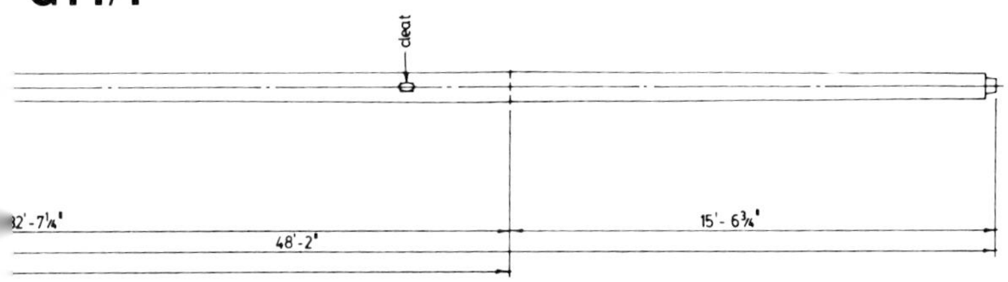

G11/3

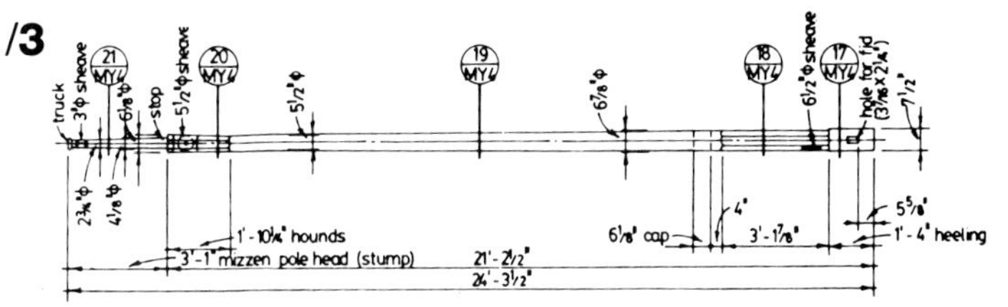

G11/4

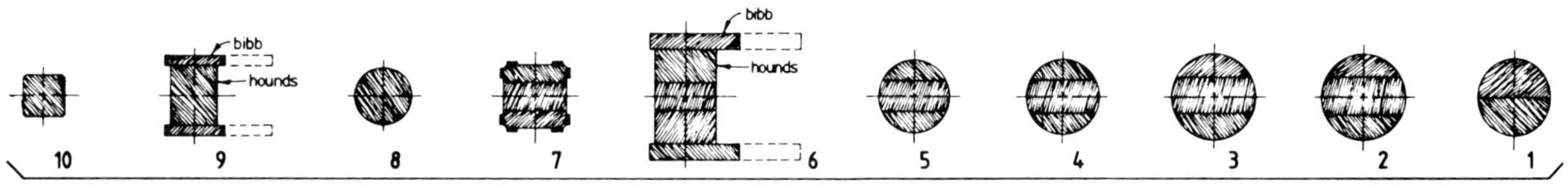

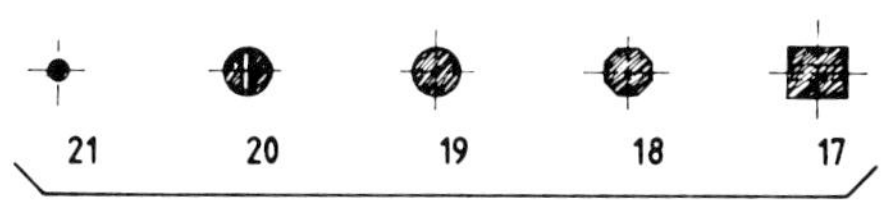

G11/6

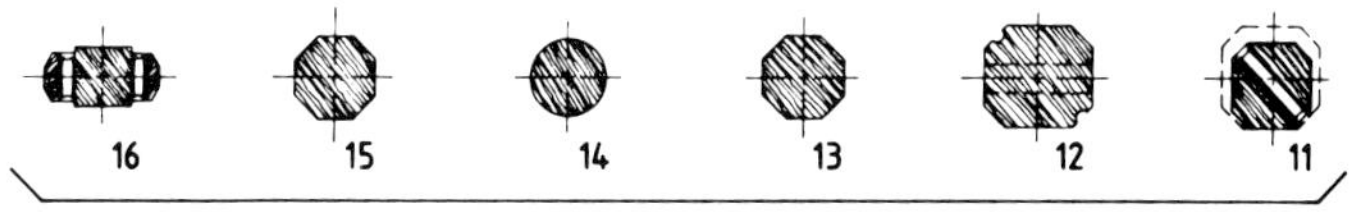

G11/5

G11/2

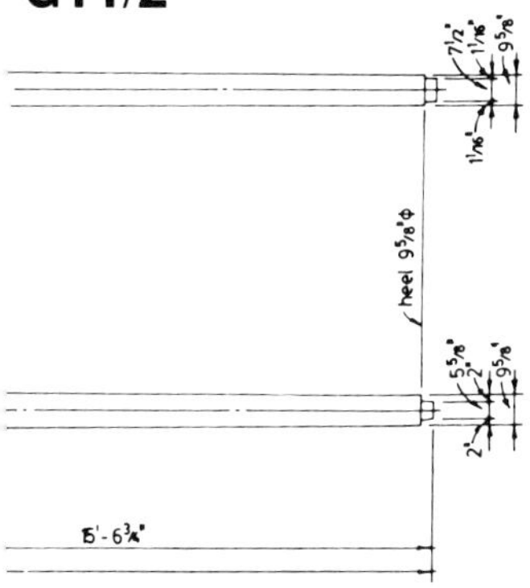

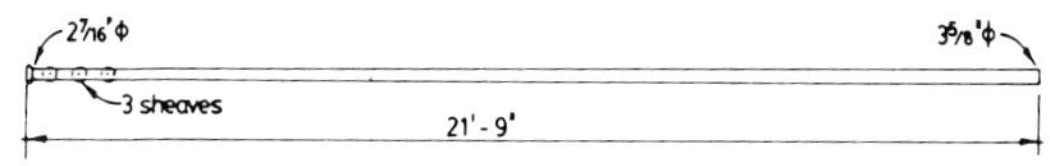

G12/4

- G11/4 Untermastdetails (Maßstab 1:48)
- G11/5 Marsstengendetails (Maßstab 1:48)
- G11/6 Bramstengendetails (Maßstab 1:48)
- G12 BESANRAHEN (Maßstab 1:96)
- G12/1 Kreuzrah (Maßstab 1:96)
- G12/2 Besanmarsrah (Maßstab 1:96)
- G12/3 Treibergaffel (Maßstab 1:96)
- G12/4 Flaggstock (Maßstab 1:96)
- G13 BESANMARSE
- G13/1 Draufsicht der Besanmarssaling (Maßstab 1:96)
- G13/2 Draufsicht des Besanmarses (Maßstab 1:96)
- G13/3 Draufsicht und Seitenansicht der Besanmarslängssaling (Maßstab 1:96)
- G13/4 Draufsicht und Seitenansicht der Besanmarsquersaling (von vorn) (Maßstab 1:96)
- G13/5 Draufsicht und Seitenansicht der Besanmarsquersaling (von achtern) (Maßstab 1:96)
- G14 BESANMASTDETAILS
- G14/1 Besanmasteselshaupt – Draufsicht, Seiten- und Vorderansicht (Maßstab 1:48)
- G14/2 Besanmast – Schloßholz, Kalbe, Aufklotzung und Mastbacke (Maßstab 1:96)

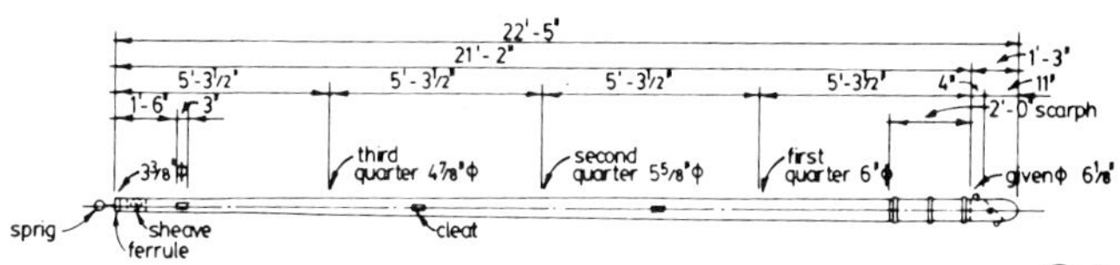

G12/3

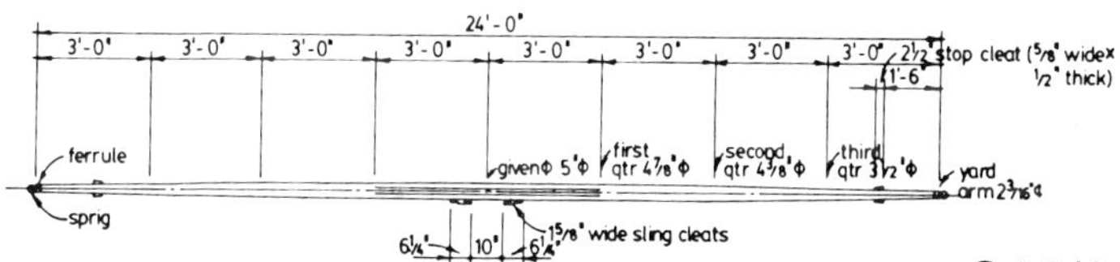

G12/2

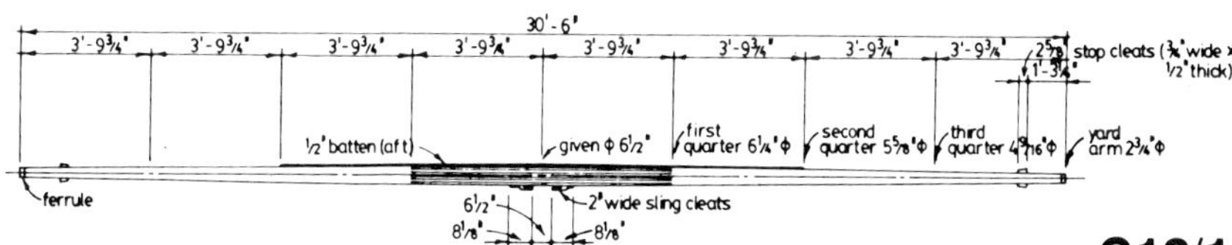

G12/1

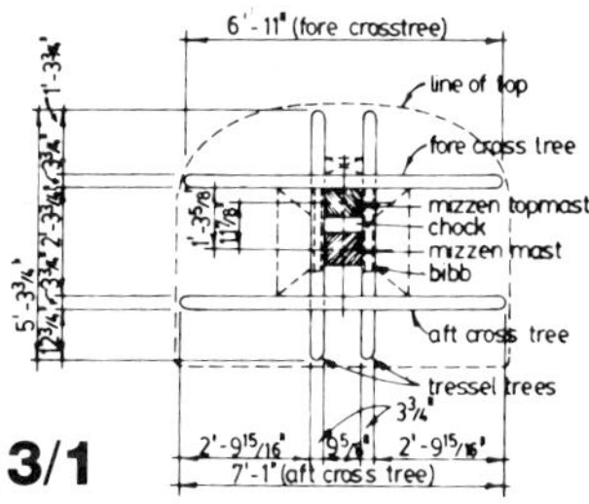

G13/1

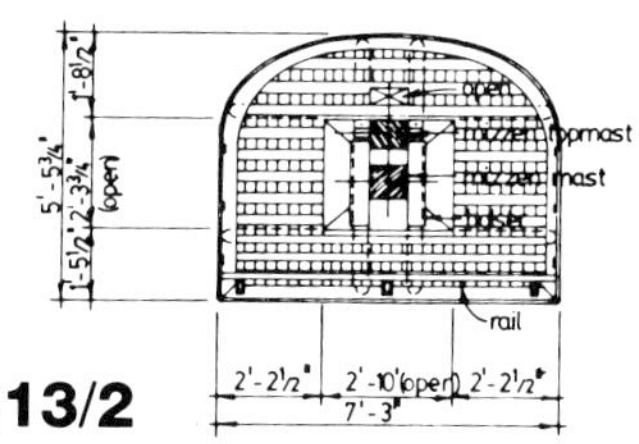

G13/2

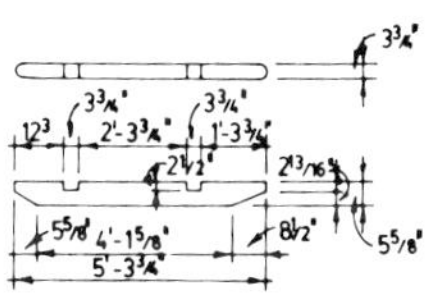

G13/3

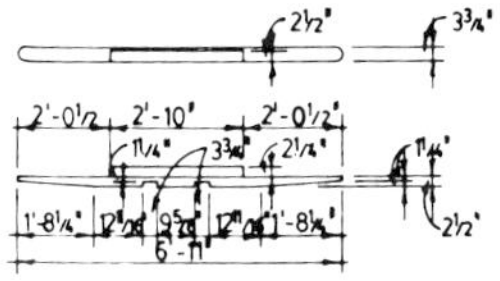

G13/4

G13/5

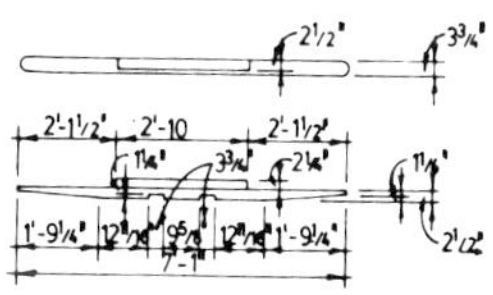

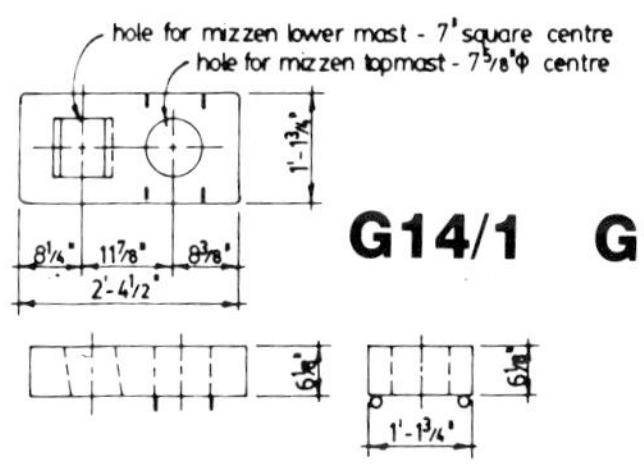

G14/1

G14/2

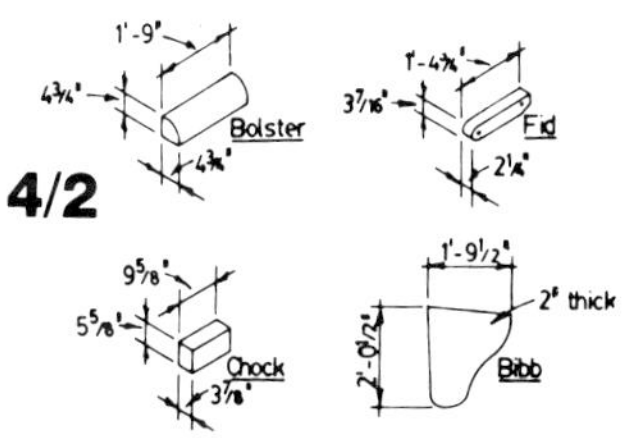

Übersetzung der englischen Bezeichnungen in den Plänen auf den Seiten 85 bis 93 in alphabetischer Reihenfolge

G2/1 — Seite 85

bowsprit	Bugspriet
cap	Eselshaupt
collar cleats	Kragenklampen
gammoning cleats	Wuhlingklampen
grove for jackstaff	Nut für Göschstock
jibboom	Klüverbaum
port block	Bb-Block
spritsail yard sling saddle	Blindehangersattel
starboard block	Stb-Block

G2/2

block	Block
bowsprit	Bugspriet
cap	Eselshaupt
collar cleats	Kragenklampen
face of knightheads	am Ohrholz
gammoning cleats	Wuhlingklampen
jackstaff	Göschstock
jibboom	Klüverbaum
lead lining	Bleibeschlag
saddles	Sättel
stive	Winkel

G2/3

athwartships	querschiffs
bed	Bettung
cap	Eselshaupt
first quarter	1. Viertel
face of knightheads	am Ohrholz
given	gegeben
heel	Fuß
long square	langer Vierkant
outer end	außen
second quarter	2. Viertel
short square	kurzer Vierkant
square	quadratisch
tennon	Zapfen
third quarter	3. Viertel

G2/4

cap	Eselshaupt
end	Ende
first quarter	1. Viertel
given	gegeben
heel	Fuß
second quarter	2. Viertel
sheave	Scheibe
sided	seitig
third quarter	3. Viertel

G2/5

ferrule	Endring
first quarter	1. Viertel
given	gegeben
second quarter	2. Viertel
spring	Feder
stop cleats	Stopklampen
thick	dick
third quarter	3. Viertel
wide sling cleats	breite Hangerklampen
yard arm	Rahnock

G2/6

elevation	Seitenansicht
eyebolts	Augbolzen
fish davit	Fischdavit
plan	Draufsicht
sholder	Schulter
sided	seitig

G2/7 — Seite 86

block	Block
bowsprit	Bugspriet
cap	Eselshaupt
jibboom	Klüverbaum
sheave	Scheibe

G2/8

block	Block
bowsprit	Bugspriet
cap	Eselshaupt
jibboom	Klüverbaum
sheave	Scheibe

G2/9

bowsprit	Bugspriet
jibboom	Klüverbaum
port block	Bb-Block
starboard block	Stb-Block

G2/10

bowsprit	Bugspriet
cleat	Klampe
jibboom	Klüverbaum
saddle	Sattel

G2/12

hole for bowsprit	Loch für Bugspriet
hole for jibboom	Loch für Klüverbaum
tennon, square	Zapfen, quadratisch

G2/14

bevel out & back	schräg
collar cleats	Kragenklampen
gammoning cleats	Wuhlingklampen

G2/18

jackstaff	Göschstock

G3/4

cleat	Klampe
hounds	Schulter
sheave	Scheibe
stop	Stopp
tennon	Zapfen

G3/3

cap	Eselshaupt
cheek blocks	Wangenblöcke
given	gegeben
head	Kopf
hounds	Schulter
stop	Stopp
tennon	Zapfen

G4/1 — Seite 87

battens	Latten
boom iron	Leesegeleisen
first quarter	1. Viertel
fore yard	Fockrah
fore top studding sail boom	Vormarsleesegelspiere
given	gegeben
second quarter	2. Viertel
stop cleat	Stopklampe
strap	Stropp
streight	gerade
tapered	verjüngend (konisch)
third quarter	3. Viertel
thick	dick
wide	breit
wide sling cleats	breite Hangerklampen
yard arm	Rahnock

G4/2

batten	Latten
boom iron	Leesegeleisen
first quarter	1. Viertel
fore topyard	Vormarsrah
fore topgallant studding sail boom	Vorbramleesegelspiere
given	gegeben
second quarter	2. Viertel
sheaves	Scheibe
stop cleat	Stopklampe
strap	Stropp
streight	gerade
tapered	verjüngend (konisch)

third quarter	3. Viertel
thick	dick
wide	breit
wide sling cleats	breite Hangerklampen
yard arm	Rahnock

G3/1

cleat	Klampe
quarter deck to top of truck	Deck bis Flaggenknopf

G3/2

battens	Latten
bibb	Backe
block	Block
bolster	Kalbe
cap	Eselshaupt
given	gegeben
heel	Fuß
heeling	Fuß
hounds	Hummer
jeer block strop cleats	Hangerblockstroppklampen
partners	Fischungen
quarter	Viertel
score	Kerbe
sheave	Scheibe
stop of hounds	Stopp
tressel tree	Saling

G4/3 **Seite 88**

ferrule	Endring
given	gegeben
quarter	Viertel
spring	Feder
stop cleat	Stopklampe
thick	dick
wide	breit
wide sling cleats	breite Hangerklampen
yard arm	Rahnock

G4/4

ferrule	Endring
given	gegeben
hook	Haken
streight	gerade
tapered	verjüngend (konisch)

G4/5

cleat	Klampe
ferrule	Endring
given	gegeben

G4/6

cleat	Klampe
ferrule	Endring
given	gegeben

G4/7

cleat	Klampe
ferrule	Endring
given	gegeben

G4/8

batten	Latte
hinge	Scharnier
lignum vitae roller	Pockholzrolle
pin & cotter	Splint & Zapfen
square	quadratisch
studding sail boom	Leesegelspiere
yard	Rah
yard arm	Rahnock

G4/9

batten	Latte
hinge	Scharnier
pin & cotter	Splint & Zapfen
square	quadratisch
studding sail boom	Leesegelspiere
yard	Rah
yard arm	Rahnock

G5/1

Aft cross tree	hintere Quersaling
bibb	Backe
chock	Aufklotzung
fore cross tree	vordere Quersaling
fore mast	Fockmast
fore lower trees	Vormarssalings
fore topmast	Vormarsstenge
line of top	Umriß des Marses
tressel trees	Längssalings

G5/2

bolster	Kalbe
fid & plate	Schloßholz & Platte
fore mast	Fockmast
fore top	Fockmars
fore topmast	Vormarsstenge
gunwale plank	Stoßplanke
open	offen
rail	Reling

G5/6 **Seite 89**

bolster	Kalbe
cross tree	Saling
fid & plate	Schloßholz & Platte
fore mast	Fockmast
fore topgallant mast	Vorbramstenge
fore topmast	Vormarsstenge
fore topmast top	Vormarsstengensaling
sheave	Scheibe
tressel trees	Längssalings

G5/7

sheave	Scheibe

G5/9

cross tree	Quersaling
grating	Gräting
gunwale plank	Stoßplanke
plank	Planke
rail	Reling
rim	Rand
stanchion	Stütze
tressel tree	Längssaling

G5/10

chain	Rüsteisen
chain deadeye	Rüstjuffer
cross tree	Quersaling
grating	Gräting
plank	Planke
shroud deadeye	Wantjuffer
tressel tree	Längssaling

G6/1

centre	Mittel
hole for fore lowermast	Loch für Fockuntermast
hole for fore topmast	Loch für Vormarsstenge
saddle	Sattel
square	quadratisch

G6/2

chock	Aufklotzung
bibb	Backe
bolster	Kalbe
fid	Schloßholz

G6/3

centre	Mitte
hole for topgallant mast	Loch für Vorbramstenge
hole for fore topmast	Loch für Vormarsstenge

G6/4

cheek block	Wangenblock
bolster	Kalbe
fid	Schloßholz

G8/1 **Seite 90**

battens	Latten
boom iron	Leesegeleisen
first quarter	1. Viertel
given	gegeben
main yard	Großrah
main top studding sail boom	Großmarsleesegelspiere
second quarter	2. Viertel
stop cleat	Stoppklampe
strap	Stropp
streight	gerade
tapered	verjüngend (konisch)
third quarter	3. Viertel
thick	dick
wide	breit
wide sling cleats	breite Hangerklampen
yard arm	Rahnock

G8/2

batten	Latten
boom iron	Leesegeleisen
first quarter	1. Viertel
main topmastyard	Großmarsrah
main topgallant studding sail boom	Großbramleesegelspiere
given	gegeben
second quarter	2. Viertel
sheaves	Scheibe
stop cleat	Stoppklampe
strap	Stropp
streight	gerade
tapered	verjüngend (konisch)
third quarter	3. Viertel
thick	dick
wide	breit
wide sling cleats	breite Hangerklampen
yard arm	Rahnock

G8/3

ferrule	Endring
given	gegeben
1st quarter	1. Viertel
2nd quarter	2. Viertel
3rd quarter	3. Viertel
spring	Feder
stop cleat	Stoppklampe
thick	dick
wide sling cleats	breite Hangerklampen
yard arm	Rahnock

G8/4

ferrule	Endring
given	gegeben
hook	Haken
streight	gerade
tapered	verjüngend (konisch)

G8/5

cleat	Klampe
ferrule	Endring
given	gegeben

G8/6

cleat	Klampe
ferrule	Endring
given	gegeben

G8/7

cleat	Klampe
ferrule	Endring
given	gegeben

G7/4

main pole head	Großflaggenstock
main topgallant mast	Großbramstenge
cap	Eselshaupt
cleat	Klampe
given	gegeben
heeling	Fuß
hounds	Schulter
hole for fid	Loch für Schloßholz
main pole head	Großflaggenstock
main topgallant mast	Großbramstenge
sheave	Scheibe
stop	Stopp
truck	Flaggenknopf

G7/2 — Seite 91

battens	Latten
bibb	Backe
bolster	Kalbe
head	Kopf
heel	Fuß
hounds	Hummer
jeer block strop cleats	Hangerblockstroppklampen
main lower mast	Großuntermast
partners	Fischungen
quarter	Viertel
rake aft	Neigungswinkel achtern
stop of hounds	Stopp
tennon for cap	Zapfen für Eselshaupt
tressel tree	Saling
third quarter	3. Viertel
thick	dick

G7/1

cleat	Klampe
main lower mast	Großuntermast
main topmast	Großmarsstenge
quarter deck to top of truck	Deck bis Flaggenknopf

G7/3

block	Block
cap	Eselshaupt
cheek block	Wangenblock
given	gegeben
heeling	Fuß
head	Kopf
hole for fid	Loch für Schloßholz
hounds	Schulter
main topmast	Großmarsstenge
score	Kerbe
sheave	Scheibe
stop	Stopp
tennon	Zapfen

G8/8

batten	Latte
hinge	Scharnier
lignum vitae roller	Pockholzrolle
pin & cotter	Splint & Zapfen
square	quadratisch
studding sail boom	Leesegelspiere
yard	Rah
yard arm	Rahnock

G8/9

batten	Latte
hinge	Scharnier
pin & cotter	Splint & Zapfen
square	quadratisch
studding sail boom	Leesegelspiere
yard	Rah
yard arm	Rahnock

G9/1 — Seite 92

Aft cross tree	hintere Quersaling
bibb	Backe
chock	Aufklotzung
fore cross tree	vordere Quersaling
main mast	Großmast
main topmast	Großmarsstenge
line of top	Umriß des Marses
tressel trees	Längssalings

G9/2

bolster	Kalbe
fid & plate	Schloßholz & Platte
main mast	Großmast
main topmast	Großmarsstenge
gunwale plank	Stoßplanke
open	offen
rail	Reling

G10/1

centre	Mitte
hole for main mast	Loch für Großmast
hole for main topmast	Loch für Großmarsstenge
hole for mizzen topgalant stay	Loch für Besanbramstengenstag
saddle	Sattel
saddles	Sättel
tenon	Zapfen
square	quadratisch

G9/6

bolster	Kalbe
cross tree	Quersaling
fid & plate	Schloßholz & Platte
main topgallant mast	Großbramstenge
tressel trees	Längssalings

G10/2

chock	Aufklotzung
bibb	Backe
bolster	Kalbe
fid	Schloßholz

G10/3

hole for main topgallant mast ... centre	Loch für Großbramstenge ...Mitte
hole for main topmast square centre	Loch für Großmarsstenge quadratisch Mitte
main topmast cap	Großmasteselshaupt

G10/4

bolster	Kalbe
cheek block	Wangenblock
fid	Schloßholz

G11/1

quarter deck to top of truck	Deck bis Flaggenknopf

G11/2

bolster	Kalbe
chock	Aufklotzung
first quarter	1. Viertel
head	Kopf
hounds	Schulter
partners	Fischungen
rafe aft	Neigungswinkel achtern
second quarter	2. Viertel
stop of hounds	Stopp
third quarter	3. Viertel
tennon for cap	Zapfen für Eselshaupt
tressel tree	Saling

G11/1 **Seite 93**

cleat	Klampe

G11/2

heel	Fuß

G11/3

cap	Eselshaupt
heeling	Fuß
hole for fid	Loch für Schloßholz
hounds	Schulter
mizen pole head	Pfahltopp
sheave	Scheibe
stop	Stopp
truck	Flaggenknopf

G11/4

bibb	Backe
hounds	Hummer

G12/4

sheaves	Scheiben

G12/3

cleat	Klampe
ferrule	Endring
first quarter	1. Viertel
given	gegeben
second quarter	2. Viertel
spring	Feder
third quarter	3. Viertel

G12/2

ferrule	Endring
first quarter	1. Viertel
given	gegeben
scarph	Laschung
second quarter	2. Viertel
spring	Feder
stop cleat	Stoppklampe
third quarter	3. Viertel
wide x thick	breit x dick
wide sling cleats	breite Hangerklampen
yard arm	Rahnock

G12/1

batten (aft)	Latten (hinten)
ferrule	Endring
first quarter	1. Viertel
given	gegeben
second quarter	2. Viertel
stop cleat	Stoppklampe
third quarter	3. Viertel
wide x thick	breit x dick
wide sling cleats	breite Hangerklampen
yard arm	Rahnock

G13/1

aft cross tree	hintere Quersaling
bibb	Backe
chock	Aufklotzung
fore cross tree	vordere Quersaling
line of top	Umriß des Marses
mizen mast	Besanmast
mizen topmast	Besanmarsstenge
tressel trees	Längssalings

G13/2

bolster	Kalbe
fid & plate	Schloßholz & Platte
mizen mast	Besanmast
mizen topmast	Besanmarsstenge
open	offen
rail	Reling

G14/1

centre	Mitte
hole for mizen lower mast	Loch für Besanuntermast
hole for mizen topmast	Loch für Besanmarsstenge
square	quadratisch

G14/2

chock	Aufklotzung
bibb	Backe
bolster	Kalbe
fid	Schloßholz

G15/4

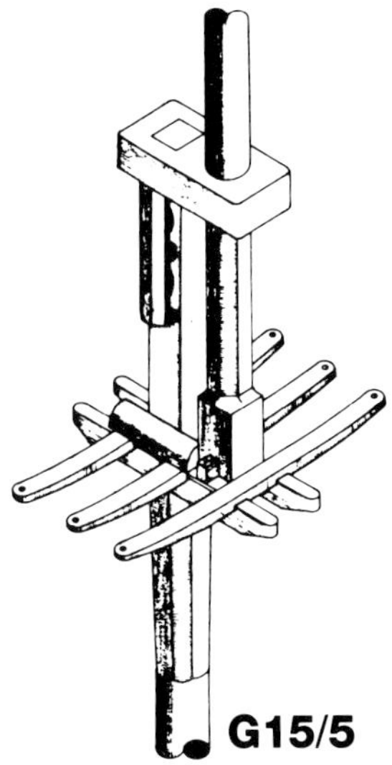

G15/5

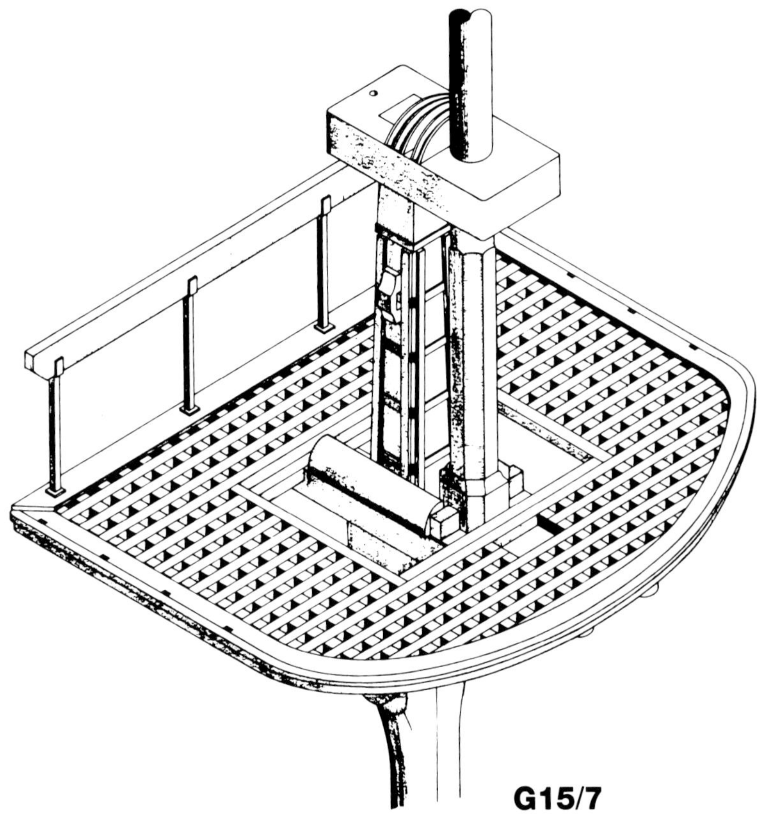

G15/7

G15/3

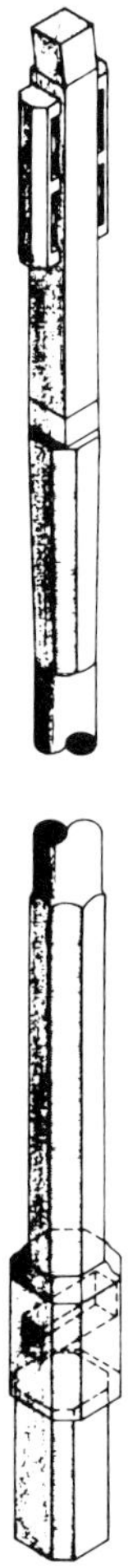

G15/2

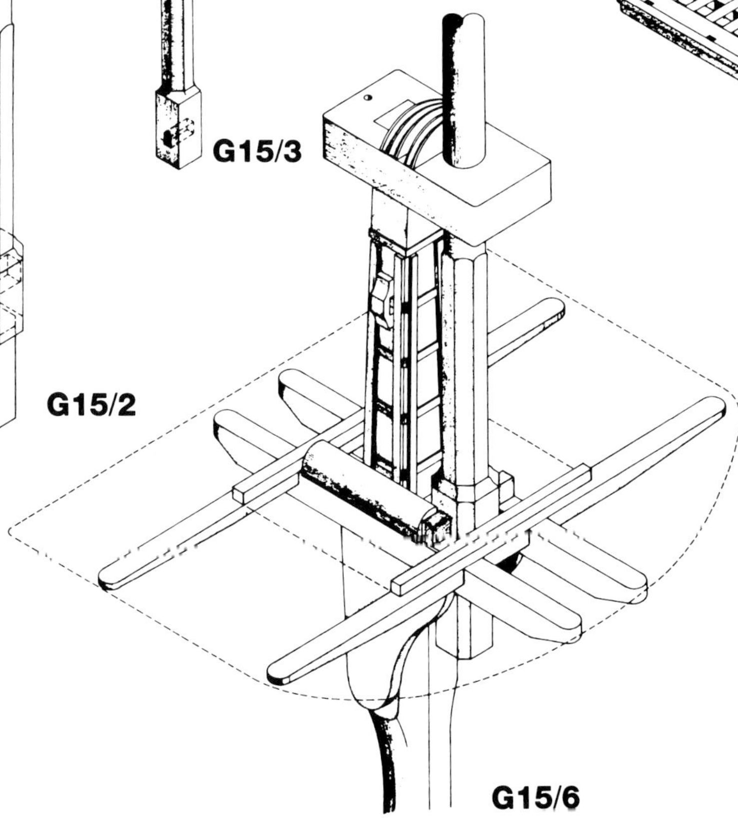

G15/6

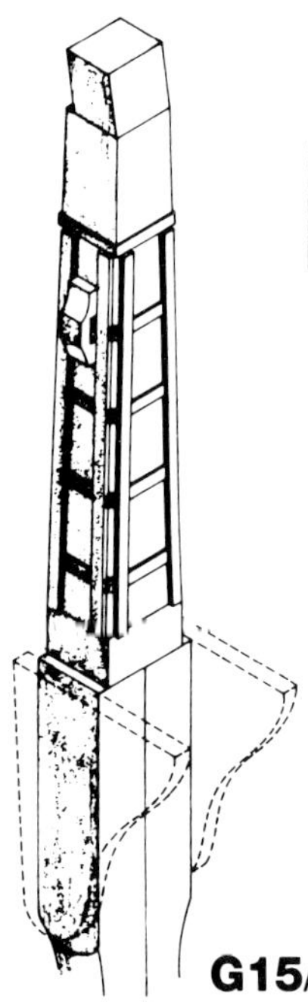

G15/1

G15 DETAILS VON MASTEN UND RAHEN (ohne Maßstab)

G15/1 Großmastkopf

G15/2 Großmarsstenge

G15/3 Großbramstenge

G15/4 Besanmarsstenge

G15/5 Großmarsstengensaling

G15/6 Großmarssaling (ohne Maßstab)

G15/7 Großmars (ohne Maßstab)

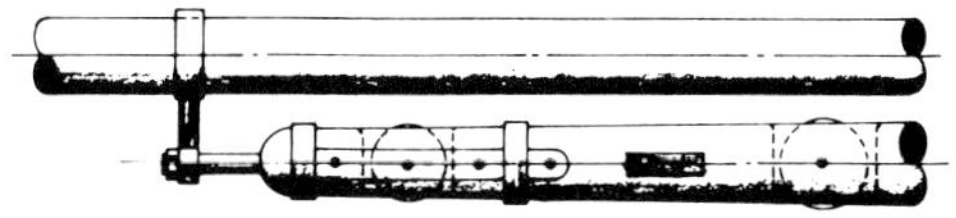

G15/8

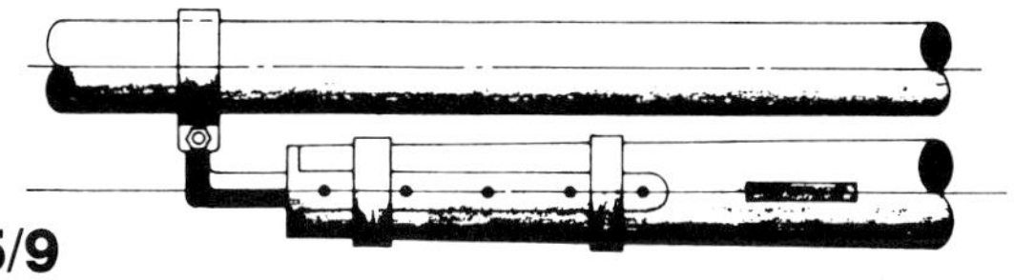

G15/9

G15/8 Großrahnock
G15/9 Großmarsrahnock
G15/10 Schlingenklampen der Großrah
G15/11 Großrah
G15/12 Inneres Großrahleesegeleisen
G15/13 Großrahnock
G15/14 Schlingenklampen der Großmarsrah
G15/15 Großmarsrah
G15/16 Inneres Großmarsrahleesegeleisen
G15/17 Großmarsrahnock
G15/18 Schlingenklampen der Großbramrah
G15/19 Großbramrahnock
G15/20 Kreuzrahnock
G15/21 Detail der Treiberbaumklaue
G15/22 Detail von Treiberbaum und Besanmast
G15/23 Detail des Treiberbaumendes

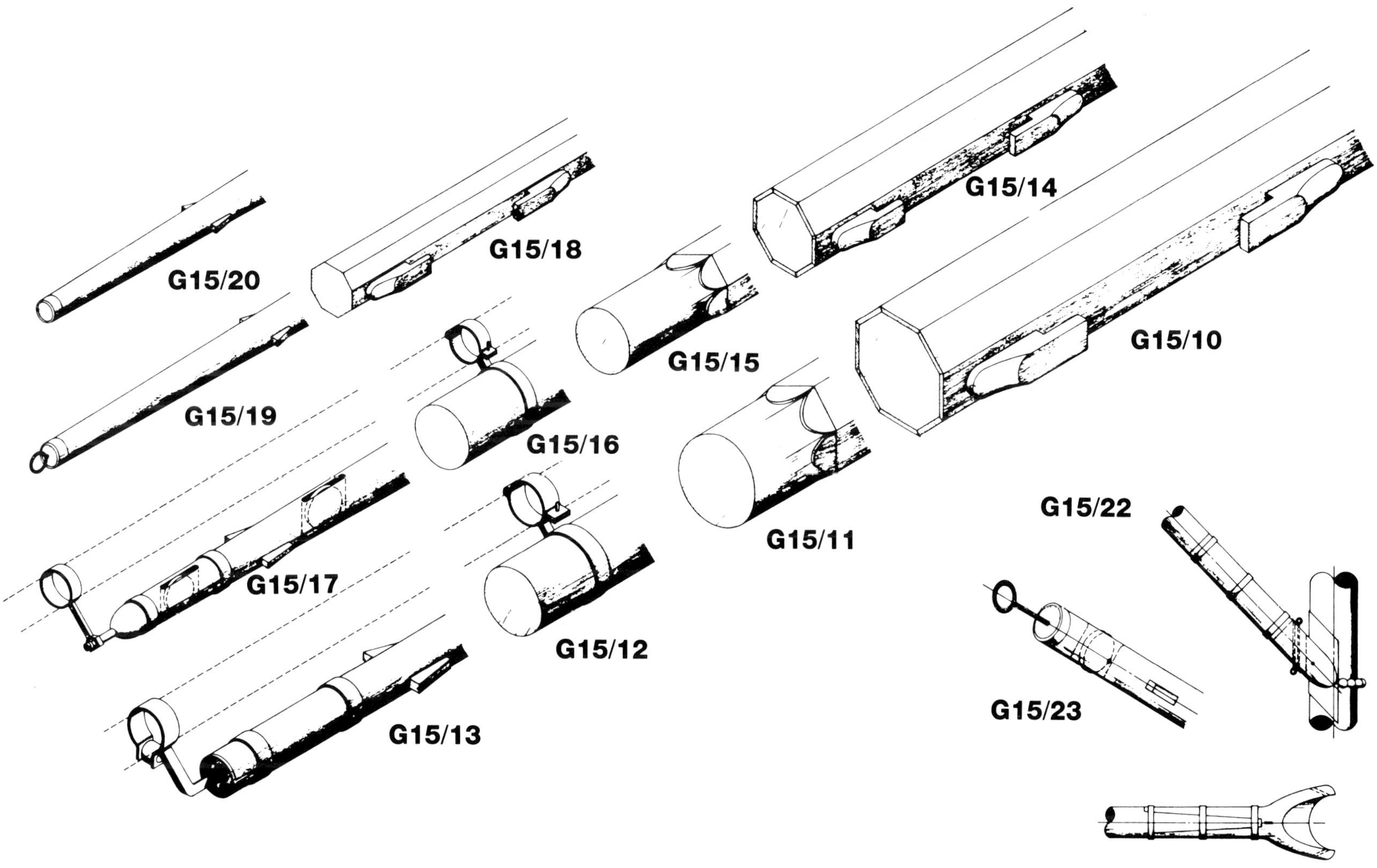

H Takelung

H1 STEHENDES GUT

H1/1 Seitenansicht des stehenden Guts (Maßstab 1:192)

Die Erklärungen der Ziffern am stehenden und laufenden Gut finden Sie auf den Seiten 112 bis 120.

H1/1

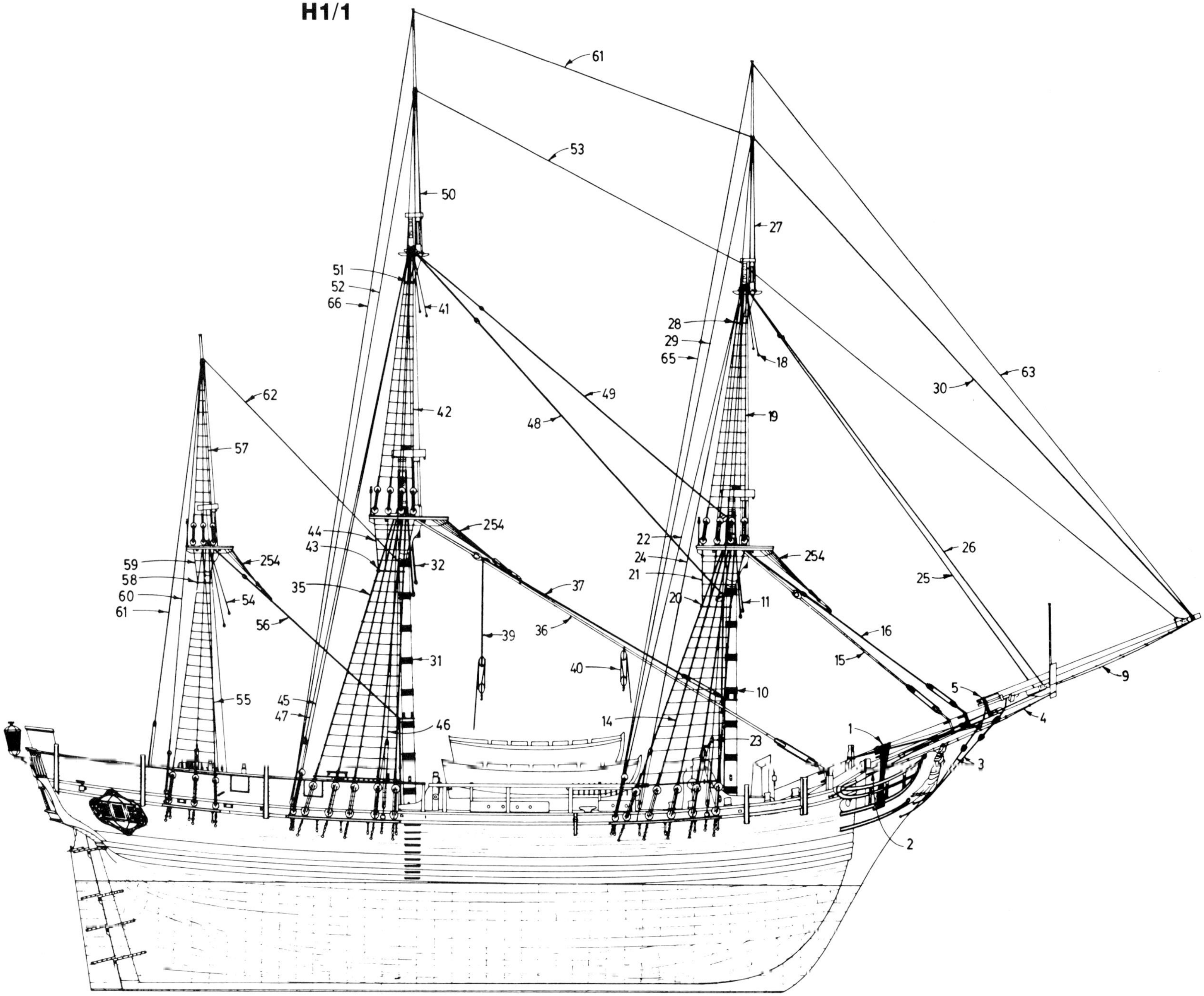

H1/2 Perspektivische Ansicht des stehenden Guts (ohne Maßstab)

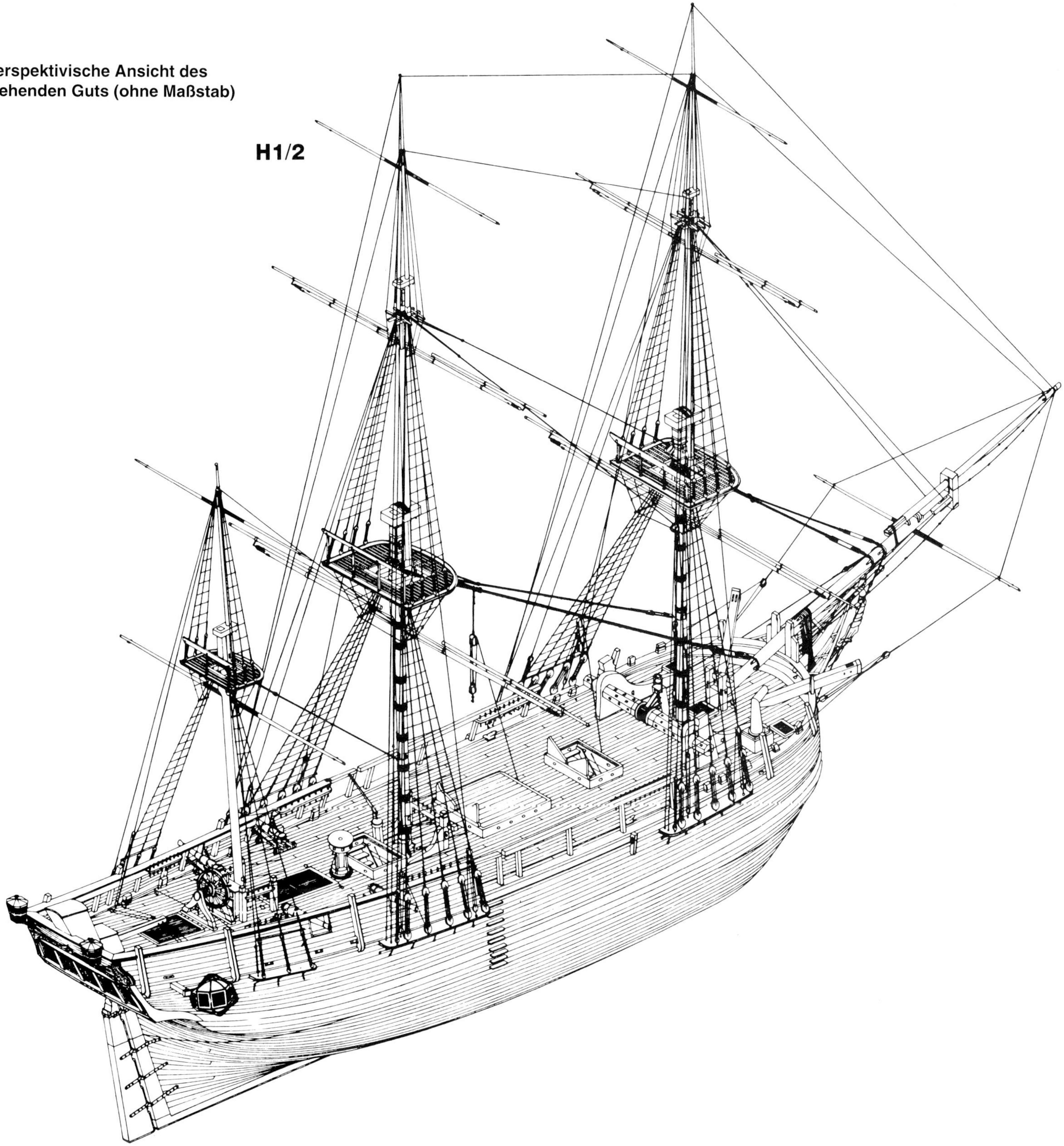

H1/3

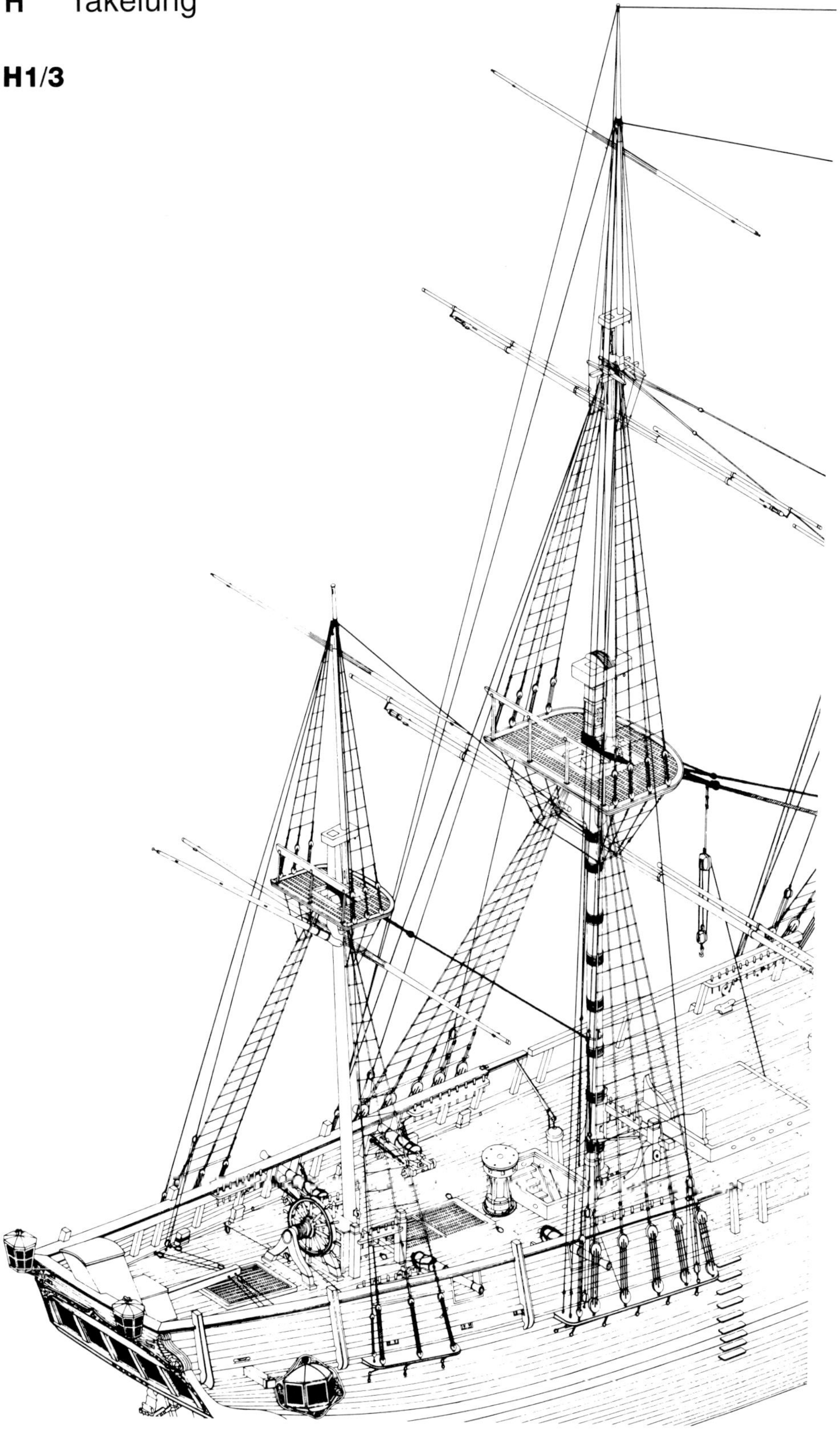

H1/4

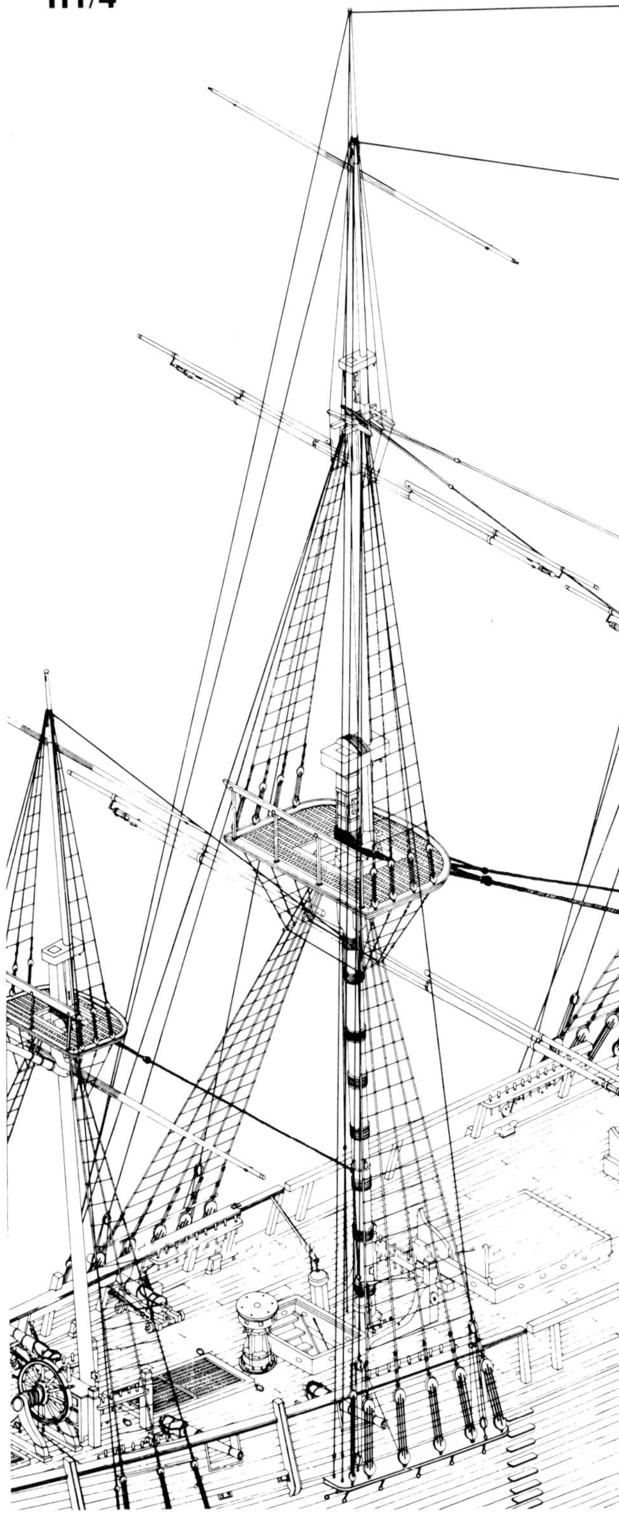

H1/3 **Perspektivische Ansicht des stehenden Guts am Besanmast (ohne Maßstab)**

H1/4 **Perspektivische Ansicht des stehenden Guts am Großmast (ohne Maßstab)**

H1/5 **Perspektivische Ansicht des stehenden Guts an Fockmast und Bugspriet (Ohne Maßstab)**

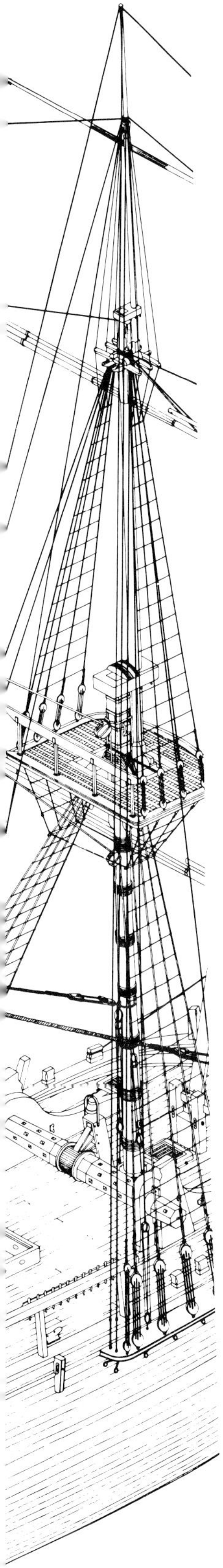

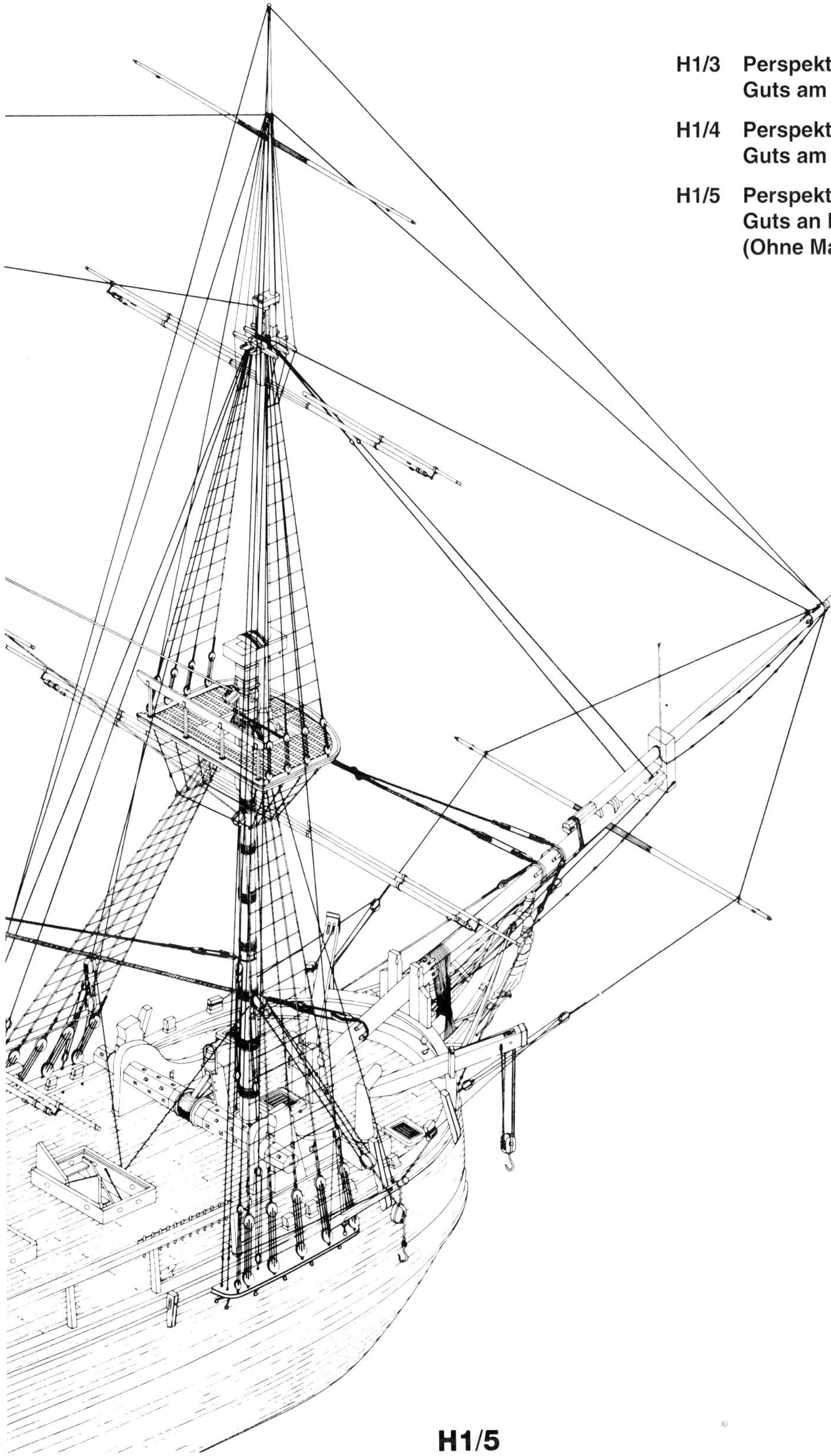

H1/5

H2 LAUFENDES GUT

H2/1 Seitenansicht des laufenden Guts (Maßstab 1:192)

H2/1

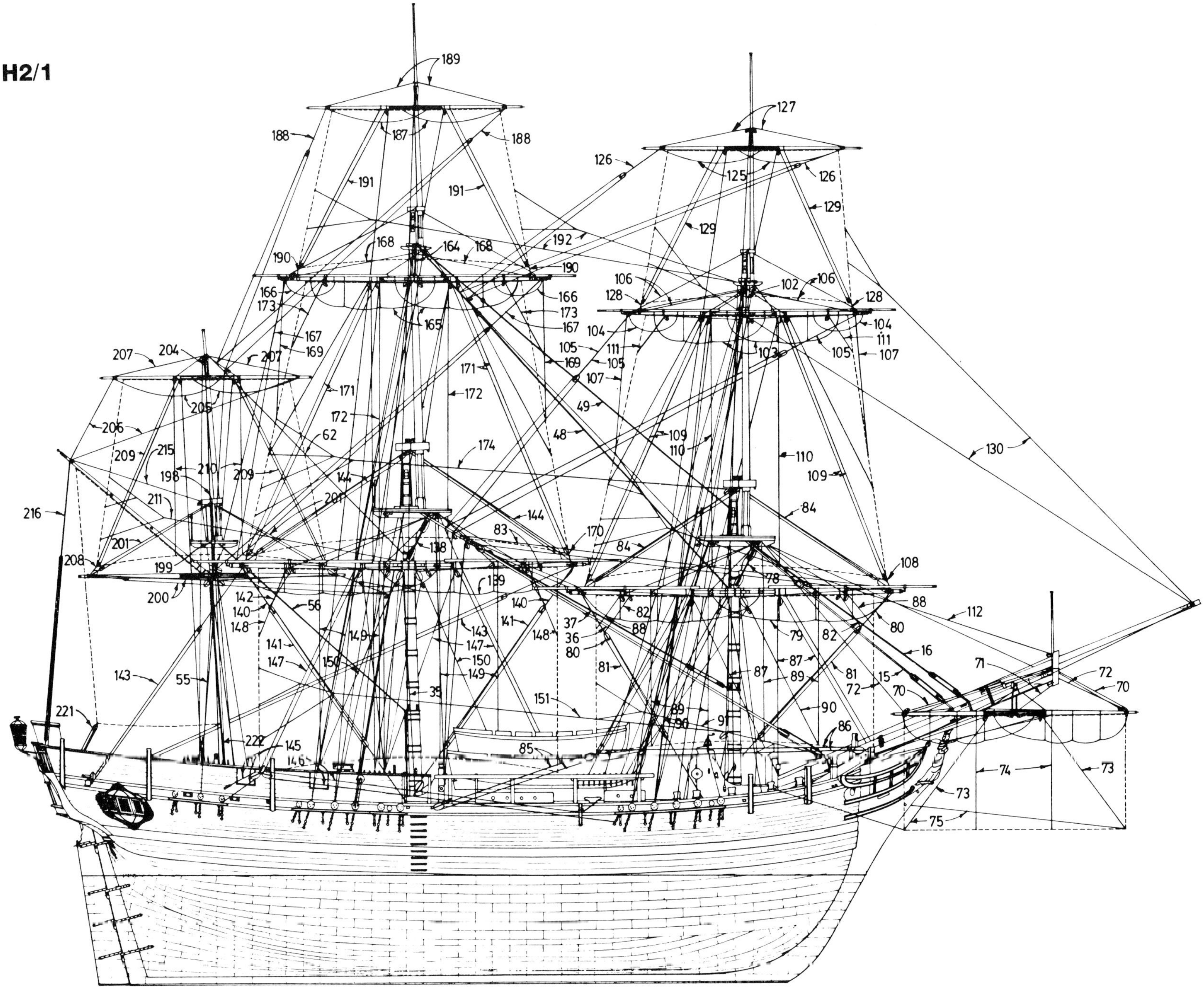

H2/2 **Perspektivische Ansicht des laufenden Guts (Ohne Maßstab)**

H2/2

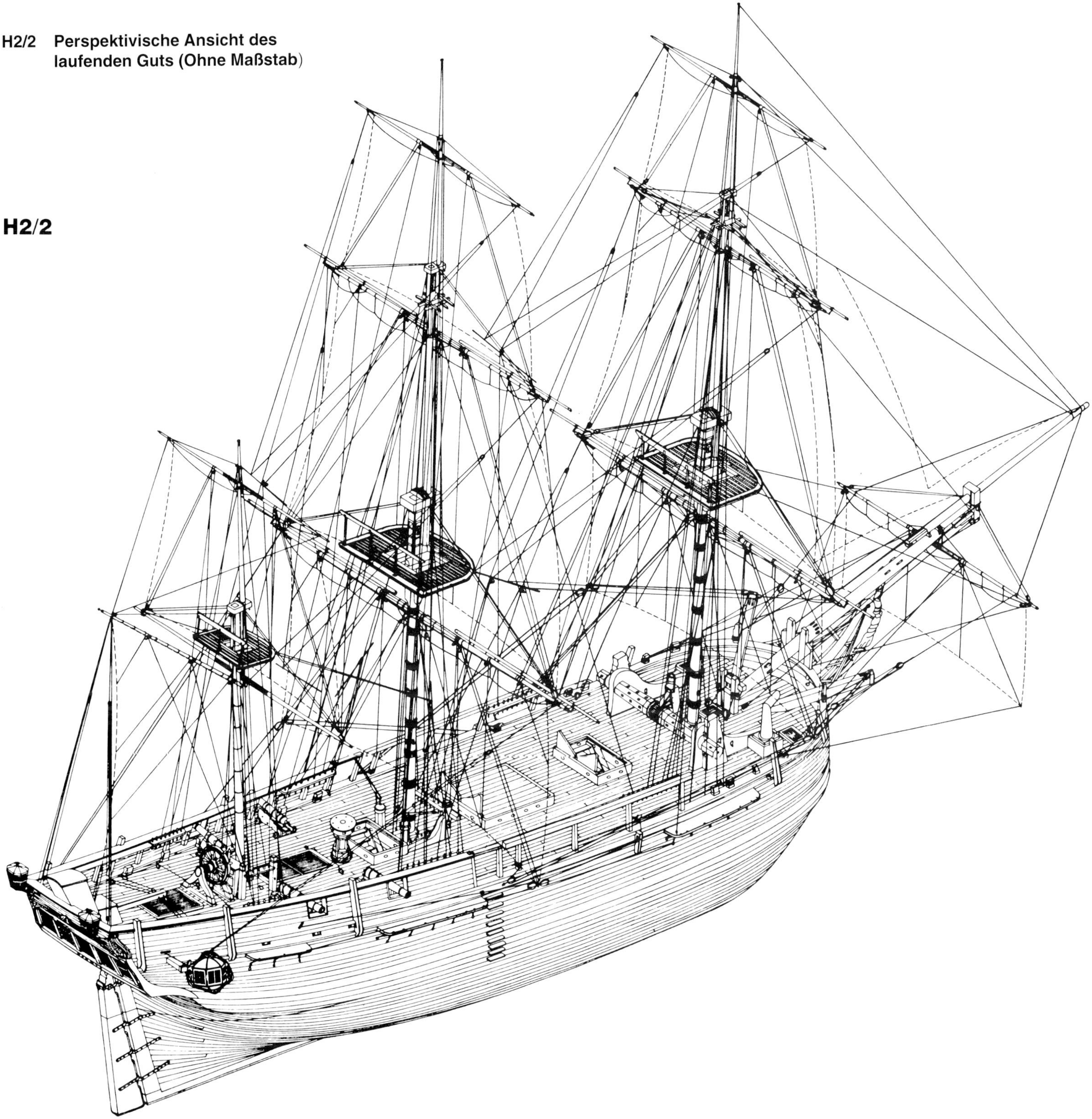

H2/3

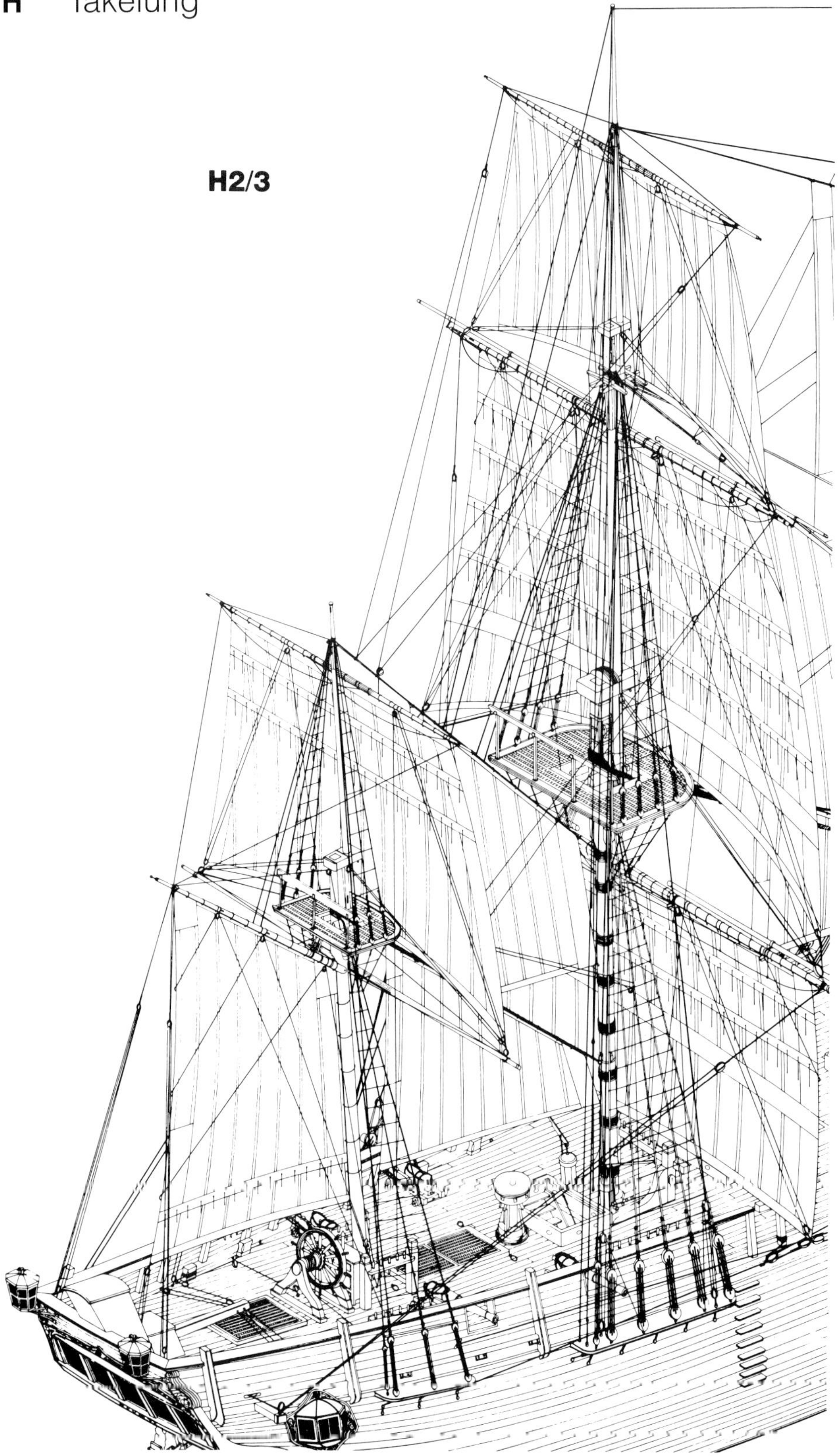

H2/4

H2/3 Perspektivische Ansicht des laufenden Guts und der Segel am Besanmast (ohne Maßstab)

H2/4 Perspektivische Ansicht des laufenden Guts und der Segel am Großmast (ohne Maßstab)

H2/5 Perspektivische Ansicht des laufenden Guts und der Segel an Fockmast und Bugspriet (ohne Maßstab)

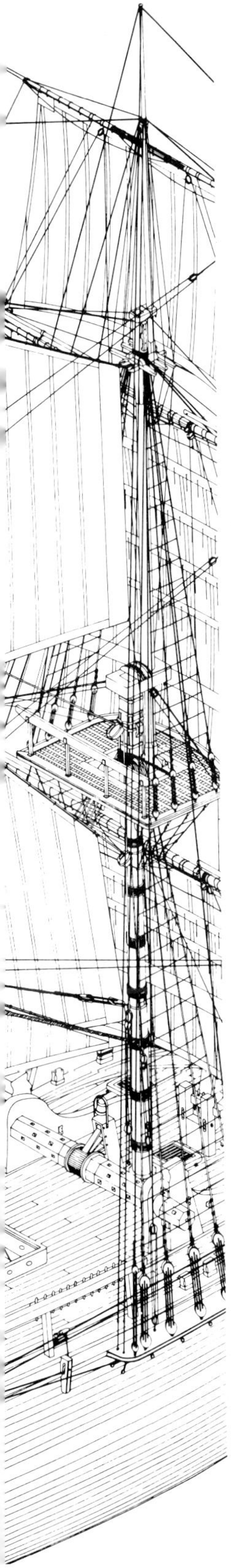

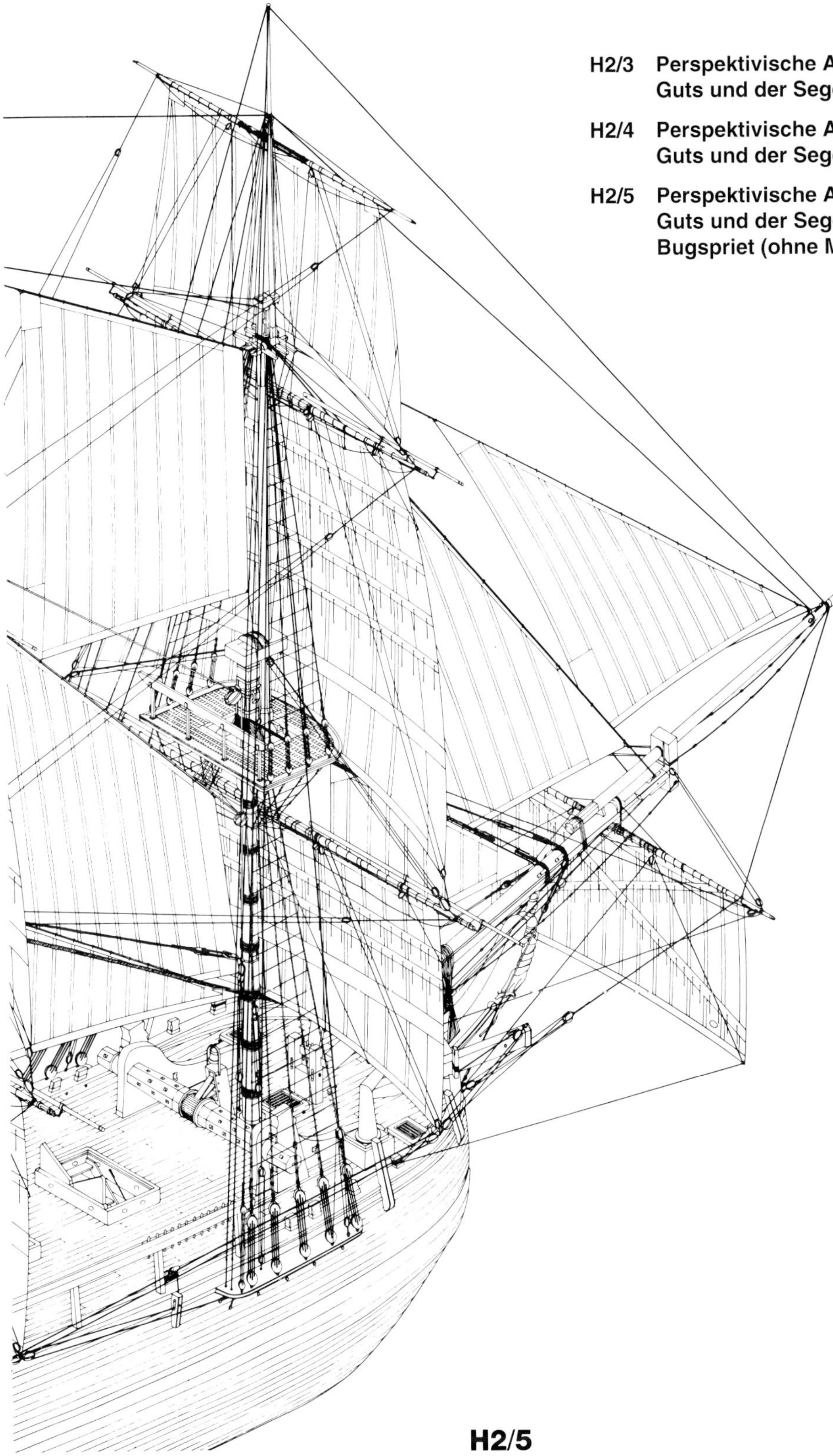

H2/5

H3/1 Fockmasttakelung (Maßstab 1:192)

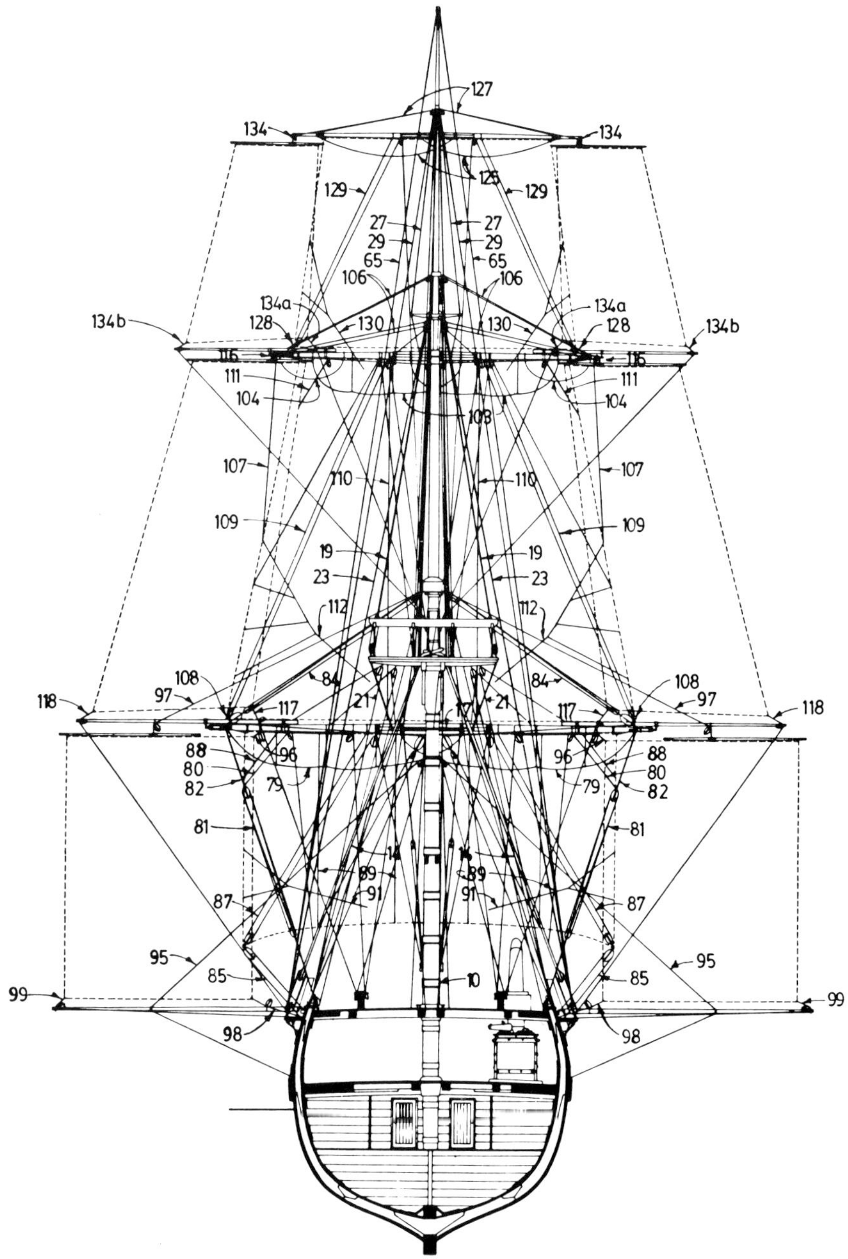

H3/1

H4/1 Großmasttakelung (Maßstab 1:192)

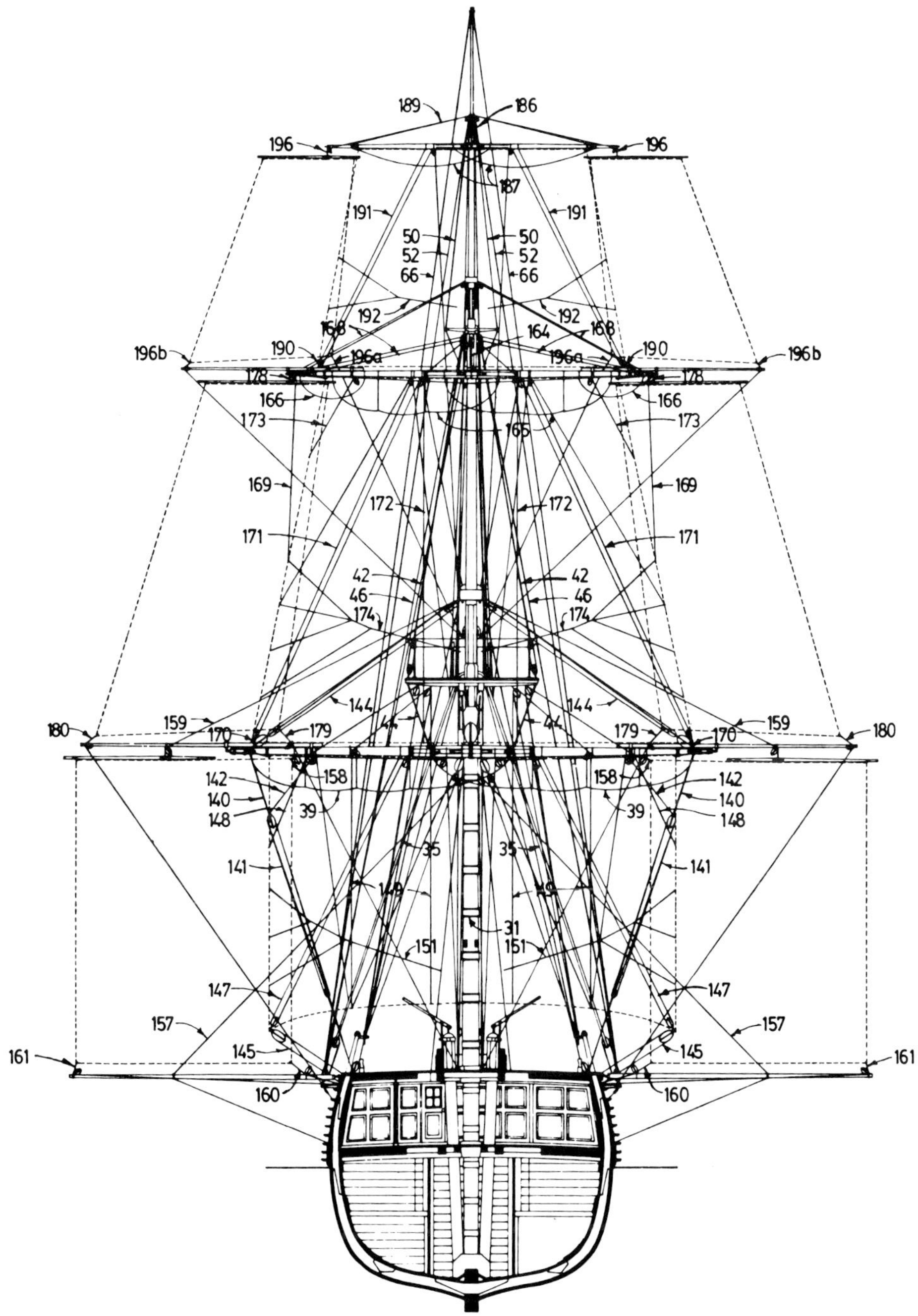

H4/1

H5/1 Besanmasttakelung (Maßstab 1:192)

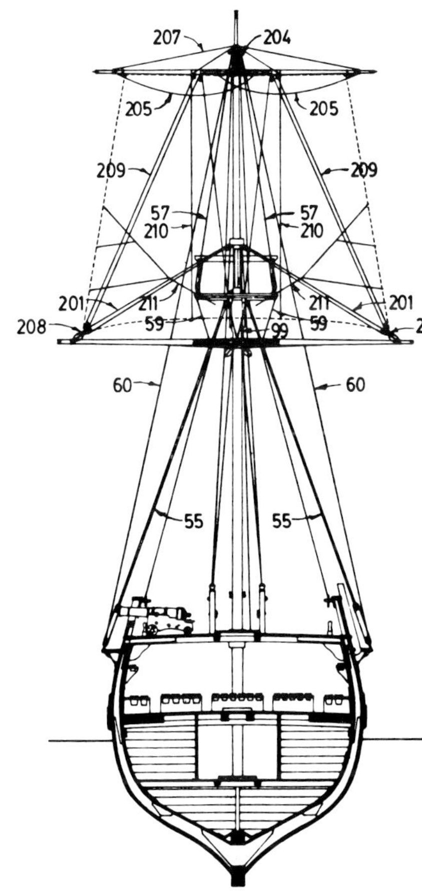

H5/1

H6/1

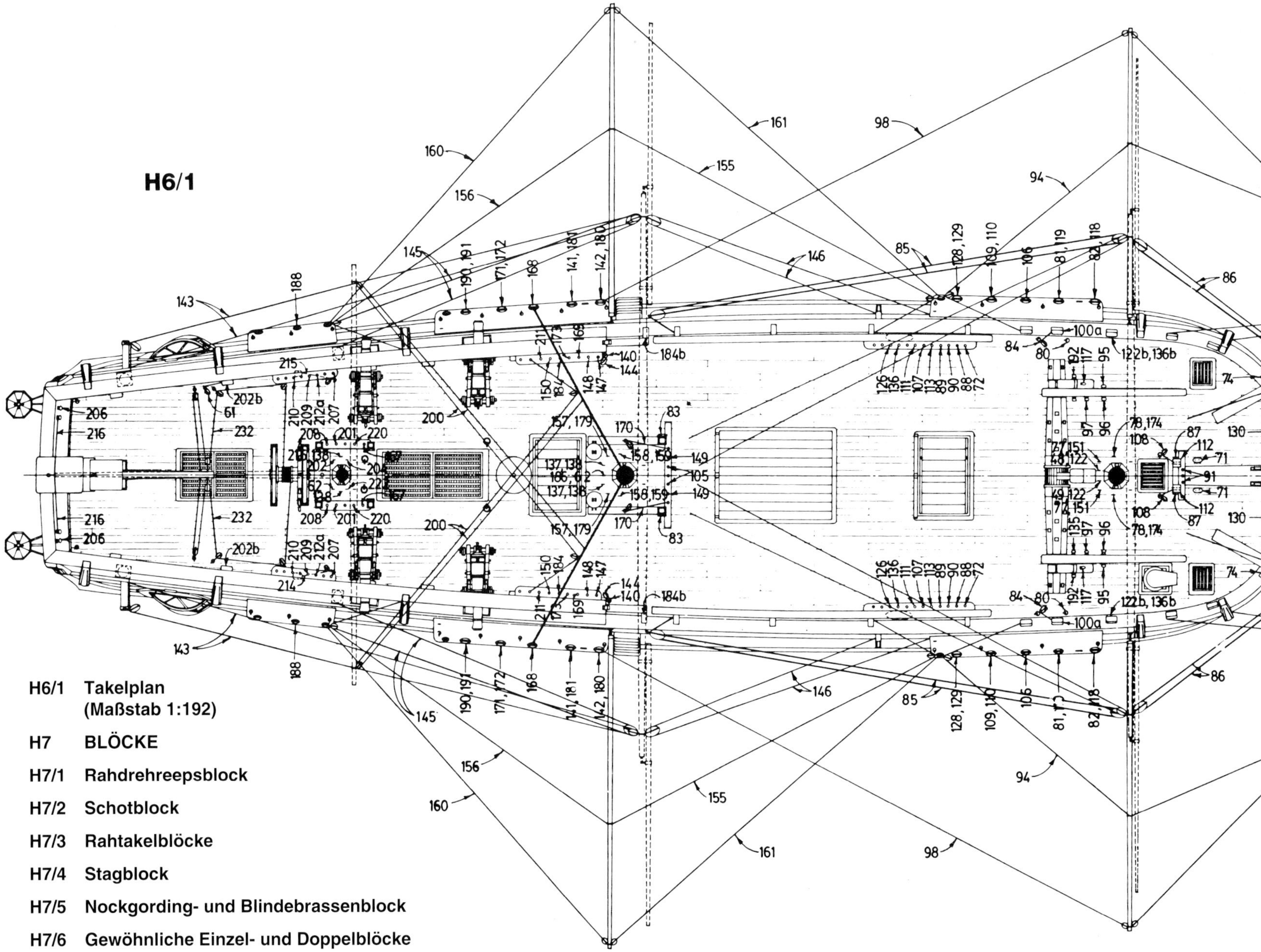

H6/1 Takelplan (Maßstab 1:192)

H7 BLÖCKE

H7/1 Rahdrehreepsblock

H7/2 Schotblock

H7/3 Rahtakelblöcke

H7/4 Stagblock

H7/5 Nockgording- und Blindebrassenblock

H7/6 Gewöhnliche Einzel- und Doppelblöcke

H7/7 Einzelner Marssegelschotblock

H7/8 Geitaublock

H7/9 Violinblock

H7/10 Zwillingsblock

H7/11 Besanspinnenjuffer

H7/12 Fockspinnenjuffer

H7/13 Großspinnenjuffer

H7/14 Rüstjuffer

H7/15 Wantjuffer

H7/16 Geschlossenes Dodshoofd

H7/17 Leitkausche

H7/18 Wantleitkausche

H7/19 Wantklampe

H7/20 Rack

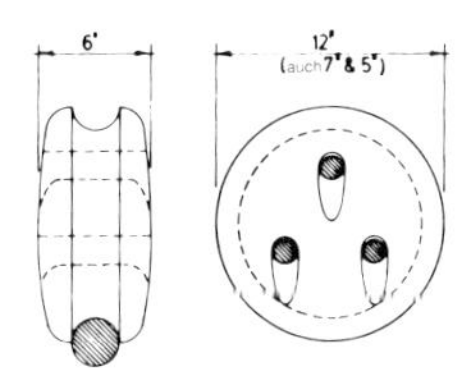

H7/14

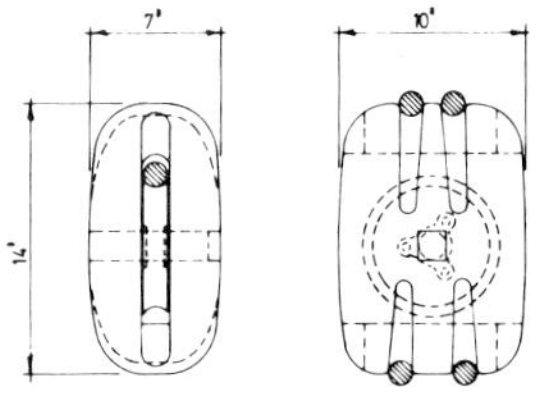

H7/1

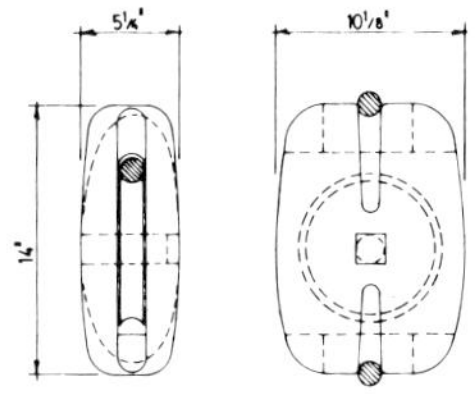

H7/2

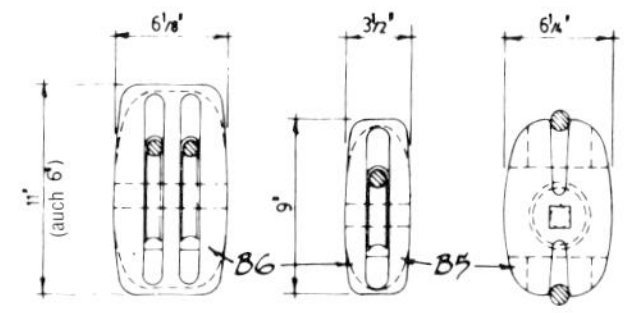

H7/3

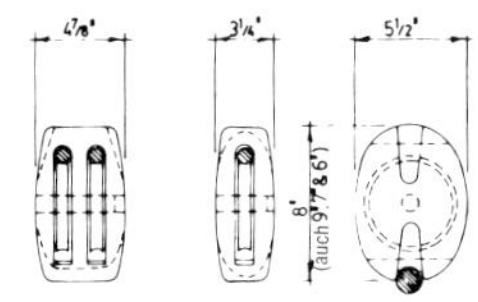

H7/4

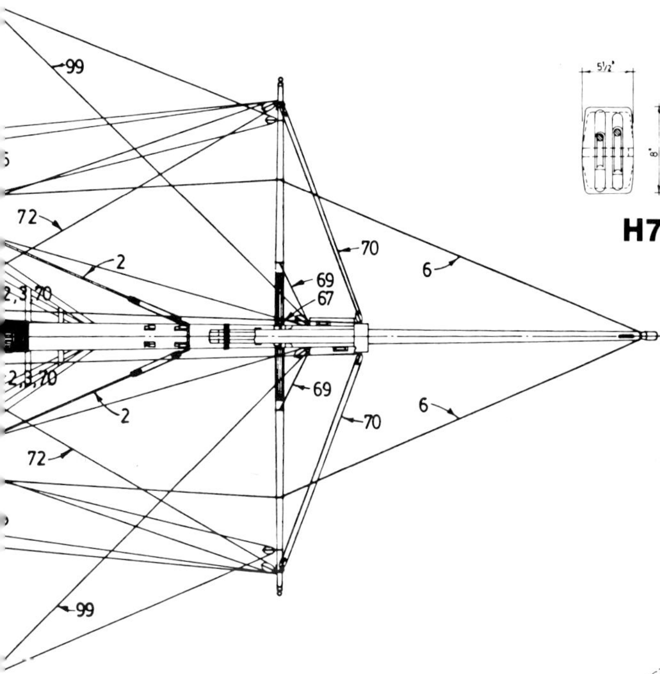

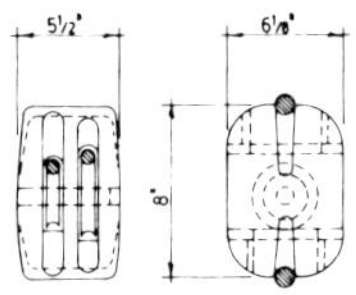

H7/5

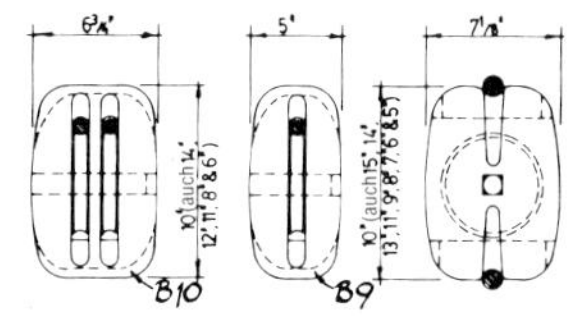

H7/6

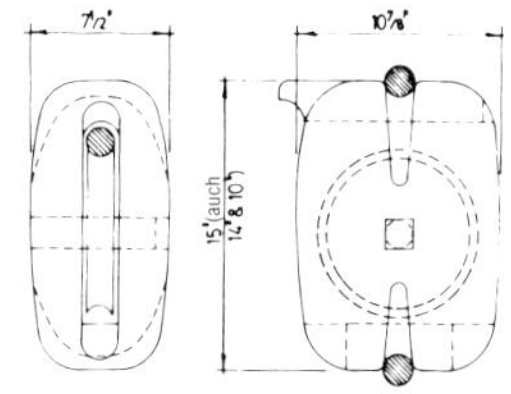

H7/7

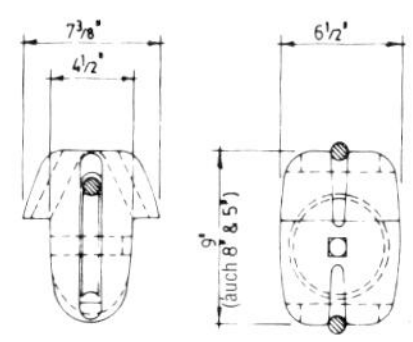

H7/8

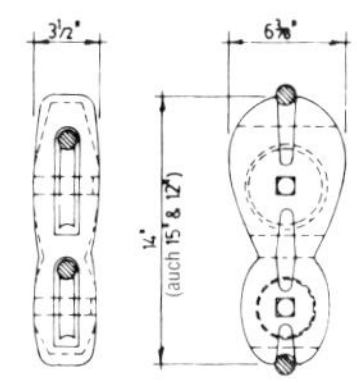

H7/9

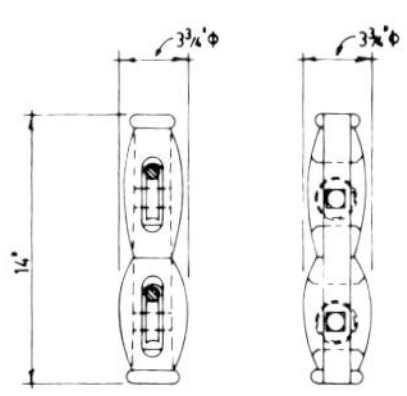

H7/10

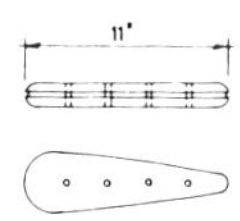

H7/11

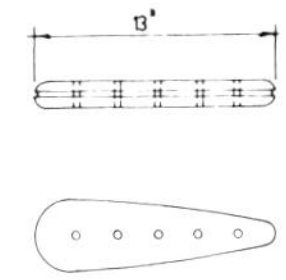

H7/12

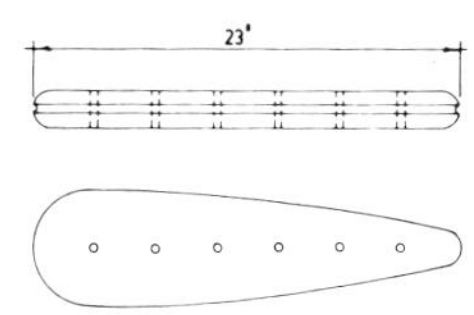

H7/13

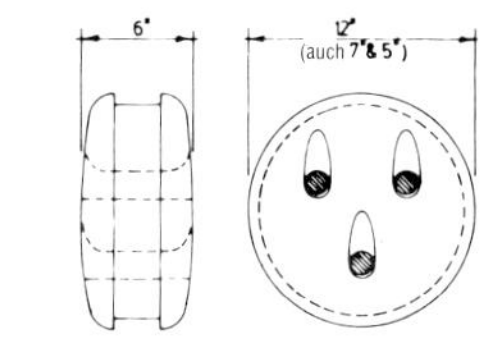

H7/15

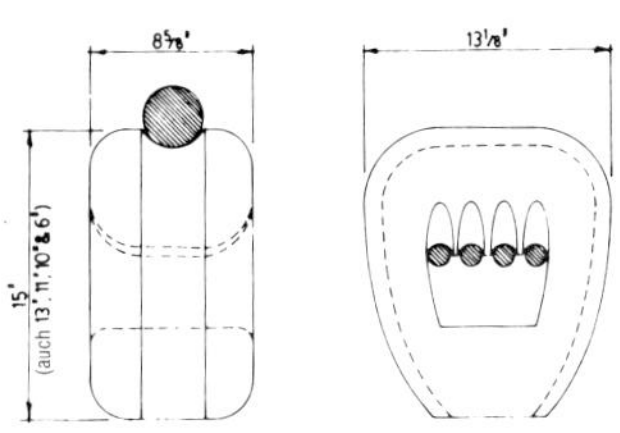

H7/16

H7/17

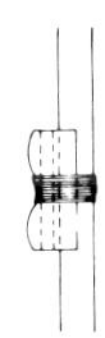

H7/18

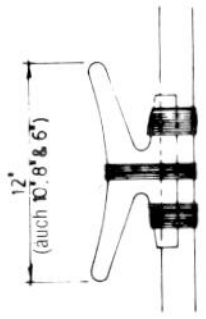

H7/19

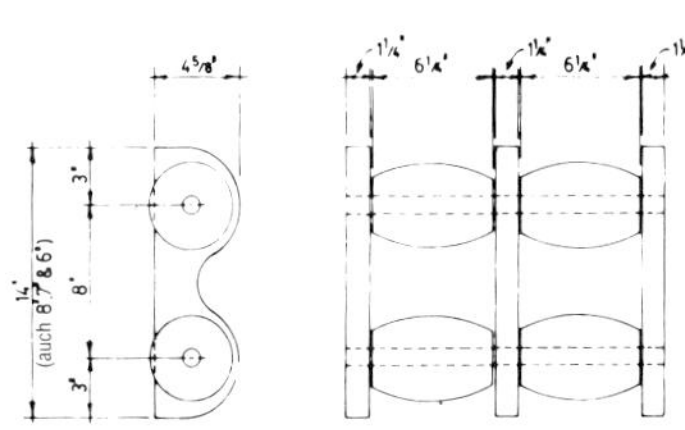

H7/20

H Takelung

H8/1 Takelungstabelle

Nr.:		Name:	Anzahl	Umfang	Länge (Faden)	Anmerkungen:	Blöcke/ Dodshoofden Typ:	Größe:	Anmerkungen:	Belegt an:
Stehende Takelung										
Bugspriet										
1		Wuhlings	1 Satz	4 1/2 "	34				11 Törns	
2	Backstage	Backstage	1 Paar	4 1/2 "	8 1/2	kabelgeschlagen	H	6 "	2 Dodshoofden	2 Augbolzen
	Backstage	Kragen	1	3 1/2 "	2 7/8	Wurming, Schmarting, Bekleedung	H	6 "	2 Dodshoofden	
	Backstage	Bändselung	2	3/4 "	7					
	Backstage	Laschungen	2	1 "	3 7/8					
	Backstage	Taljereeps	2	2 "	5 3/4					Back
3	Wasserstage	Wasserstage	2	5 "	11 3/4	Wurming, Schmarting, Bekleedung (auf 3/4)	H	6 "	2 Dodshoofden	
	Wasserstage	Krägen	2	5 "	3	Wurming, Schmarting, Bekleedung	H	6 "	2 Dodshoofden	
	Wasserstage	Bändselung	2	3/4 "	11 3/4					
	Wasserstage	Laschungen	2	1 "	4					
	Wasserstage	Taljereeps	2	2 1/2 "	6					Back
4		Fußpferde	2	3 "	10	Knoten im 3-Fuss-Abstand			6 Kauschen	4 Augbolzen
		Taljereeps	2	1 "	3 3/4					
Klüverbaum										
5		Fusslaschung	1	2 1/2 "	7				4 Törns	
6	Geischenkel	Gei-Schenkel	2	2 1/2 "	16 7/8		B 10	10 "	2 Blöcke	
	Geischenkel	Läufer	2	1 1/2 "	18 7/8		B 9	9 "	2 Blöcke	Back
	Geischenkel	Stropping	2	2 1/2 "		vom Gei-Schenkel				
	Geischenkel	Lascher	2	3/4 "	8 1/2					
7		Ausholer *	1	2 "	6 3/4					
		Takel-Läufer	1	2 "	6 7/8		B 9	6 "	2 Blöcke	Back
		Stropping	1	1 1/2 "	1					
8		Stropp *	1	3 "	1	Wurming, Schmarting, Bekleedung			3 Kauschen	
9		Fusspferde	2	3 "	10 3/4	Knoten im 3-Fuss-Abstand				
		Bändselung	2		5 3/8					
Fockmast										
10		Wuhlings	12	2 1/2 "	127 1/2	13 Törns				
11		Takelschenkel	1 Paar	7 "	5	kabelgeschlagen, Wurming, Schmarting, Bekleedung	B 9	15 "	2 Blöcke	4 Kauschen
		Stropping		4 1/2 "	1 2/3					
		Bändselung		3/4 "	5					
12		Mantel der Takel *	2	4 "	20					
		Stropping		3 1/2 "	2					
13		Läufer der Takel *	2	2 1/2 "	51		B9/13"	B9/ 9 "	2 je Block	
		Stropping	2	3 1/2 "	2 1/2					
		Bändselung	2	3/4 "	10					
14	Wanten	Wanten	4 Paare	7 "	62 1/4	Wurming, Schmarting, Bekleedung	D 1	12 "	10 Juffern	Spreizlatte
	Wanten	Schwichtungen	1 Paar	7 "			D 2	12 "	10 Juffern	
	Wanten	Aug-Bändselung	4	1 "	15 1/2					
	Wanten	Kragen-Bändselung	10	1 "	31					
	Wanten	End-Bändselung	10	3/4 "	31					
	Wanten	Taljereeps	10	3 1/2 "	39					
	Wanten	Webleinen		7 1/2 "	39					

* nicht auf den Plänen eingezeichnet

Nr.:		Name:	Anzahl	Umfang	Länge (Faden)	Anmerkungen:	Blöcke/ Dodshoofden Typ:	Größe:	Anmerkungen:	Belegt an:
Stehende Takelung										
15	Fockstag	Fockstag	1	9 1/2 "	7 1/4	kabelgeschlagen, 4-kardeelig Wurming, Schmarting, Bekleedung	H	13 "	Auge & Maus	
	Fockstag	Bändselung	3	1 "	14 1/4					
	Fockstag	Taljereep	1	3 1/2 "	7 1/4					
	Fockstag	Kragen (doppelt)	1	5 "	3 5/8	kabelgeschlagen, 4-kardeelig Wurming, Schmarting, Bekleedung	H	13 "		
	Fockstag	Bändselung	2	1 "	5 1/2					
	Fockstag	Laschungen		1 1/2 "	2 3/4					
16	Borgstag	Borgstag	1	6 "	7 1/4	kabelgeschlagen, 4-kardeelig Wurming, Schmarting, Bekleedung	H	10 "	Auge & Maus	
	Borgstag	Taljereep	1	2 1/2 "	4 7/8					
	Borgstag	Kragen (doppelt)	1	4 "	3 5/8	kabelgeschlagen, 4-kardeelig Wurming, Schmarting, Bekleedung	H	10 "		
	Borgstag	Laschung		1 "	3 5/8					
	Borgstag	Bändselung		1 "	9					
17		Schwichtungen	2	3 1/2 "	2 1/2	Wurming, Schmarting, Bekleedung				
		Bändselung		3/4 "	10					
Vormarsstenge										
18		Burton-Takel-Schenkel	1 Paar	3 "	3 7/8	Wurming, Schmarting, Bekleedung	B 9	6 "	2 Blöcke	2 Kauschen
		Läufer	2	1 1/2 "	34		B 10	6 "	2 Blöcke	
		Stropping		1 1/2 "	2 7/8					
19	Wanten	Wanten	4 Paare	4 1/2 "	42	Wurming, Schmarting, Bekleedung	D 1	7 "	8 Juffern	
	Wanten	Aug-Bändselung	8	3/4 "	10 1/2		D 2	7 "	8 Juffern	
	Wanten	Kragen-Bändselung	8	3/4 "	18 3/8					
	Wanten	End-Bändselung	8	3/4 "	15 3/4					
	Wanten	Taljereeps	8	2 1/2 "	28					
	Wanten	Webleinen		1 "	15					
20		Püttingspreizlatten	1 Paar	3 "		Bekleedung			Eichenlatte	
21	Püttingwanten	Püttingwanten	4 Paare	4 1/2 "	15 3/8	Bekleedung				
	Püttingwanten	Obere Bändselung	8	3/4 "	19 5/8					
	Püttingwanten	Untere Bändselung	8	3/4 "	17 1/4					
	Püttingwanten	Webleinen		1 "	4					
22	Stehende Pardunen	Stehende Pardunen	1 Paar	4 1/2 "	22 7/8	Geteerte Leine	D 1	7 "	2 Juffern	
	Stehende Pardunen	Aug-Bändselung	2	1/2 "	2 7/8	Geteerte Leine	D 2	7 "	2 Juffern	
	Stehende Pardunen	Kragen-Bändselung	4	1/2 "	5	Geteerte Leine				
	Stehende Pardunen	End-Bändselung	4	1/2 "	4 5/8	Geteerte Leine				
	Stehende Pardunen	Taljereeps	2	2 1/2 "	4 1/2					
23	Brustbackstage	Brustbackstage	1 Paar	3 "	21 1/4	Schmarting & Bekleedung	B 7	7 "	2 Einzelblöcke	
	Brustbackstage	Mantel	2	3 "	4 1/2		B 7	7 "	2 Doppelblöcke	
	Brustbackstage	Läufer	2	2 "	11 1/2					
	Brustbackstage	Stropping		2 1/2 "	2					
24		Borgpardunen	1 Paar	4 1/2 "	21 1/2		B 7	8 "	2 Doppelblöcke	
		Takel	2	2 "	25 5/8		B 7	8 "	2 Einzelblöcke	
		Stropping	2	3 "	5 3/8				2 Kauschen	
25	Stag	Stag	1	5 "	13 3/4	kabelgeschlagen, 4-kardeelig Wurming, Schmarting, Bekleedung	B 13	15 "	Auge & Maus	
	Stag	Kragen	1	4 "	2 1/4					
	Stag	Takel		2 1/2 "	13 3/4		B 9	8 "		
	Stag	Stropping		3 "	2					
	Stag	Bändselung		3/4 "	4					

* nicht auf den Plänen eingezeichnet

	Stehende Takelung									
							Blöcke/ Dodshoofden			
Nr.:	Name:	Anzahl	Umfang	Länge (Faden)	Anmerkungen:		Typ:	Größe:	Anmerkungen:	Belegt an:
26	Borgstag	1	4"	13 3/4	kabelgeschlagen, 4-kardeelig Wurming,Schmarting,Bekleedung	Borgstag	B 13	14"	Auge & Maus	
	Kragen	1	3"	1 3/4		Borgstag				
	Takel		2"	12		Borgstag	B 9	8"		
	Stropping		3"	2		Borgstag				
	Bändselung		3/4"	6		Borgstag				
	Kragenlaschung		1"	3 1/2		Borgstag				
	Vorbramstenge									
27	Wanten	3 Paare	2 1/2"	45 2/3					12 Kauschen	Fockmars
	Taljereeps	6	1"	7 5/8						
28	Püttingspreizlatten	1 Paar	1 1/2"		Bekleedung				Eichenlatte	
29	Stehende Pardunen	1 Paar	2 1/2"	27 1/8					4 Kauschen	Fockrüste
	Taljereeps	2	1"	6 3/4						
30	Stag	1	3"	19 3/4	kabelgeschlagen, 4-kardeelig				1 Kausche	Zurring mit Taljereep
	Stropping		2 1/2"	1						
	Großmast									
31	Wuhlings	13	2 1/2"	137 1/2	13 Törns					
32	Takelschenkel	1 Paar	7"	4 1/2	kabelgeschlagen Wurming,Schmarting,Bekleedung		B9	15"	2 Blöcke	4 Kauschen
	Stropping	2	4 1/2"	1 1/2						
	Bändselung	2	3/4"	4 1/2						
33	Mantel der Takel *	2	4"	18						
	Bändselung		3 1/2"	3						
34	Läufer der Takel *	2	2 1/2"	55			B9/13"	B9/9"	2 je Block	
	Stropping	2	3 1/2"	2 3/4						
	Bändselung	2	3/4"	11						
35	Wanten	4 Paare	7"	65	Wurming,Schmarting,Bekleedung	Wanten	D 1	12"	10 Juffern	Spreizlatte
	Schwichtungen	1 Paar	7"			Wanten	D 2	12"	10 Juffern	
	Aug-Bändselung	4	1"	16 1/4		Wanten				
	Kragen-Bändselung	10	1"	32 1/2		Wanten				
	End-Bändselung	10	3/4"	32 1/2		Wanten				
	Taljereeps	10	3 1/2"	40 5/8		Wanten				
	Fusspferde		1 1/2"	46		Wanten				
36	Großstag	1	10"	11	kabelgeschlagen, 4-kardeelig Wurming,Schmarting,Bekleedung	Großstag	H	15"	Auge & Maus	
	Bändselung	3	1 1/2"	11		Großstag				
	Taljereeps	1	3 1/2"	8 1/4		Großstag				
	Kragen	1	8"	5 1/2	kabelgeschlagen, 4-kardeelig Wurming,Schmarting,Bekleedung	Großstag	H	15"		
	Bändselung	2	1"	9 5/8		Großstag				
	Laschungen		2"	11		Großstag				
37	Borgstag	1	7"	9	kabelgeschlagen, 4-kardeelig Wurming,Schmarting,Bekleedung	Borgstag	H	11"	Auge & Maus	
	Taljereep	1	3"	4 1/2		Borgstag				
	Kragen	1	4 1/2"	3	kabelgeschlagen, 4-kardeelig Wurming, Schmarting, Bekleedung	Borgstag	H	11"		
	Laschung		2"	3		Borgstag				
	Bändselung		1"	9		Borgstag				
38	Schwichtungs-schenkel*	2	3 1/2"	2 1/2	Wurming,Schmarting,Bekleedung					
	Bändselung		3/4"	10						
39	Stagtakel-Schenkel	1	5"	2 3/4		Stagtakel-Schenkel	B 10	12"	2 Kauschen	
	Läufer		3"	24 3/4		Stagtakel-Schenkel	B 9	13"		
	Stropping		3 1/2"	2		Stagtakel-Schenkel				
	Bändselung		3/4"	8 1/4		Stagtakel-Schenkel				
	Laschung		1 1/2"	6 1/4		Stagtakel-Schenkel				

* nicht auf den Plänen eingezeichnet

	Stehende Takelung									
							Blöcke/ Dodshoofden			
Nr.:	Name:	Anzahl	Umfang	Länge (Faden)	Anmerkungen:		Typ:	Größe:	Anmerkungen:	Belegt an:
40	Vorderer Lukentakel	1	3"	2 3/4		Vord. Lukentakel	B 10	12"	2 Kauschen	
	Läufer		3"	24 3/4		Vord. Lukentakel	B 9	13"		
	Stropping		3 1/2"	2		Vord. Lukentakel				
	Bändselung		3/4"	8 1/4		Vord. Lukentakel				
	Großmarsstenge									
41	Burtontakelschenkel	1 Paar	3"	4	Wurming,Schmarting,Bekleedung		B 9	6"	2 Blöcke	2 Kauschen
	Läufer	2	1 1/2"	36			B 10	6"	2 Blöcke	
	Stropping		2"	2 2/3						
42	Wanten	4 Paare	4 1/2"	42	Wurming,Schmarting,Bekleedung	Wanten	D 1	7"	8 Juffern	
	Aug-Bändselung		3/4"	10 1/2		Wanten	D 2	7"	8 Juffern	
	Kragen-Bändselung		3/4"	18 3/8		Wanten				
	End-Bändselung		3/4"	15 3/4		Wanten				
	Taljereeps		2 1/2"	25 3/4		Wanten				
	Fusspferde		1"	16		Wanten				
43	Spreizlatten	1 Paar	3"		Bekleedung				Eichenlatte	
44	Püttingwanten	4 Paare	4 1/2"	15 3/4	Bekleedung	Püttingwanten				
	Obere Bändselung	8	3/4"	21		Püttingwanten				
	Untere Bändselung	8	3/4"	18 3/8		Püttingwanten				
	Fusspferde		1"	4		Püttingwanten				
45	Stehende Pardunen	1 Paar	4 1/2"	24	Geteerte Leine	Stehende Pardunen	D 1	7"	2 Juffern	
	Aug-Bändselung	2	1/2"	3	Geteerte Leine	Stehende Pardunen	D 2	7"	2 Juffern	
	Kragen-Bändselung	4	1/2"	5 1/4	Geteerte Leine	Stehende Pardunen				
	End-Bändselung	4	1/2"	4 1/2	Geteerte Leine	Stehende Pardunen				
	Taljereeps	2	2 1/2"	4 7/8		Stehende Pardunen				
46	Brustbackstage	1 Paar	3"	22 3/8	Wurming,Bekleedung	Brustbackstage	B 7	9"	2 Einzelblöcke	
	Mantel	2	2"	4 5/8		Brustbackstage	B 7	7"	2 Doppelblöcke	
	Läufer	2	2"	12		Brustbackstage				
	Stropping		2 1/2"	2		Brustbackstage				
47	Borgpardunen	1 Paar	4 1/2"	22 1/2			B 7	8"	2 Doppelblöcke	
	Takel	2	2"	20			B 7	8"	2 Einzelblöcke	
	Stropping	2	2"	3					2 Kauschen	
48	Stag	1	5 1/2"	14 1/2	kabelgeschlagen , 4-kardeelig , Wurming,Schmarting,Bekleedung	Stag	B 13	15"	Auge & Maus	
	Kragen	1	4"	2 1/2		Stag	B 9	14"	Kausche	
	Takel	1	2 1/2"	14 1/2		Stag	B 9	7"		Fockmastfuß
	Stropping		3"	2 1/2		Stag				
	Bändselung		3/4"	4 7/8		Stag				
	Laschung		1"	6		Stag				
49	Borgstag	1	4"	14 1/2	kabelgeschlagen ,4-kardeelig Wurming,Schmarting,Bekleedung	Borgstag	B 13	12"	Auge & Maus	Fockmastfuß
	Kragen	1	3"	2 1/2		Borgstag	B 9	11"		
	Takel	1	1 1/2"	14 1/2		Borgstag	B 9	6"		
	Stropping		3"	1 7/8		Borgstag				
	Bändselung		3/4"	5 1/2		Borgstag				
	Kragenlaschung		1"	3 5/8		Borgstag				
	Großbramstenge									
50	Wanten	3 Paare	2 1/2"	48					12 Kauschen	Großmars
	Taljereeps	6	1"	8						
51	Spreizlatten	1 Paar	1 1/2"		Bekleedung				Eichenlatte	
52	Stehende Pardunen	1 Paar	2 1/2"	28 1/2					4 Kauschen	Großrüste
	Taljereeps	2	1"	7 1/8						

* nicht auf den Plänen eingezeichnet

Stehende Takelung									
Nr.:	Name:	Anzahl	Umfang	Länge (Faden)	Anmerkungen:	Blöcke/ Dodshoofden Typ:	Größe:	Anmerkungen:	Belegt an:
53	Stag	1	3"	14 1/2	kabelgeschlagen, 4-kardeelig			1 Kausche	Fockmast-sahlinge
	Stropping		2 1/2"	1					
Besanmast									
54	Takelschenkel	1 Paar	3 1/2"	6	Wurming, Schmarting, Bekleedung			2 Kauschen	
	Läufer	2	2"	36		B9 / 8"	B10 / 8"	2 je Block	
	Stropping		2"	3					
55	Wanten	2 Paare	4 1/2"	30	Wurming, Schmarting, Bekleedung	D 1	7"	6 Juffern	Spreizlatte
	Schwichtungen	1 Paar	4 1/2"			D 2	7"	6 Juffern	
	Aug-Bändselung	2	3/4"	7 1/2					
	Kragen-Bändselung	6	3/4"	15					
	End-Bändselung	6	3/4"	11 1/4					
Wanten	Taljereeps	6	2 1/2"	15					
	Fußpferde		1"	19 1/2					
56	Stag	1	5 1/2"	8	kabelgeschlagen, 4-kardeelig Wurming, Schmarting, Bekleedung			Auge & Maus 2 Kauschen	Großmastfuß
	Bändselung	3	3/4"	4					
	Taljereep	1	2 1/2"	5					
	Kragen	1	4"	2 1/2					
Stag	Bändselung	2	3/4"	3					
	Laschung		3/4"	3					
Besanmarsstenge									
57	Wanten	3 Paare	2 1/2"	21 1/4	Wurming, Schmarting, Bekleedung	D 1	5"	6 Juffern	
	Bändselung		3/4"	31 7/8		D 2	5"	6 Juffern	
Wanten	Taljereeps	6	1 1/2"	14 1/8					
	Fußpferde		3/4"	7 1/3					
58	Spreizlatten	1 Paar	1 1/2"		Bekleedung			Eichenlatte	
59	Püttingwanten	3 Paare	2 1/2"	6 3/8	Bekleedung				
	Bändselung		3/4"	42 1/2					
	Fußpferde		3/4"	1 1/2					
60	Stehende Pardunen	1 Paar	2 1/2"	16 1/8	Geteerte Leine	D 1	5"	4 Juffern	
	Bändselung	2	3/4"	8					
	Taljereeps	2	1 1/2"	8					
61	Borg - Pardunen	2	2 1/2"	8 1/4		B 7	6"	2 Blöcke 2 Kauschen	Achterdeck
	Takel	2	1 1/2"	10					
	Stropping		2"	3					
62	Stag	1	3"	7 1/4					Großmastfuß
Stag	Taljereep	1	1 1/2"	3 5/8				2 Kauschen	
	Kragen	1	2"	1 7/8				1 Kausche	
Flaggstock-Stage									
63	Fockflaggstock-Stag	1	1 1/2"	18					Vorstagkragen
	Kragen	1	1"	1	1 Kausche				
64	Großflaggstock-Stag	1	1 1/2"	17 1/2					Fockmars
	Kragen	1	1"	1	1 Kausche				
Flaggstock-Pardunen									
65	Fockflaggstock-Pardunen	1 Paar	1 1/2"	10 1/4	2 Kauschen				Fockrüste
	Taljereeps	2	3/4"	18	2 Kauschen & 2 Augbolzen				
	Stropping		3/4"	1					

* nicht auf den Plänen eingezeichnet

Stehende Takelung									
66	Großflaggstock-Pardunen	1 Paar	1 1/2"	10 7/8					
	Taljereeps	2	3/4"	21 1/2	2 Kauschen & 2 Augbolzen				Großrüste
	Stropping		3/4"	1 1/2					

* nicht auf den Plänen eingezeichnet

Laufende Takelung									
Nr.:	Name:	Anzahl	Umfang	Länge (Faden)	Anmerkungen:	Blöcke/ Dodshoofden Typ:	Größe:	Anmerkungen:	Belegt an:
Blinderah und Segel									
67	Hanger	1 Paar	3 1/2"	2 7/8					
	Bändselung & Zeising		3/4"	5 3/4					
68	Fußpferde	2	2 1/2"	5 5/8				4 Kauschen	
	Springpferde	6	2"	2 7/8					
69	Toppnanten, stehend	2	2 1/2"	4				4 Kauschen	
Toppnanten	Stropps	2	2"	2					
	Taljerreps	2	3/4"	3					
70	Toppnanten	2	2"	24 1/2		B 9	7"	2 Blöcke	Back
	Pferde		2"	2					
Toppnanten	Stropping		2"	2		B 9	7"	2 Blöcke	
	Bändselung		3/4"	4					
71	Fall	1	2"	16 7/8		B 9	7"	2 Blöcke	Back
Fall	Stropping		2 1/2"	2		C	10"	2 Klampen	
	Bändselung & Zeising		3/4"	3 3/8					
72	Brassen	2	2 1/2"	35		B 8	9"	4 Blöcke	Backreling
Brassen	Schenkel	2	3"	3		B 9	9"	2 Blöcke	
	Stropping	2	3"	5					
73	Geitaue	2	1 1/2"	18 5/8					Back
	Stropping	2	1 1/2"	2 1/3		B 9	6"	2 Blöcke	
74	Gordings	2	1"	14	einzeln				Back
	Stropping	2	1 1/2"	1					
75	Schoten	2	3"	17 1/2	kabelgeschlagen, einzeln				Back
76	Nockbändsel *	2	1"	7					
Fockrah und Segel									
77	Rack-Schenkel	2	4 1/2"	6 1/3		B 10	8"	4 Kauschen	2 Blöcke
	Läufer	2	2"	23 3/4		B 10	8"	2 Blöcke	Mastklampe
Rack-Schenkel	Stropping		2 1/2"	3 1/8					
	Aug-Bändselung	2	3/4"	9 3/8					
	Naveleine	1	1"	7 5/8		B 9	6"		Fockmastfuß
78	Rahtakelläufer	2	2 1/2"	51		B 1	20"	3 Blöcke	Fockmastfuß
	Stropping		5", 4", 2 1/2"	6 3/8		B 10	12"	4 Blöcke	
	Bändselung		1"	12 3/4					
Rahtakelläufer	Laschung, Mastkopf	2	3"	22 7/8					
	Laschung, Rah	2	2"	7 5/8					
	Drehreep	2	7"	10		B 1	12"	2 Blöcke	
79	Fußpferde	2	3 1/2"	6 1/3				2 Kauschen	
	Springpferde	6	2 1/2"	6 1/3				6 Kauschen	
	Taljereep		1"	6 1/3					
80	Rahtakelschenkel	2	4 1/2"	3 7/8		B 6	11"	2 Blöcke	Back
	Läufer	2	2 1/2"	38		B 5	9"	2 Blöcke	
	Stropping		3"	3 7/8					
81	Innerer Aufholer	2	1 1/2"	16 1/4		B 9	6"	2 Blöcke / 2 x C, 8"	Fockwanten
82	Äußerer Aufholer	2	1 1/2"	16 1/4		B 9	6"	4 Blöcke	Fockwanten
	Stropping		1 1/2"	2 3/4		C	8"	2 Klampen	

* nicht auf den Plänen eingezeichnet

Laufende Takelung									
Nr.:	Name:	Anzahl	Umfang	Länge (Faden)	Anmerkungen:	Blöcke/ Dodshoofden Typ:	Größe:	Anmerkungen:	Belegt an:
83	Brassen	2	2 1/2"	44 1/3		B 9	9"	2 Blöcke	Fockbrassenbeting
	Schenkel		3 1/2"	4 3/4		B 9	9"	2 Blöcke	
[Brassen]	Borgbrasse		2 1/2"	5 3/4					
	Stropping	2	2 1/2"	2 3/8					
	Laschung		3/4"	9 1/2					
84	Toppnanten	2	3"	47 1/2		B 9	9"	4 Blöcke	Back
[Toppnanten]	Spann für Eselshaupt	1	4"	3 7/8		B 13	14"	2 Blöcke	
	Kurzer Spann		3"	1 1/4					
	Stropping		3"	2 1/2					
85	Schoten	2	4"	38	kabelgeschlagen	B 4	14"	2 Blöcke,	2 Kauschen / Kuhl
[Schoten]	Stropping		4"			B 9	14"	2 Blöcke	Augbolzen
	Bändselung		3/4"	6 1/3					
	Stopper	2	3"	2 1/8					
86	Halsen	2	5"	33 1/4	konisch, kabelgeschlagen	B 11	14"	2 Blöcke,	2 Kauschen / Kuhl
	Stropping		4"	4		B 9	14"	2 Blöcke	
	Bändselung		3/4"	6 5/8					
87	Geitaue	2	2 1/2"	28 1/2		B 12	9"	2 Blöcke	Vormarssegel-schotbeting
	Stropps		2 1/2"	3 1/2		B 9	9"	2 Blöcke	
	Stropping		2 1/2"	1					
88	Nockgordings	2	2"	21 3/4		B 8	9"	4 Blöcke - mit 72	Backreling
	Läufer	2	2"	21 3/4		B 9	9"	4 Blöcke	
	Stropping		2 1/2"	5 1/2					
89	Gordings	4	2"	24 3/4		B 10	8"	2 Blöcke	Backreling
	Läufer	4	2"	24 3/4		B 9	8"	8 Blöcke	
	Stropping		2 1/2"	5 1/2					
90	Schlappleinen	2	1 1/2"	14 1/4		B 9	6"	2 Blöcke	Backreling
	Stropping		1 1/2"	2					
91	Bulins	2	3"	25 1/3		B 9	11"	2 Blöcke	Vormarssegel-schotbeting
	Spruten	2	3"	2 1/2				2 Kauschen	
	Stropping		3"	1 7/8					
	Laschung		1"	3 3/4	Fockstagkragen	B 9	11"	2 Blöcke	
92	Nockbändsel *	2	1 1/2"	12 5/8					
					Vorunterleesegel				
93	Vorder-Geie	2	2"	23		B 9	7"	2 Blöcke	Back
	Stropping	2	2"	1					
94	Achter-Geie	2	2"	24		B 9	7"	2 Blöcke	Fockrüste
	Stropping	2	2"	1					
95	Toppnanten	2	2 1/2"	15 1/2		B 9	8"	2 Blöcke	
	Spann	1	3"	5		C	10"	2 Klampen	Spillbeting
96	Innere Fallen	2	2"	22 7/8		B 9	9"	4 Blöcke, C, 10", 2	Spillbeting
97	Äußere Fallen	2	2 1/2"	38		B 9	9"	4 Blöcke, C, 10", 2	Spillbeting
98	Schoten	2	2"	6 1/3		B 9	9"	2 Blöcke	Großrüste
99	Halsen	2	2 1/2"	27		B 9	9"	4 Blöcke	Back
	Stropping		2 1/2"	6 1/3					

* nicht auf den Plänen eingezeichnet

Laufende Takelung									
Nr.:	Name:	Anzahl	Umfang	Länge (Faden)	Anmerkungen:	Blöcke/ Dodshoofden Typ:	Größe:	Anmerkungen:	Belegt an:
					Vorstagsegel				
100	Stagsegelfall	1	2"	16 1/2		B 9	8"	2 Blöcke	Back
100 a	Schoten	2	2 1/2"	14 1/2		B 9	8"	2 Blöcke	Back
100 b	Hals		1 1/2"	2					Back
100 c	Niederholer	1	1 1/2"	14 1/2		B 9	6"	1 Block	Back
	Stropping		1 1/2"	2 1/2					
					Vormarsrah & Segel				
101	Racktaue *	2	2"	5 5/8				14" Rack	
102	Drehreep *	1	4"	25 5/8					Fockrüste, Stb.
	Stropping		4"	5 1/8	Bekleedung				
[Drehreep]	Bändselung		3/4"	7 3/4					
	Lascher, Mast	2	1 1/2"	6 7/8	Bekleedung	B 3	14"	1 Block	
	Lascher, Rah		1"	3 1/2	Bekleedung				
103	Fußpferde	2	3"	5 5/8					
	Springpferde	4	2"	4 1/4				4 Kauschen	
104	Nockpferde	2	3"						
105	Brassen	2	2"	46 2/3		B 9	8"	4 Blöcke	Fockbrassen-beting
	Schenkel		3"	4 2/3		B 9	8"	2 Blöcke	
	Stropping	2	2"	2 1/3					
106	Toppnanten	2	2 1/2"	31 1/2		B 14	14"	2 Blöcke mit 107	Fockwanten
	Handpferde	2	2 1/2"	2		B 9	8"	2 Blöcke, C, 12", 2	
	Stropping		2 1/2"	6		B 9	8"	4 Blöcke	
107	Refftakel-Schenkel	2	2 1/2"	21		B 9	7"	4 Blöcke	Backreling
	Läufer	2	1 1/2"	28		B 14	14"	2 Blöcke mit 106	
	Stropping		2"	1 1/2"					
108	Schoten	2	4"	24 1/2					
	Stropps, Blöcke	2	4 1/2"	2 1/2		B 11	14"	2 Blöcke /	Vormarssegel-schotbeting
	Stropps, Schotblock	2	3 1/2"	3 3/4		B 4	14"	2 Blöcke	
	Lascher, Schotblock	2	1"	5		B 9	14"	2 Blöcke	
[Schoten]	Bändselung	2	3/4"	9 1/8					
	Spann		3"	4					
	Stopper	2	3"	2					
109	Geitaue	2	2"	42		B 12	8"	2 Blöcke	Fockwanten
	Stropping		2 1/2"	4 1/4		B 9	8"	2 Blöcke, C,10", 2	
110	Gordings	2	2"	32		B 9	7"	2 Blöcke, C,10", 2	Fockwanten
	Stropping		2"	2		B 9	7"	2 Blöcke	
111	Nockgordings	2	1 1/2"	13		B 9	6"	2 Blöcke	Backreling
	Stropping		1 1/2"	1					
112	Bulins	2	2"	27		B 9	8"	2 Blöcke /	Vormarssegel-schotbeting
	Spruten	4	2"	7				4 Kauschen	
[Bulins]	Stropping		2"	1					
	Laschung		3/4"	7					
113	Fallen *	2	2 1/2"	68 1/2		B 10	14"	2 Blöcke	Backreling
	Stropping		3 1/2"	4 7/8		B 9	14"	2 Blöcke	
	Bändselung		3/4"	9 3/4					
114	Hanger *	1	3"	5 5/8					
115	Nockbändsel *	2	1"	21					

* nicht auf den Plänen eingezeichnet

Laufende Takelung									
						Blöcke/ Dodshoofden			
Nr.:	Name:	Anzahl	Umfang	Länge (Faden)	Anmerkungen:	Typ:	Größe:	Anmerkungen:	Belegt an:
					Vormarsleesegel				
116	Fallen	2	2 "	46 2/3		B 9	8 "	6 Blöcke	Fockmars
117	Schoten	2	1 1/2"	23 1/3		B 9	8 "	2 Blöcke.C, 10", 2	Spillbeting
118	Halsen	2	2 "	32 2/3		B 9	8 "	2 Blöcke	Fockrüste
119	Niederholer *	2	1 "	28		B 9	6 "	2 Blöcke	Fockrüste
120	Steerts		2 "	9 1/3					
121	Stropps		2 "	3 1/8					
					Vormarsstengestagsegel				
122	Stagsegelstag	1	2 1/2 "	14 3/4		B 9	9 "	1 Block	Fockmastfuß
	Takel	1	2 "	9 7/8		B 9	8 "	2 Blöcke	
122 a	Fall	1	2 "	23		B 9	8 "	1 Block	Back
	Stropping		2 "	1					
122 b	Schoten	2	2 1/2"	19 5/8		B 9	9 "	2 Blöcke	Back
	Stropping		2 1/2"	1					
122 c	Ausholer	1	1 1/2"	11 7/8		B 9	6 "		
122 d	Niederholer	1	1 "	17 1/3		B 9	5 "		Back
	Stropping		1 "	1					
					Vorbramrah & Segel				
123	Racktaue *	2	1 1/2"	3				6 " Rack	
124	Drehreep *	1	2 1/2"	5 1/8					
	Fall		1 1/2"	9		B 9	6 "	2 Blöcke	Fockmastfuß
	Stropping		2 "	1					
125	Fußpferde	2	2 "	5					
126	Brassen	2	1 1/2"	73 3/4		B 9	6 "	4 Blöcke	Backreling
	Stropping	2	1 1/2"	3 2/3					
127	Toppnanten	2	2 "	37	einzeln	B 9	6 "	2 Blöcke	Fockmars
	Stropping	2	2 1/2"					2 Kauschen	
128	Schoten	2	1 "	24 2/3		B 9	5 "	2 Blöcke	Fockwanten
	Stropping	2	1 "	2		C	6 "	2 Klampen	
129	Geitaue	2	1 "	47 1/4		B 12	5 "	2 Blöcke. C, 6 ", 2	Fockwanten
	Stropping	2	1 "	2		B 9	5 "	2 Blöcke	
130	Bulins	2	1 "	47 1/4		C	6 "/,2	6 Kauschen	Back
	Spruten	2	1 "	6					
131	Reserve								
132	Nockbändsel *	2	3/4 "	18 1/2					
133	Borgpardunen	2	2 1/2"	13 1/2				1 Kausche	
*	Takel	2	1 1/2"	5 3/4		B 9	6 "	2 Blöcke	
	Stropping		1 1/2"	1					
					Vorbramleesegel				
134	Fallen	2	1 1/2"	42 7/8		B 9	6 "	6 Blöcke	Fockmars
134 a	Schoten	2	1 "	21 1/2		B 9	6 "	2 Blöcke	Stengen-wanten
134 b	Halsen	2	1 1/2"	31 1/2		B 9	6 "	2 Blöcke	Fockmars
	Niederholer *	2	1 "	21 1/2					Fockmars
	Stropping		1 1/2"	6 1/8					

* nicht auf den Plänen eingezeichnet

Laufende Takelung									
						Blöcke/ Dodshoofden			
Nr.:	Name:	Anzahl	Umfang	Länge (Faden)	Anmerkungen:	Typ:	Größe:	Anmerkungen:	Belegt an:
					Klüver				
135	Klüverstag	1	3 "	16 7/8		B 9	9 "	1 Block	Spillbeting
	Stropping		3 "	1					
	Takelläufer		1 1/2"	12 1/2		B 9	6 "	2 Blöcke	
	Stropping		1 1/2"	1					
136	Klüverfall	1	2 1/2"	24 3/8		B 9	9 "	1 Block	
	Stropping		2 1/2"	1					
136 a	Niederholer	1	1 1/2"	22 1/8		B 9	6 "	1 Block	Back
136 b	Schoten		2 1/2 "	23 5/8	einzeln	C	8 "	1 Klampe	Back
					Großrah & Segel				
Rack-Schenkel 137	Rack-Schenkel *	2	4 1/2"	6 7/8		B 10	8 "	2 Blöcke ,	4 Kauschen
	Läufer	2	2 "	25 5/8		B 10	8 "	2 Blöcke	
	Stropping		2 1/2 "	2 1/4					Mastklampe
	Aug-Bändselung	2	3/4 "	6 7/8					
	Naveleine	1	1 "	8 1/4		B 9	6 "		Großmastfuß
138	Rahtakelläufer	2	2 1/2 "	55		B 1	20 "	3 Blöcke	Großmastfuß
Rahtakel	Stropping		5 ", 4 ", 2 1/2"	6 7/8		B 10	12 "	4 Blöcke	
	Bändselung		1 "	13 3/4					
	Lascher, Masttop	2	7 "	20 5/8					
	Lascher, Rah	2	3 "	6 7/8					
	Drehreeps	2	2 "	11		B 1	12 "	2 Blöcke	
139	Fußpferde	2	3 1/2 "	6 7/8				2 Kauschen	
	Springpferde	6	2 1/2 "	6 7/8				6 Kauschen	
	Taljereeps		1 "	2 1/4					
140	Rahtakel-Schenkel	2	4 1/2 "	4 1/8		B 6	11 "	2 Blöcke	
	Läufer	2	2 1/2 "	41		B 5	9 "	2 Blöcke	Achterdeck
	Stropping		3 "	4 1/8					
141	Innerer Aufholer	2	1 1/2 "	17 1/2		B 6	6 "	2 Blöcke. C,8", 2	Großwanten
142	Äußerer Aufholer	2	1 1/2 "	17 1/2		B 6	6 "	2 Blöcke. C,8", 2	Großwanten
	Stropping		1 1/2 "	3					
143	Brassen	2	2 1/2 "	39 5/8		B 9	9 "	2 Blöcke	Achterdeck
Brassen	Schenkel		3 1/2 "	4 1/8		B 9	9 "	2 Blöcke	
	Borgbrasse		2 1/2 "	5 1/8					
	Stropping	2	2 1/2 "	1 3/8					
	Laschung		3/4 "	10 1/4					
Toppnanten 144	Toppnanten	2	3 "	51 1/4		B 9	9 "	4 Blöcke	Achterdeck
	Spann für Eselshaupt	1	4 "	4 1/8		B 13	14 "	2 Blöcke	
	Kurzer Spann		3 "	1 3/8					
	Stropping		3 "	2 1/2					
145	Schoten	2	4 1/2"	41	kabelgeschlagen	B 4	14 "	2 Blöcke	Achterdeck
	Stropping		4 1/2"			B 9	14 "	2 Blöcke	
	Bändselung		3/4 "	6 7/8					
	Stopper	2	3 "	4					
146	Halsen	2	5 1/2"	35 7/8	konisch & kabelgeschlagen	B 11	15 "	2 Blöcke	Kuhl
	Stropping		4 "	4 1/2					
	Bändselung		3/4 "	7 1/4					

* nicht auf den Plänen eingezeichnet

Nr.:	Name:	Anzahl	Umfang	Länge (Faden)	Anmerkungen:	Blöcke/ Dodshoofden Typ:	Größe:	Anmerkungen:	Belegt an:
	Laufende Takelung								
147	Geitaue	2	2 1/2"	30 3/4		B 12	9"	2 Blöcke	
	Stropp		2 1/2"	3 7/8		B 9	9"	2 Blöcke	Großreling
	Stropping		2 1/2"	1					
148	Nockgordings	2	2"	23 1/3		B 6	9"	2 Blöcke	
	Läufer	2	2"	23 1/2		B 9	9"	4 Blöcke	Großreling
	Stropping		2 1/2"	5 7/8					
149	Gordings	4	2"	23 1/2		B 10	8"	4 Blöcke	
	Läufer	4	2"	23 1/2		B 9	8"	8 Blöcke	Fockbrassen-beting
	Stropping		2 1/2"	5 7/8"					
150	Schlappleinen	2	1 1/2"	15 1/2		B 9	6"	2 Blöcke	Großreling
	Stropping		1 1/2"	2					
151	Bulins	2	3"	24 5/8		B 10	12"	1 Block	
	Spruten	4	3"	6				6 Kauschen	
	Stropping		3"	1 1/2					
	Bändselung		3/4"	1 1/2					
Bulins	Laschung		1"	1 1/2					
	Takel		2"	6		B 9	8"	2 Blöcke	Fockmastfuß
	Stropping		2"	2		B 10	8"	2 Blöcke	
152	Nockbändsel *	2	1 1/2"	13 2/3					
153	Rahtakel-Schenkel	2	4 1/2"	7		B 10	11"	2 Blöcke	
*	Läufer	2	2 1/2"	35 7/8		B 9	13"	2 Blöcke	
	Stropping		3 1/2"	3 1/2		B 9	11"	2 Blöcke	
154	Luv-Takel *	3	2 1/2"	75		B 9	10"	3 Blöcke	
	Stropping		3"	6		B 10	10"	3 Blöcke	
	Großunterleesegel								
155	Vorder-Geie	2	2"	30 5/8		B 9	7"	2 Blöcke	Fockrüste
	Stropping	2	2"	1					
156	Achter-Geie	2	2"	25 1/2		B 9	7"	2 Blöcke	Besanrüste
	Stropping	2	2"	1					
157	Toppnanten *	2	2 1/2"	20 1/2		B 9	8"	2 Blöcke	Großmastfuß
	Spann	1	3"	6 7/8					
158	Innere Fallen	2	2"	24 5/8		B 9	9"	4 Blöcke	Großmastfuß
159	Äußere Fallen	2	2 1/2"	43		B 9	9"	4 Blöcke	Großmastfuß
160	Schoten	2	2"	12 3/8		B 9	9"	2 Blöcke	Besansrüste
161	Halsen	2	2 1/2"	22 3/4		B 9	9"	2 Blöcke	Fockrüste
	Stropping		2 1/2"	8 1/4					
	Großstagsegel								
162	Stagsegel-Stag	1	3"	7 7/8				2 Kauschen	Fockmast
	Kragen	1	3"	2					
	Bändselung		3/4"	6					
	Taljereeps		1"	4					
162 a	Fall	1	2"	22		B 9	8"	3 Blöcke	Großmastfuß
162 b	Schoten	2	2"	7 7/8		B 9	8"	2 Blöcke	Kuhl
162 c	Halsen		2"	2 5/8					Fockmast
	Niederholer *	1	1 1/2"	11 7/8		B 9	6"	1 Block	
	Stropping		1 1/2"	1					

* nicht auf den Plänen eingezeichnet

Nr.:	Name:	Anzahl	Umfang	Länge (Faden)	Anmerkungen:	Blöcke/ Dodshoofden Typ:	Größe:	Anmerkungen:	Belegt an:
	Laufende Takelung								
	Großmarsrah & Segel								
163	Racktaue *	2	2"	6 1/4				14" Rack	
164	Drehreep	1	4"	27					Großrüste, Stb.
*	Stropping		4"	5 1/2	Bekleedung				
Drehreep	Bändselung		3/4"	10 7/8					
	Lascher, Mast	2	1 1/2"	7 1/4	Bekleedung	B 3	14"	1 Block	
	Lascher, Rah		1"	3 5/8	Bekleedung				
165	Fußpferde	2	3"	6 1/4					
	Springpferde	4	2"	4 5/8				4 Kauschen	
166	Nockpferde	2	3"						
167	Brassen	2	2"	37 1/4		B 9	8"	4 Blöcke	Besanmars-segelbeting
	Schenkel		3"	3 7/8		B 9	8"	2 Blöcke	
Brassen	Stropping	2	2"	1 1/2					
	Borgbrassen	2	2"	4 7/8					
	Spann	1	3 1/2"	4	um Besanmast				
168	Toppnanten	2	2 1/2"	34 7/8		B 14	14"	2 Blöcke mit 169	Großwanten
Toppnanten	Handpferde	2	2 1/2"	2		C	10"	2 Klampen	
	Stropping		2 1/2"	6		B 9	8"	4 Blöcke	
169	Refftakel-Schenkel	2	2 1/2"	23 1/4		B 9	7"	2 Blöcke	
	Läufer	2	1 1/2"	31		B 14	14"	2 Blöcke mit 168	Marsstengen-wanten
	Stropping		2"	1 1/2					
170	Schoten	2	4 1/2"	27 1/8		B 4	14"	2 Blöcke	Fockbrassen-beting
	Stropps, Blöcke	2	5"	2 3/4		B 11	14"	2 Blöcke	
	Stropps, Schotblock	2	4"	4 1/8		B 9	14"	2 Blöcke	
	Lascher, Schotblock	2	1"	5 1/2					
Schoten	Bändselung	2	3/4"	10 1/8					
	Spann		3"	4 1/2					
	Stopper	2	3"	2 1/4					
171	Geitaue	2	2"	46 1/2		B 12	8"	2 Blöcke.C,10", 2	Großwanten
	Stropping		2"	4 5/8		B 9	8"	2 Blöcke	
172	Gordings	2	2"	35		B 9	7"	2 Blöcke.C,10", 2	Großwanten
	Stropping		2"	2		B 9	7"	2 Blöcke	
173	Nockgordings	2	1 1/2"	14 1/2		B 9	6"	2 Blöcke	Großreling
	Stropping		1 1/2"	1					
174	Bulins	2	2 1/2"	30		B 9	9"	2 Blöcke	Fockmastfuß
	Spruten	4	2 1/2"	7 3/4				6 Kauschen	
Bulins	Stropping		2 1/2"	1					
	Laschung		3/4"	6 1/4					
175	Fallen	2	2 1/2"	72		B 10	14"	2 Blöcke	Achterdeck
	Stropping		3 1/2"	4 1/2		B 9	14"	2 Blöcke	
	Bändselung		3/4"	9					
176	Hanger *	1	3 1/2"	6 1/4					
177	Nockbändsel *	2	1"	20 2/3					
	Großmarsleesegel								
178	Fallen	2	2"	46 1/2		B 9	8"	6 Blöcke	Großmars
179	Schoten	2	1 1/2"	32 1/4		B 9	8"	2 Blöcke	Großmastfuß
180	Halsen	2	2"	31		B 9	8"	2 Blöcke	Großrüste
181	Niederholer *	2	1"	28		B 9	6"	2 Blöcke	Großrüste
182	Steerts		2"	9 3/8					
183	Stropps		2"	3 1/8					

* nicht auf den Plänen eingezeichnet

Laufende Takelung

Nr.:	Name:	Anzahl	Umfang	Länge (Faden)	Anmerkungen:	Blöcke/ Dodshoofden Typ:	Blöcke/ Dodshoofden Größe:	Anmerkungen:	Belegt an:
	Großmarsstengestagsegel								
184	Fallen	1	2 1/2"	27 1/2		B 9	8"	1 Block	Großreling,Bb
	Stropping		2 1/2"	1					
184 a	Schoten	2	2 1/2"	42 3/4		B 9	8"	2 Blöcke	Kuhl
	Stropping		2 1/2"	4					
184 b	Hals		2"	3					Fockwanten
184 c	Niederholer	1	1 1/2"	16 1/2		B 9	6"	2 Blöcke	
	Stropping		1 1/2"	1					
	Großbramrah & Segel								
185	Racktaue *	2	1 1/2"	3				7" Rack	
186	Drehreep	1	2 1/2"	10 7/8		B 9	6"	2 Blöcke	Großmastfuß
	Fall		1 1/2"	21 5/8					
	Stropping		2"	1 1/2					
187	Fußpferde	2	2"	5					
188	Brassen	2	1 1/2"	43		B 9	6"	4 Blöcke	Besanwanten
	Stropping	2	1 1/2"	2		C	8"	2 Klampen	
189	Toppnanten	2	2"	37	einzeln	B 9	6"	2 Blöcke	Großmars
	Stropping	2	2 1/2"					2 Kauschen	
190	Schoten	2	1"	31		B 9	5"	2 Blöcke	Großwanten
	Stropping	2	1"	2		C	6"	2 Klampen	
191	Geitaue	2	1"	49 1/4		B 12	5"	2 Blöcke. C, 6", 2	Großwanten
	Stropping	2	1"			B 9	5"	2 Blöcke	
192	Bulins	2	1"	49 1/4		C	6"	2 Klampen	Spillbeting
	Spruten	2	1"					2 Kauschen	
193	Reserve								
194	Nockbändsel *	2	3/4"	18 1/2					
195	Borgpardunen	2	2 1/2"	14 1/4				1 Kausche	
*	Takel	2	1"	14		B 9	5"	2 Blöcke	
	Stropping		1"	1 1/2					
	Großbramleesegel								
196	Fallen	2	1 1/2"	45		B 9	6"	6 Blöcke	Großmars
196 a	Schoten	2	1"	22 1/2		B 9	6"	2 Blöcke	Marsstengen-wanten
196 b	Halsen	2	1 1/2"	32 1/2		B 9	6"	2 Blöcke	Großmars
	Niederholer *	2	1"	22 1/2					Großmars
	Stropping		1 1/2"	6 1/8					
	Großbramstengestagsegel								
197	Stag	1	2"	24 1/2		B 9	7"	1 Block	Fockmars
197 a	Fall	1	1 1/2"	34 1/2		B 9	6"	1 Block	Kuhl
197 b	Schoten	2	1 1/2"	34 1/2		B 9	6"	2 Blöcke	Kuhl
197 c	Hals		1"	6					Großmars
197 d	Niederholer	1	1"	21 1/2		B 9	5"	2 Blöcke	
	Stropping		1 1/2"	2					

* nicht auf den Plänen eingezeichnet

Laufende Takelung

Nr.:	Name:	Anzahl	Umfang	Länge (Faden)	Anmerkungen:	Blöcke/ Dodshoofden Typ:	Blöcke/ Dodshoofden Größe:	Anmerkungen:	Belegt an:
	Kreuzrah								
198	Spann um das Eselshaupt *	1	2"	1					
199	Hanger	1Paar	3"	3				1 Kausche	
	Stropping		2 1/2"	1 1/2					
200	Brassen	2	1 1/2"	32 1/2		B 9	6"	2 Blöcke	Großreling
	Schenkel		2"	5		B 9	6"	2 Blöcke	
	Stropping		2"	2					
201	Toppnanten	2	1 1/2"	26 1/8	laufend	B 9	6"	4 Blöcke	Besanschot-beting
	Stropping		1 1/2"	2					
	Besanstagsegel								
202	Stag	1	3"	8				2 Kauschen	Großmastfuß
	Kragen	1	2 1/2"	2				1 Kausche	
	Taljereep		1"	4					
202 a	Fall		2"	16		B 9	7"	3 Blöcke	
202 b	Schoten	2	2"	8		B 9	7"	1 Block	Besanmastfuß
202 c	Hals		2"	2					Großmastfuß
202 d	Niederholer		1"	8		B 9	5"	1 Block	
	Stropping		1 1/2"	2					
	Besanmarsrah & Segel								
203	Racktaue *	2	1 1/2"	3				8" Rack	
204	Drehreep	1	3"	8					Besanschot-beting
	Fall		2"	24 1/4		B 9	8"	2 Blöcke	
	Stropping		2 1/2"	2					
205	Fußpferde	2	2"	4 7/8					
206	Brassen	2	1 1/2"	33		B 9	6"	4 Blöcke	Klampe an Heckreling
	Schenkel		1 1/2"	3		C	6"	2 Klampen	
207	Toppnanten	2	2"	34	einzeln			2 Kauschen	Achterreling
208	Schoten	2	3"	21		B 11	10"	2 Blöcke	Besanschot-beting
	Stropping		3"	2 , 2		B 9	10"	2 Blöcke	
	Laschung		3/4"	4					
209	Geitaue	2	1 1/2"	36		B 12	5"	2 Blöcke	Achterreling
	Stropping		1 1/2"			B 9	5"	2 Blöcke	
210	Bauchgordings	2	1 1/2"	26		B 9	6"	4 Blöcke	Achterreling
	Stropping		1 1/2"					1 Kausche	
211	Bulins	2	1 1/2"	23		B 9	5"	2 Blöcke	Großreling
	Spruten	4	1 1/2"	4 7/8				4 Kauschen	
	Stropping		1 1/2"	1					
	Besanmarstengestagsegel								
212	Fall	1	1 1/2"	14 1/2		B 9	6"	1 Block	Besanmastfuß
212 a	Schoten	2	1 1/2"	16 1/2		B 9	6"	2 Blöcke	Achterreling
212 b	Halsen	2	1 1/2"	2					
212 c	Niederholer	1	1"	10 1/8		B 9	5"	1 Block	

* nicht auf den Plänen eingezeichnet

Nr.:	Name:	Anzahl	Umfang	Länge (Faden)	Anmerkungen:	Blöcke/ Dodshoofden Typ:	Größe:	Anmerkungen:	Belegt an:
Laufende Takelung									
Besan & Treibergaffel									
213	Racktaue *							Nur Klotjes	
214	Ladebaum	1	2 1/2"	24		B 10	10"	1 Block	Achterdeck
Ladebaum	Spann	1	2 1/2"	3		B 9	9"	1 Block	
	Stropping		3"	2					
	Laschung		1"	7					
215	Piekfall	1	1"	12		B 9	5"	1 Block	Achterdeck
216	Gaffelgerden-schenkel	2	3"	6 7/8					
	Läufer	2	1 1/2"	20 1/2		B 9	6"	4 Blöcke	Heckreling
	Stropping		1 1/2"	1		C	6"	2 Klampen	
217	Nockbändsel *	1	3/4"	8					
218	Anschlagleine, Mast		2"	12					
219	Anschlagleine, Rah		3/4"	19					
220	Piekgording-Schenkel		1 1/2"	10					
	Läufer		1 1/2"	16		B 9	6"	4 Blöcke	
220 a	Kragen	1 Paar	2"	15		B 9	7"	2 Blöcke	Besanmastfuß
220 b	Mittelgordings	1 Paar	1 1/2"	12		B 9	6"	2 Blöcke	Besanwanten
220 c	Fußgordings	1 Paar	1 1/2"	21		B 9	6"	2 Blöcke	Achterreling
	Stropping		2"	7				4 Kauschen	
221	Schoten	1	2 1/2"	16		B 9	9"	2 Blöcke	Achterdeck
	Stropping		2 1/2"	2					
222	Hals		1 1/2"	3					Achterdeck

nicht auf den Plänen eingezeichnet

Nr.:	Name:	Anzahl	Umfang	Länge (Faden)	Anmerkungen:	Blöcke/ Dodshoofden Typ:	Größe:	Anmerkungen:
Notwendiges Tauwerk								
Ankervorrichtung								
223	Kabel *	6	12"	600	kabelgeschlagen			
224	Stromkabel *	1	7"	100	kabelgeschlagen			
225	Katt-Läufer	2	3"			B 10	14"	2 Blöcke
*	Taljereeps		2"					
	Stopper		2"					
226	Geien, Masttop		5"					
*	Geien, nach vorn		5"					
	Geien, nach achtern		3"					
227	Fischtakel-Schenkel *	1	5 1/2"			B 9	15"	1 Block
Fischtakel	Läufer	1	3"			B 13	24"	1 Block
	Stropping		3 1/2"			B 9	14"	1 Block
	Bändselung		3/4"					
	Taljereep		1 1/2"					
228	Ankerstock-Hals	1	2"			B 9	8"	1 Block
*	Ankerstock-Läufer	1	2"			B 10	8"	1 Block
229	Borgschenkel		2"					
*	Stropping		2 1/2"					
230	Buganker	2	5"					
*	Schotanker	1	5"					
	Stromanker	1	3"					
	Warpanker	1	2 1/2"					
	Bändselung		3/4"					
	Seite		5"		kabelgeschlagen			
	Verladehaken		5"					
	Bändselung		3/4"					
Stopper	Deck & Stützen		7"		kabelgeschlagen			10 Kauschen
	Taljereeps		2"					
	Bändselung		1"					
231	Buganker		4"		kabelgeschlagen			
*	Schotanker		4"		kabelgeschlagen			
Bojentaue	Stromanker		3"		kabelgeschlagen			
	Warpanker		2 1/2"		kabelgeschlagen			
Steuervorrichtung								
232	Ruderpinnentaue		3"			B 9	10"	8 Blöcke
	Stropping		3"					
233	Ruderschenkel *		4"		kabelgeschlagen			4 Kauschen
Fallen								
234	Flaggstock *		3/4"					
235	Göschstock *		3/4"					
236	Wimpelstropp *		3/4"					
Vierpfünder-Kanonen								
237	Brooktau *	4						
238	Seitentakel *	4 Paare	B 9			B 9, B 10		8 je Block
239	Rücklauftakel *	4	B 9, B 10			B 9, B 10		4 je Block

* nicht auf den Plänen eingezeichnet

Notwendiges Tauwerk								
						Blöcke/ Dodshoofden		
Nr.:	Name:	Anzahl	Umfang	Länge (Faden)	Anmerkungen:	Typ:	Größe:	Anmerkungen:
					Takelung für Kutter & Launch			
240	Burton-Schenkel		3"			B 9	8"	2 Blöcke
	Mantel		2 1/2"					2 Kauschen
	Läufer		2 1/2"			B 10	8"	2 Blöcke
	Stropping		2"			B 9	8"	2 Blöcke
241	Hoofdtaue	4	3"					4 Kauschen
	Taljereep		1"					
242	Stag	1	3 1/2"					1 Kausche
	Taljereep		1"					
243	Großfall		1 1/2"			B 9	6"	1 Block
244	Äußeres Fall		1 1/2"			B 9	6"	1 Block
	Schot		1 1/2"		B 10, 5", 1 Block / B 9, 5", 1 Block			
	Niederholer		1"			B 9	5"	1 Block, 2 Kauschen
	Stropping		1 1/2"					
	Dirk		1 1/2"					
245	Vorsegel-Fall		1 1/2"					
	Schot		1 1/2"					
	Hals		1"					
	Bulin		1 1/2"					
246	Klüver-Fall		1 1/2"					
	Schot		1 1/2"					
	Ausholer		1 1/2"					
	Einholer		3/4"					
247	Bootstau		4 1/2"		kabelgeschlagen			
	Taljereep		2"					
248	Bootstau		3"					
249	Wurfankertau		3 1/2"		kabelgeschlagen			1 Kausche
250	Fangleine		3 1/2"					1 Kausche
251	Achterleine		2"					1 Kausche
252	Fender		4"		kabelgeschlagen			
	Taljereep		1 1/2"					
253	Ruder-Taljereep		1"					
254	Hahnepooten		3/4"		13" Spinnenjuffer Fock	B 9	6"	2 Blöcke
					23" Spinnenjuffer Groß	B 9	8"	2 Blöcke
					11" Spinnenjuffer Besan	B 9	5"	2 Blöcke

* nicht auf den Plänen eingezeichnet

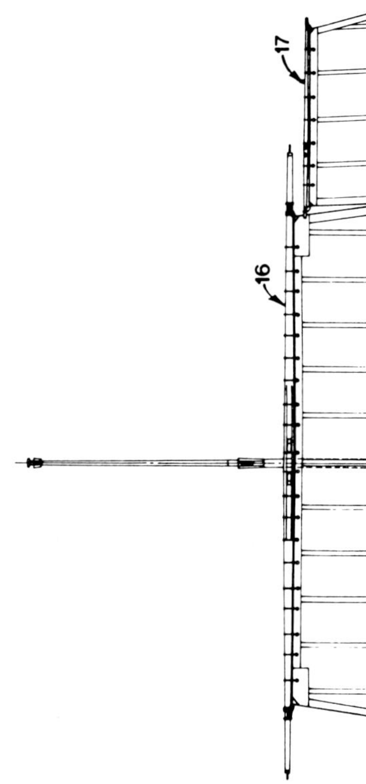

I1/1 Fockmastsegel (Maßstab 1:96)

1. Focksegel
2. Vormarssegel
3. Vorbramsegel
4. Fockleesegel
5. Vormarsleesegel
6. Vorbramleesegel
7. Back
8. Fockmast
9. Fockunterleesegelbaum
10. Fockrah
11. Vormarsleesegelspiere
12. Fockleesegelrah
13. Vormarsrah
14. Vorbramleesegelspiere
15. Vormarsleesegelrah
16. Vorbramrah
17. Vorbramleesegelrah

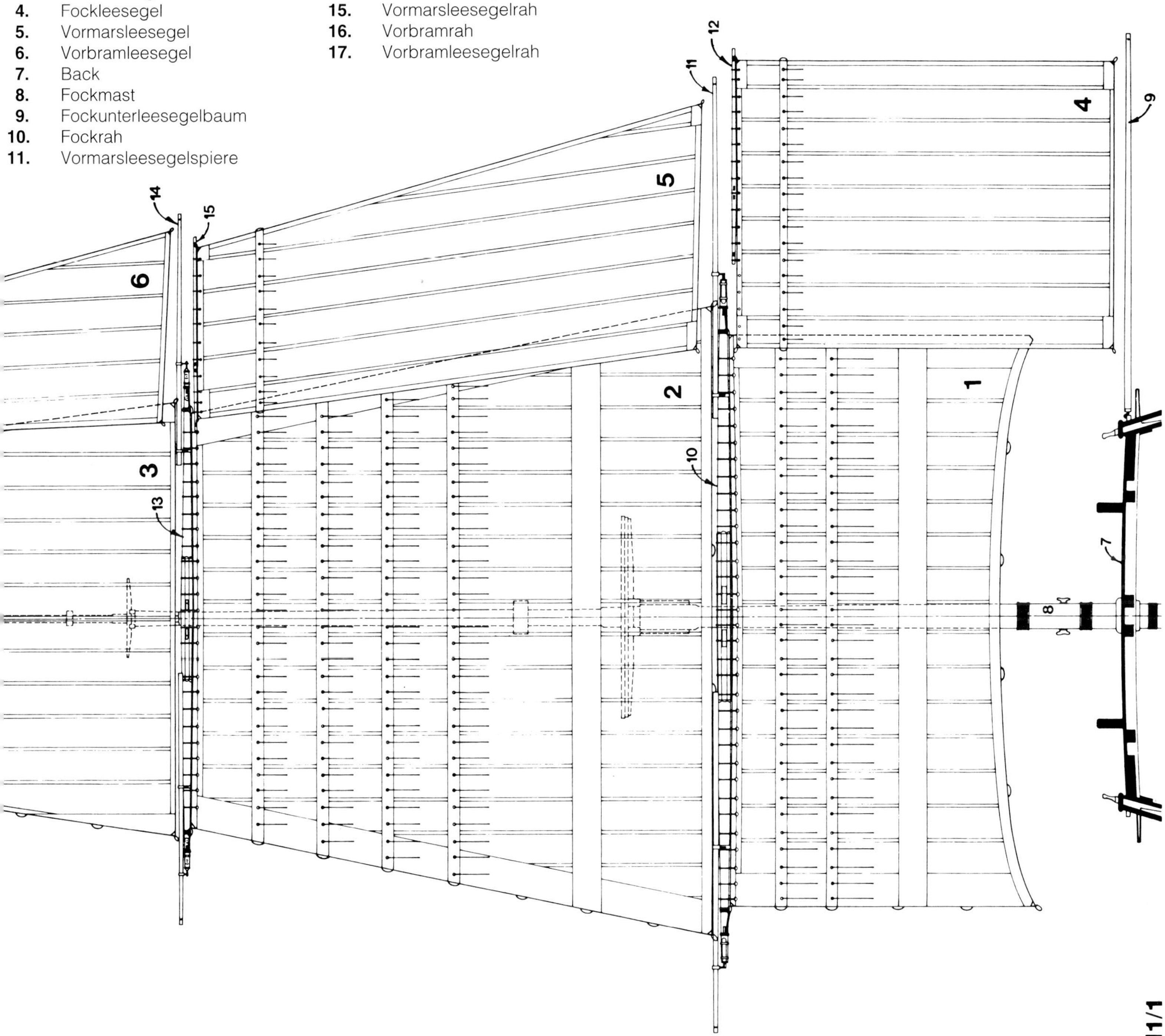

I1/1

I2/1 Großmastsegel (Maßstab 1:96)

1. Großsegel
2. Großmarssegel
3. Großbramsegel
4. Großleesegel
5. Großmarsleesegel
6. Großbramleesegel
7. Oberdeck
8. Großmast
9. Großunterleesegelbaum
10. Großrah
11. Großmarsleesegelspiere
12. Großleesegelrah
13. Großmarsrah
14. Großbramleesegelspiere
15. Großmarsleesegelrah
16. Großbramrah
17. Großbramleesegelrah

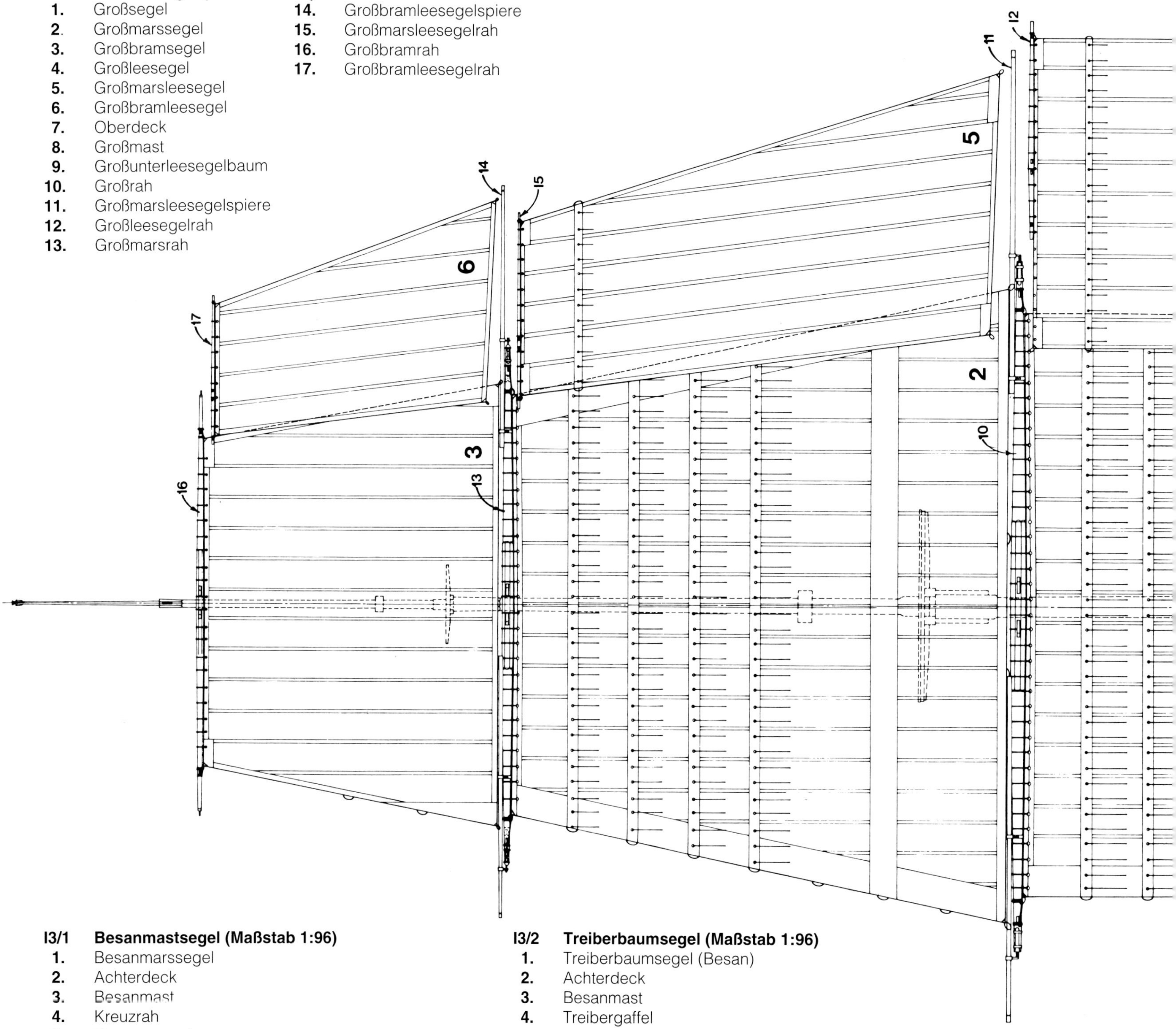

I3/1 Besanmastsegel (Maßstab 1:96)

1. Besanmarssegel
2. Achterdeck
3. Besanmast
4. Kreuzrah
5. Besanmarsrah

I3/2 Treiberbaumsegel (Maßstab 1:96)

1. Treiberbaumsegel (Besan)
2. Achterdeck
3. Besanmast
4. Treibergaffel

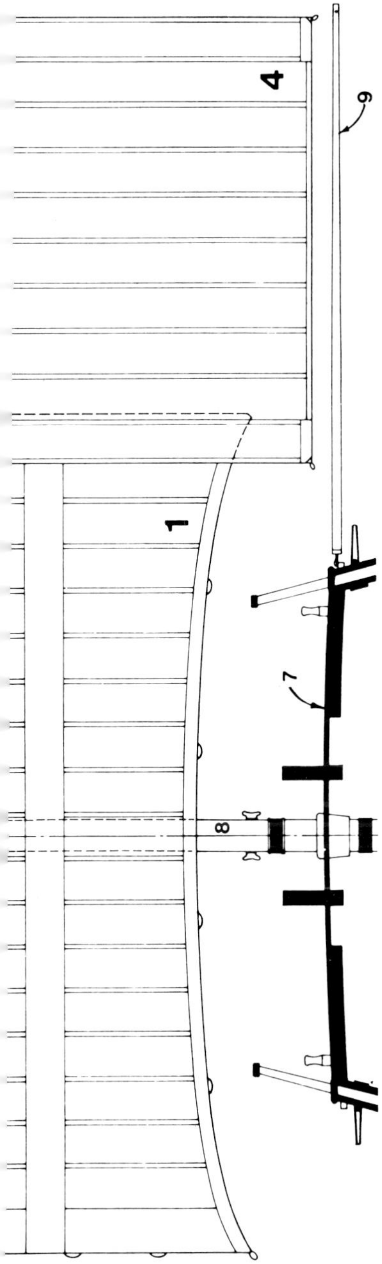

I2/1

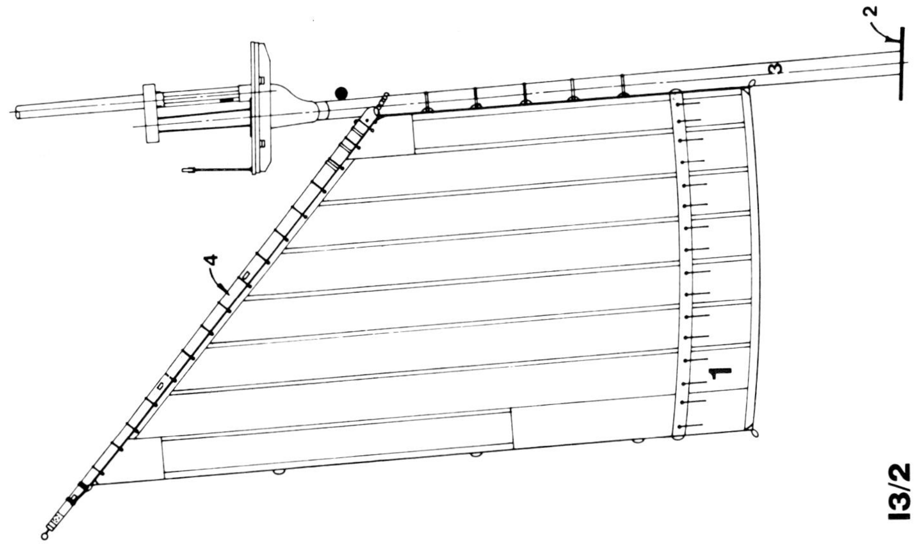

I3/2

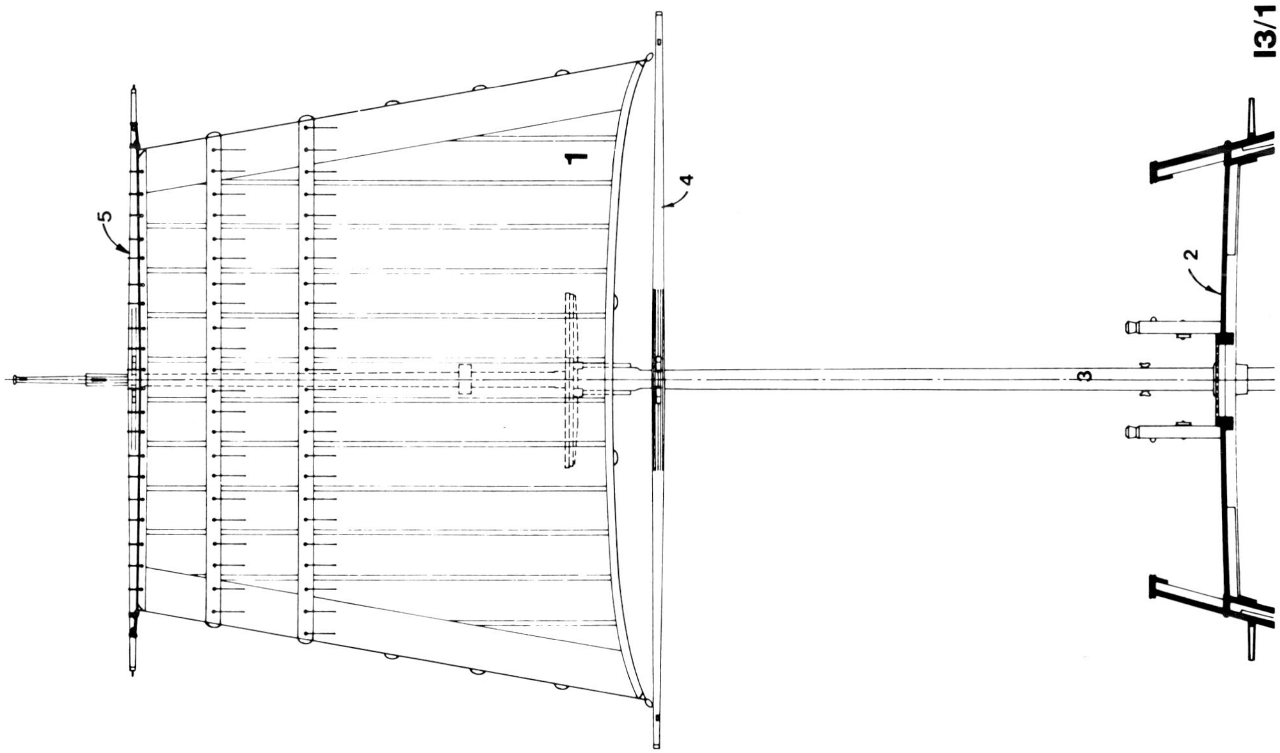

I3/1

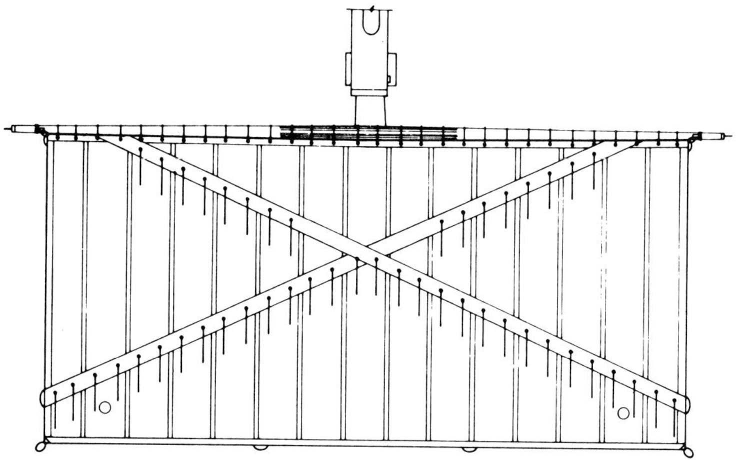

I4/1

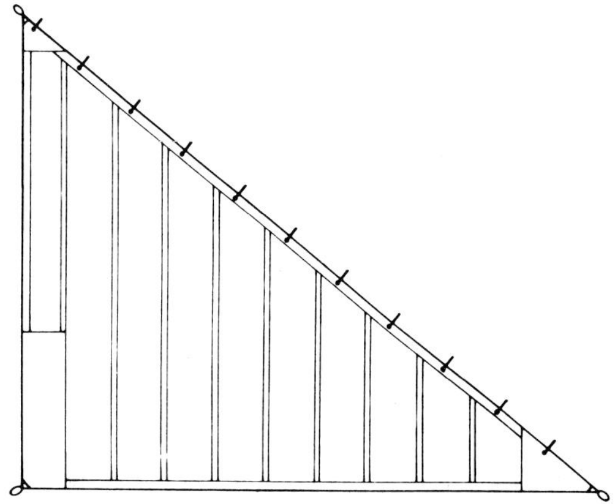

I5/1

I4/1	**Blinde (Maßstab 1:96)**
I4/2	**Klüversegel (Maßstab 1:96)**
I5/1	**Vorstagsegel (Maßstab 1:96)**
I5/2	**Vormarsstengestagsegel (Maßstab 1:96)**
I5/3	**Großstagsegel (Maßstab 1:96)**
I5/4	**Großmarsstengestagsegel (Maßstab 1:96)**
I5/5	**Großbramstengestagsegel (Maßstab 1:96)**
I5/6	**Besanstagsegel (Maßstab 1:96)**
I5/7	**Besanstengestagsegel (Maßstab 1:96)**

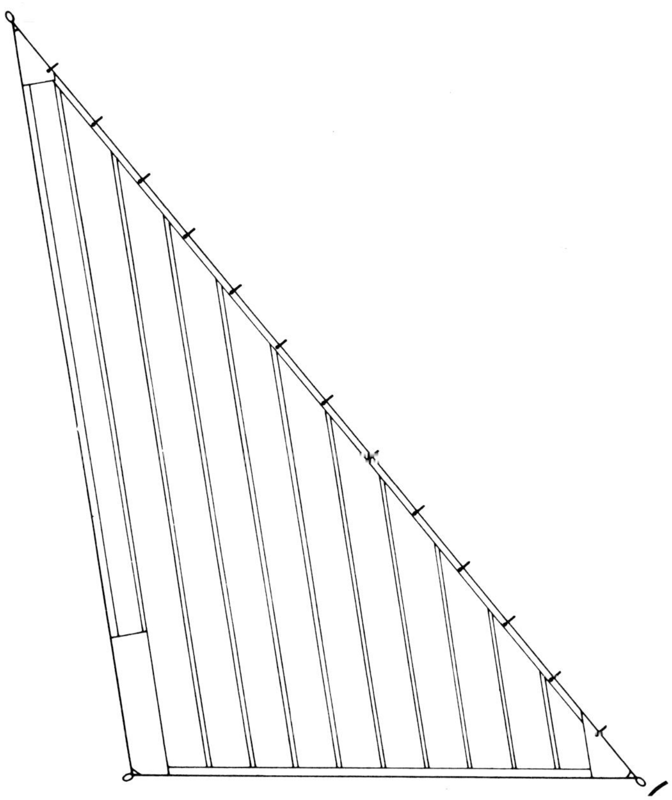

I4/2

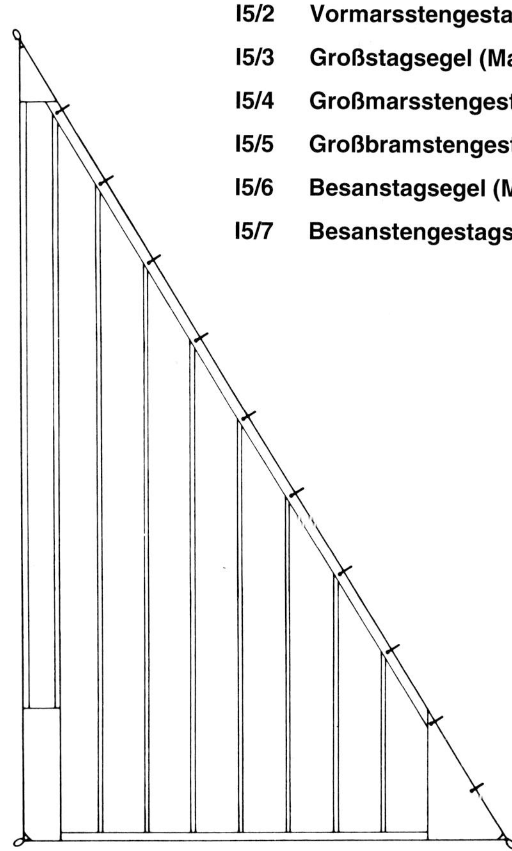

I5/2

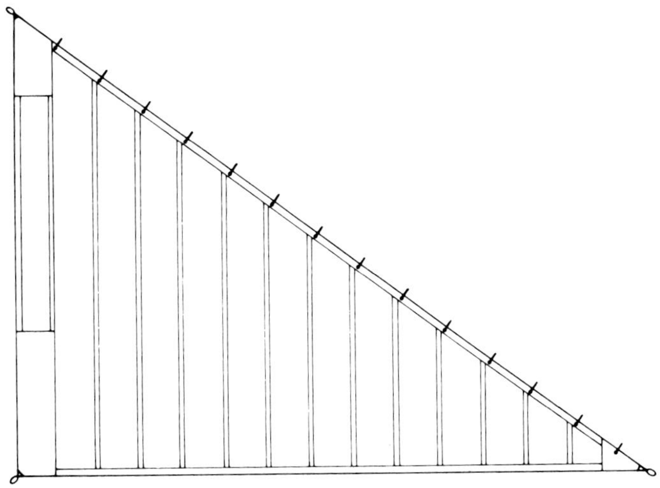

I5/3

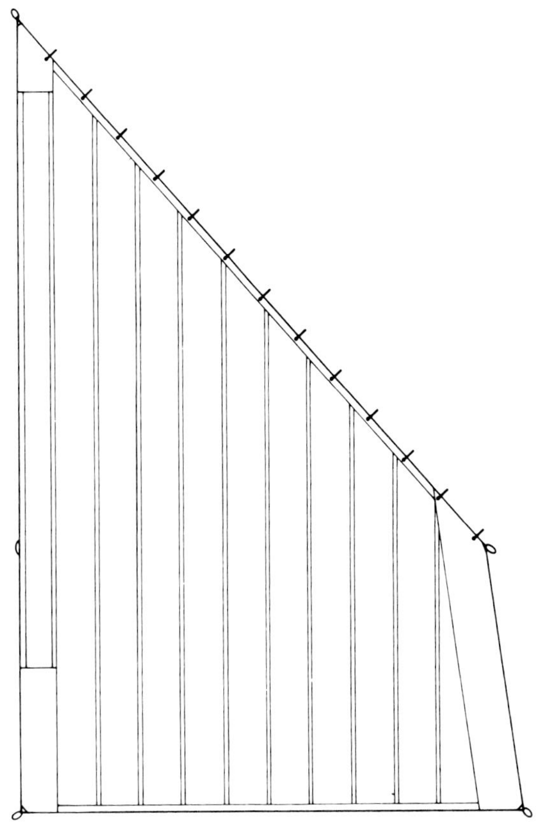

I5/4

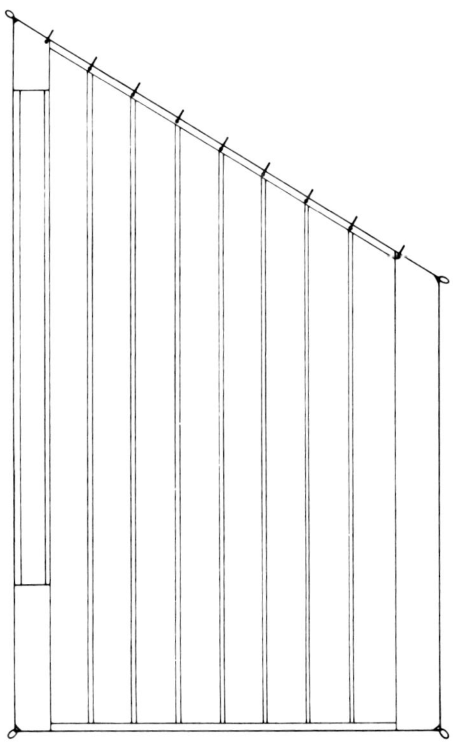

I5/5

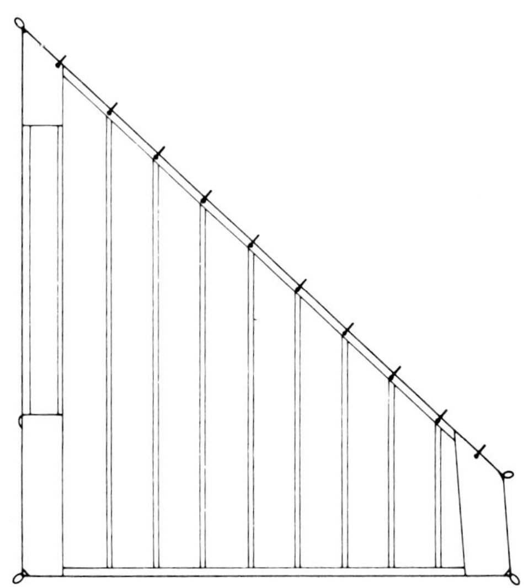

I5/6

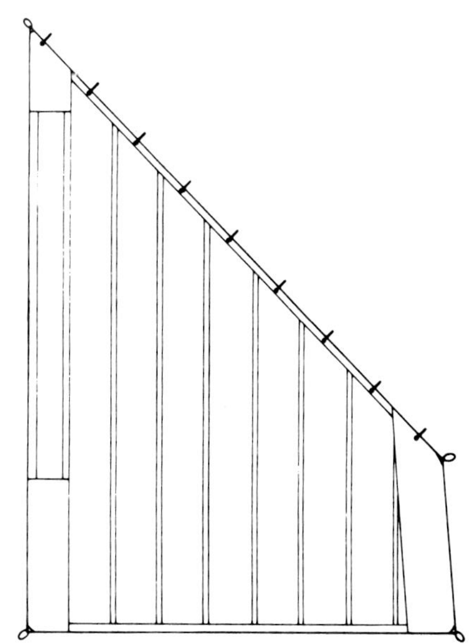

I5/7

I5/8 Stagsegel (Maßstab 1:96)

1. Vorstagsegel
2. Vormarsstengestagsegel
3. Klüversegel
4. Großstagsegel
5. Großmarsstengestagsegel
6. Großbramstengestagsegel
7. Besanstagsegel
8. Besanstengestagsegel
9. Besansegel

I5/8

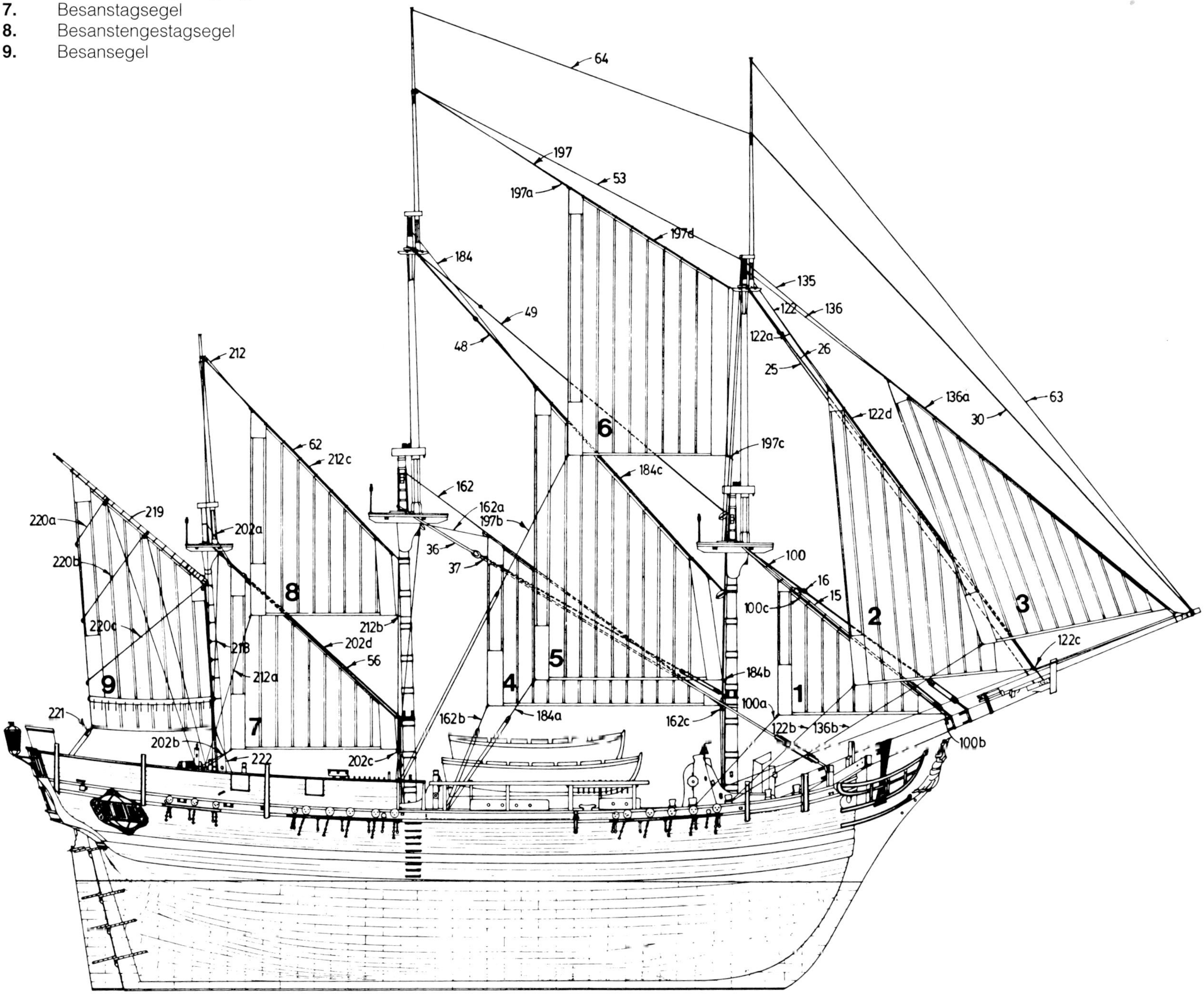

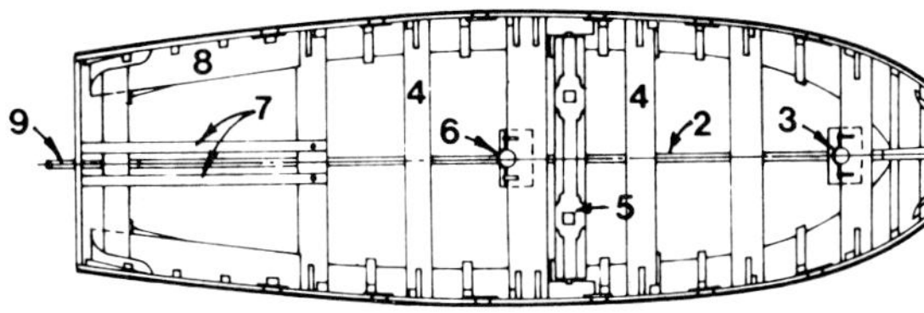

J1/1

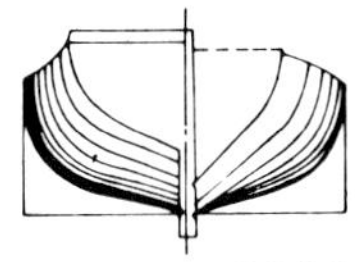

J1/4

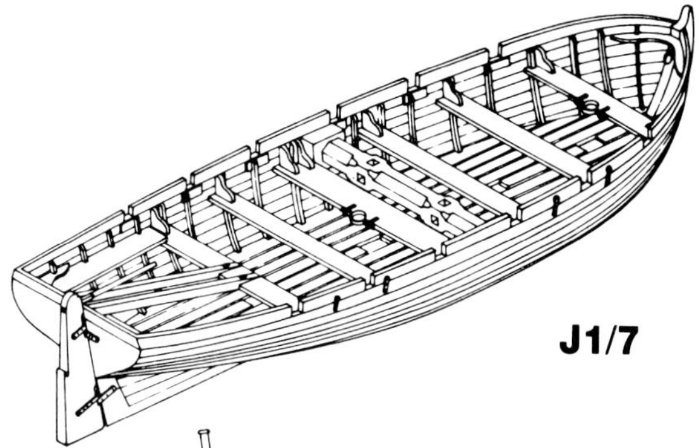

J1/7

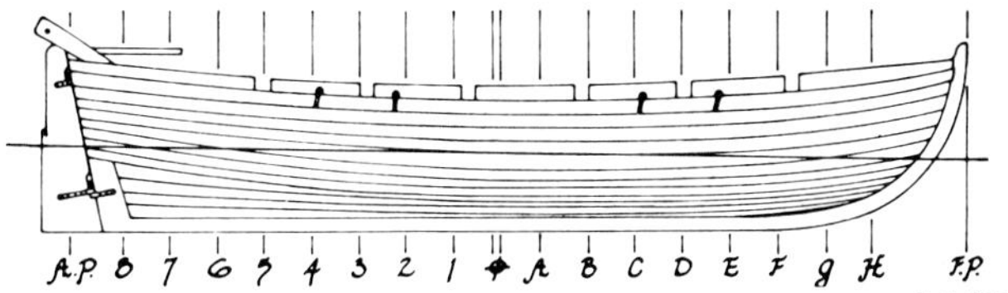

J1/2

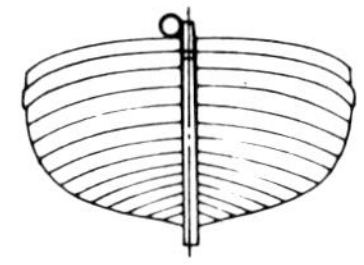

J1/5

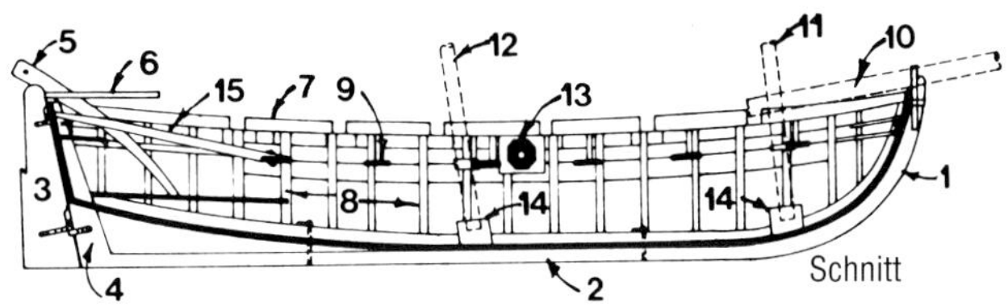

J1/3

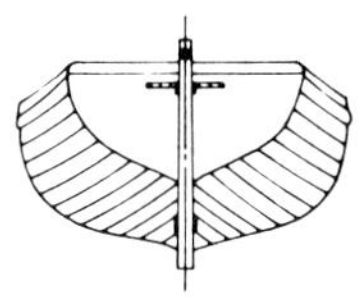

J1/6

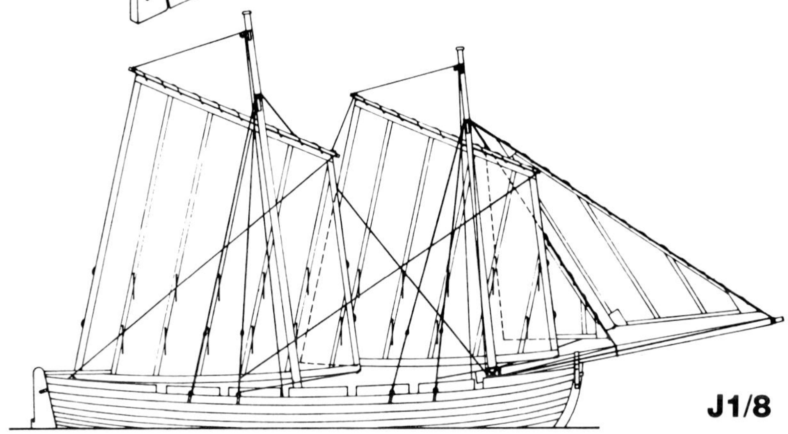

J1/8

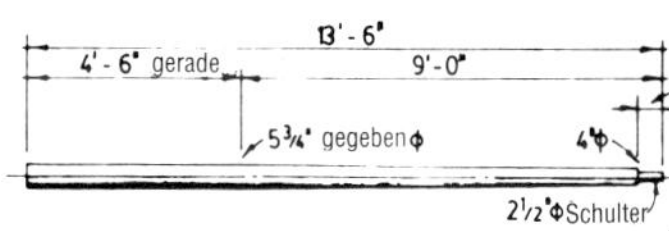

J1/9

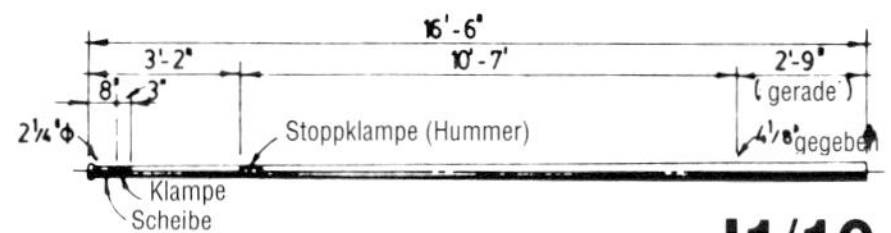

J1/10

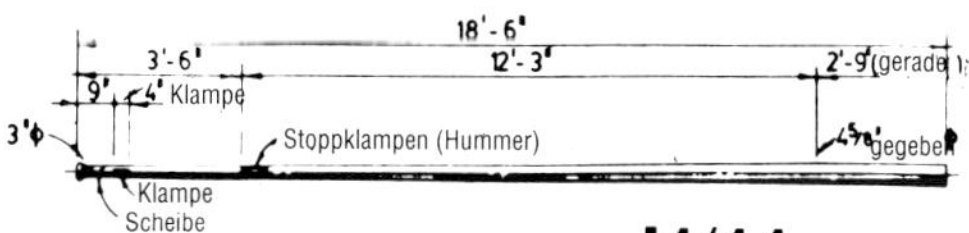

J1/11

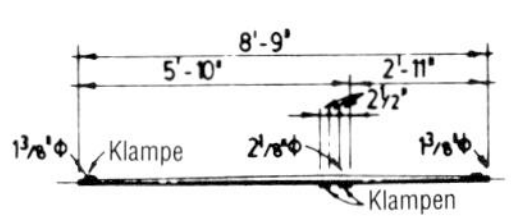

J1/12

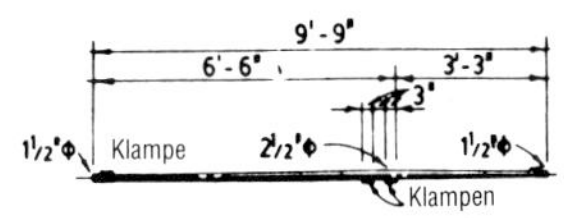

J1/13

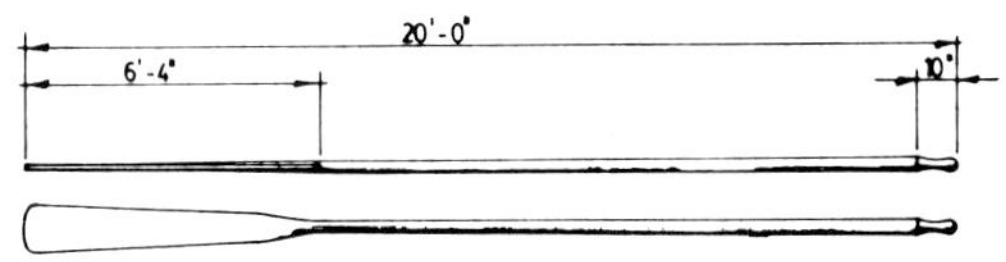

J1/14

J1 23-FUSS-LAUNCH

J1/1 Draufsicht (Maßstab 1:96)

1. Vorsteven
2. Kielschwein
3. Fockmast
4. Duchte
5. Spill
6. Großmast
7. Heckversteifungen
8. Sitz des Bootssteuermannes
9. Ruder

J1/2 Seitenansicht außen (Maßstab 1:96)

J1/3 Schnitt (Maßstab 1:96)

1. Vorsteven
2. Kiel
3. Ruder
4. Hecksteven
5. Davit
6. Pinne
7. Schandeck
8. Spanten
9. Duchte
10. Bugspriet
11. Fockmast
12. Großmast
13. Spill
14. Mastspur
15. Heckversteifung

J1/4 Spantenriß (Maßstab 1:96)

J1/5 Bug (Maßstab 1:96)

J1/6 Heck (Maßstab 1:96)

J1/7 Perspektivische Ansicht (ohne Maßstab)

J1/8 Segelplan (Maßstab 1:96)

J1/9 Bugspriet (Maßstab 1:96)

J1/10 Fockmast (Maßstab 1:96)

J1/11 Großmast (Maßstab 1:96)

J1/12 Fockrah (Maßstab 1:96)

J1/13 Großrah (Maßstab 1:96)

J1/14 Riemen (Maßstab 1:96)

J1/15 Perspektivische Ansicht der 23-Fuss-Launch unter Segeln (ohne Maßstab)

J1/15

J2 20-FUSS-KUTTER

J2/1 Draufsicht (Maßstab 1:96)

1. Vorsteven
2. Mast
3. Kielschwein
4. Duchten
5. Sitz des Bootssteuermannes
6. Ruder

J2/2 Seitenansicht außen (Maßstab 1:96)

J2/3 Schnitt (Maßstab 1:96)

1. Vorsteven
2. Kiel
3. Hecksteven
4. Ruder
5. Pinne
6. Mastspur
7. Schandeck
8. Spanten
9. Duchten
10. Bugspriet
11. Mast

J2/6 Heck (Maßstab 1:96)
J2/4 Spantplan (Maßstab 1:96)
J2/5 Bug (Maßstab 1:96)

J2/7 Perspektivische Ansicht (ohne Maßstab)
J2/8 Segelplan (Maßstab 1:96)
J2/9 Bugspriet (Maßstab 1:96)
J2/10 Mast (Maßstab 1:96)
J2/11 Baum (Maßstab 1:96)
J2/12 Gaffel (Maßstab 1:96)
J2/13 Perspektivische Ansicht des 20-Fuß-Kutters unter Segeln (ohne Maßstab)

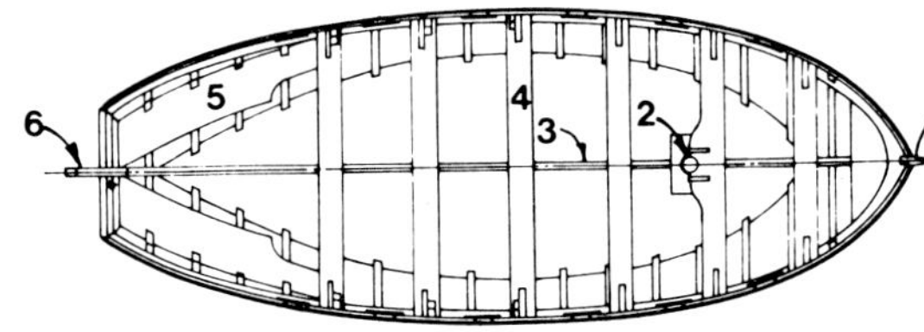

J2/1

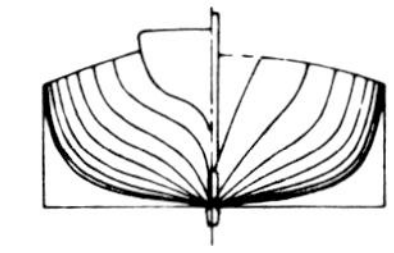

J2/4

J2/2

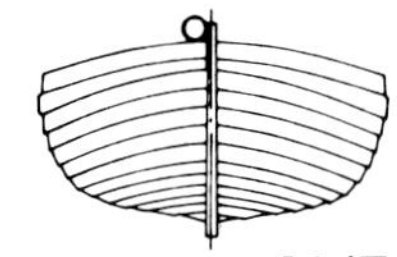

J2/5

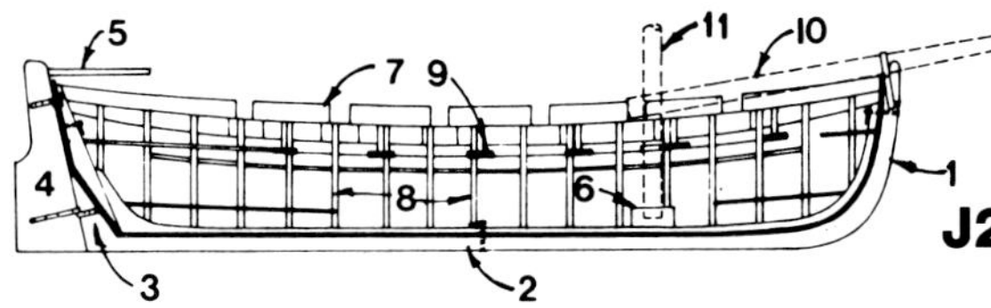

J2/3

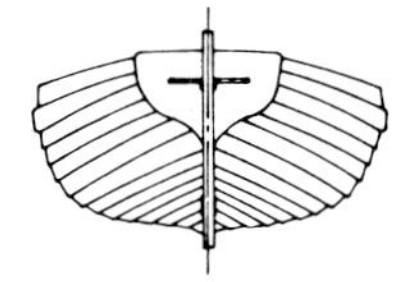

J2/6

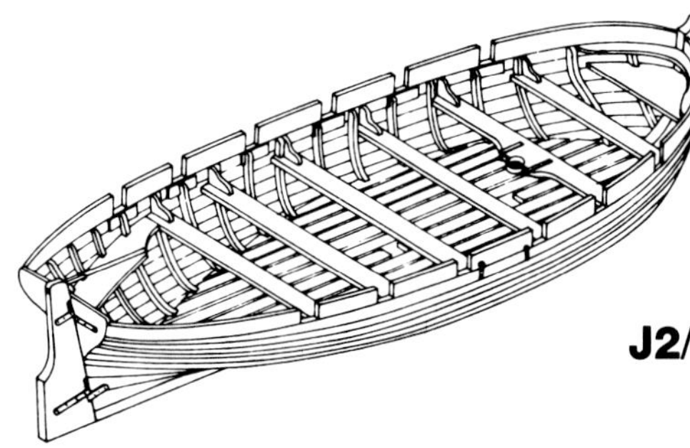

J2/7

J2/13

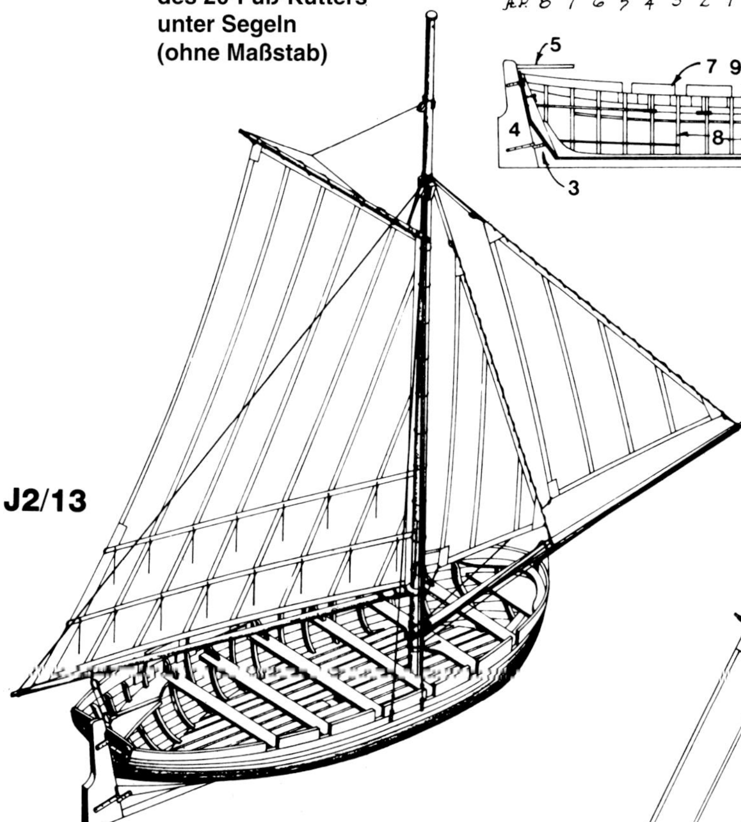

J2/12

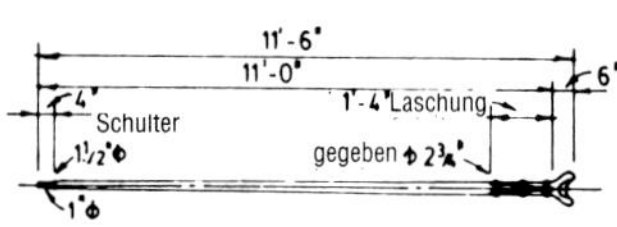

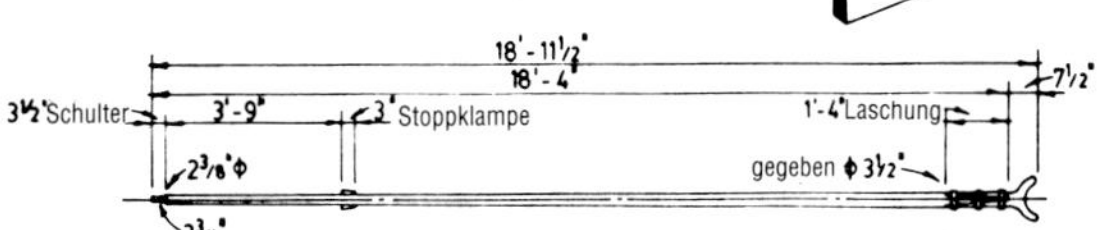

J2/11

J2/10

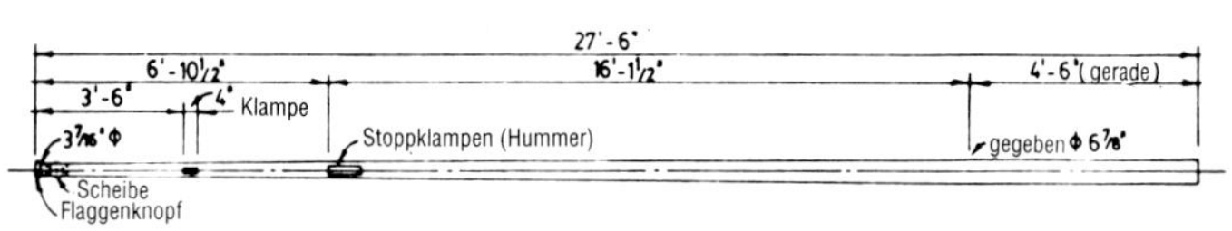

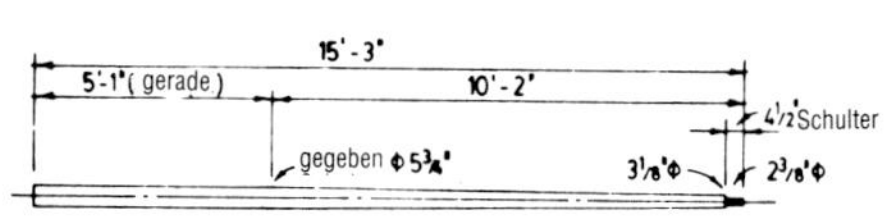

J2/9

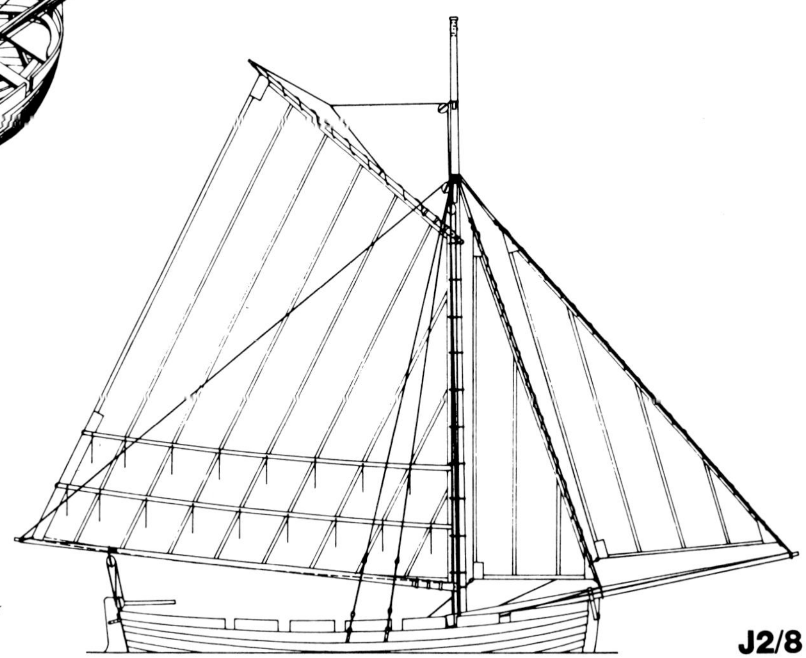

J2/8